U0311871

西北工业大学精品学术著作培育项目资助出版

污染物总量控制、非对称信息与中国排污权交易机制研究

李冬冬 ◎ 著

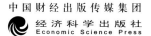

中国财经出版传媒集团
经济科学出版社
Economic Science Press

图书在版编目（CIP）数据

污染物总量控制、非对称信息与中国排污权交易机制
研究／李冬冬著 . －－北京：经济科学出版社，2021.12
ISBN 978－7－5218－2598－5

Ⅰ.①污… Ⅱ.①李… Ⅲ.①排污交易-研究-中国
Ⅳ.①X196

中国版本图书馆 CIP 数据核字（2021）第 104817 号

责任编辑：王柳松
责任校对：王苗苗
责任印制：邱　天

污染物总量控制、非对称信息与中国排污权交易机制研究

李冬冬　著

经济科学出版社出版、发行　新华书店经销

社址：北京市海淀区阜成路甲 28 号　邮编：100142

总编部电话：010-88191217　发行部电话：010-88191522

网址：www. esp. com. cn

电子邮箱：esp_bj@ 163. com

天猫网店：经济科学出版社旗舰店

网址：http://jjkxcbs. tmall. com

固安华明印业有限公司印装

710×1000　16 开　14.75 印张　230000 字

2021 年 12 月第 1 版　2021 年 12 月第 1 次印刷

ISBN 978－7－5218－2598－5　定价：59.00 元

（图书出现印装问题，本社负责调换。电话：010－88191545）

（版权所有　侵权必究　打击盗版　举报热线：010－88191661

QQ：2242791300　营销中心电话：010－88191537

电子邮箱：dbts@ esp. com. cn）

主要符号表

n：排污企业数量

$\overline{E}$：污染物总量控制目标

p_1：排污权一级交易市场价格水平

l_i：排污企业 i 排污权一级交易市场排污权分配量

p_2：排污权二级交易市场价格水平

t_i：排污企业 i 排污权二级市场交易量

w_i：排污企业 i 的减排投入水平

r_i：减排成本系数

e_i^a：排污企业 i 减排后的污染排放水平

e_i^b：排污企业 i 减排前的污染排放水平

q_i：排污企业 i 的产品产量

π_i：排污企业 i 的利润

W：社会福利水平

Q：产品总产量

ϕ：排放系数

L：排污权分配总量

τ：排污税

s：减排补贴

F：分布函数

Θ：信息空间

d：污染损害程度

目　录

第1章

绪　论

1.1　研究背景

1.1.1　现实背景

1.1.1.1　国内背景

1. 污染物总量控制制度在中国的实践情况

污染物总量控制制度是中国在环境管理领域的基本制度之一，1989年由国家环境保护局在第三次全国环保大会上提出，已经历了"九五"时期至"十二五"时期四个发展阶段。1996 年，国务院批准了《"九五"期间全国主要污染物排放总量控制计划》，该计划确定了"九五"时期实行污染物排放总量控制的 12 项污染物，规定了"九五"时期末全国主要污染物排放总量要控制在"八五"时期末的水平。[①] 到 1999 年底，12 项污染物排放总量比"八五"时期末分别下降了 10% ~ 15%，提前实现了既定目标。[②]"十五"时期，污染物总量的控制目标是，"十五"时期末

---

①　资料来源："九五"期间全国主要污染物排放总量控制实施方案，1997 年 6 月 10 日，http://www. pkulaw. cn/fulltext_ form. aspx？Gid = 907a410b67802db2bdfb.

②　资料来源：国家统计局：《中国环境统计年报（1999）》，1999，https://www. cnemc. cn/jcbg/zghjtjnb/200804/t20080428_ 647151. shtml.

主要污染物排放总量比"九五"时期末下降10%。① 到2006年底，多数污染物排放量不仅没有下降，反而上升，而且，没有完成既定目标。② "十一五"时期，污染物总量控制目标是，"十一五"时期末主要污染物排放总量比"十五"时期末减少10%。到2010年，化学需氧量和二氧化硫排放总量分别下降12.45%和14.29%，超额完成减排任务。③ "十二五"时期，污染物总量控制目标是，"十二五"时期末主要污染物排放总量比"十一五"时期末减少10%。到2015年末，四项重点控制指标为化学需氧量、二氧化硫、氨氮及氮氧，均完成了既定目标。④

污染物总量控制目标的实现，需借助一定减排手段。总量控制减排手段，分为行政手段和经济手段两类。行政手段包括，环保目标责任制、限期治理、区域限批、环境整治定量考核、罚款及环境影响评价总量前置等；经济手段包括，排污权交易及排污税。"九五"时期至"十二五"时期，中国各地方政府主要使用的总量控制减排手段是行政手段，经济手段使用较少，如排污权交易一直停留在试点阶段。截至2020年，全国仅有12个省（区、市）开展排污权交易试点，并且，部分试点地区二级市场交易尚未启动。进入"十三五"时期后，沙尘暴、雾霾等环境问题频发，排污企业面临的减排压力增大，环境污染违法行为迅速攀升。2016年，全国共立案查处环境违法案件13.78万件，同比增长34%。2017年1月，全国查处环境违法案件达1099件，同比增长180%。⑤ 可以预见，政府利用行政手段进行污染物减排的成本将逐渐增加。如何使用排污权交易等更为有效的经济减排手段实现污染物总量控制目标，是中国政府面临的一个重要问题。

---

① http://www.gov.cn/govweb/jrzg/2010 – 06/12/content_ 1626270. htm.
② 资料来源：国务院关于"十一五"期间全国主要污染物排放总量控制计划的批复，2006年8月5日。http://www.gov.cn/zhengce/content/2008 – 03/28/content_ 4988. htm.
③ 资料来源：周生贤：确保实现"十二五"主要污染物总量减排目标，2011年10月25日。http://www.gov.cn/jrzg/2011 – 10/25/content_ 1978152. htm.
④ 资料来源：关于发布《第二次全国污染源普查公报》的公告，2020年6月9日。http://www.gov.cn/xinwen/2020 – 06/10/content_ 5518391. htm.
⑤ 资料来源：5年发现问题28.4万个重点区域大气污染环境问题摸清，2021年11月19日。https://www.360kuai.com/pc/9987fd5c0c22ee36f? cota = 3&kuai_ so = 1&tj_ url = so_ vip&sign = 360_ 57c3bbd1&refer_ scene = so_ 1.

2. 中国排污权交易实践情况

中国排污权交易实践始于 20 世纪 80 年代，经历了起步尝试、试点摸索及试点深化三个阶段。

第一阶段：起步尝试阶段（1988～2000 年）。

1988 年 3 月，国家环境保护局规定，水污染物排放总量可以在同一地区进行调剂，标志着中国开始了水污染物排污权交易的初步尝试。[①] 1991 年，国家环境保护局决定，以开远市、太原市、包头市、柳州市等多个城市作为试点，实施大气污染物排污权交易政策。[②] 1996 年，国务院批复了国家环境保护局"九五"时期主要污染物总量控制计划，决定在全国所有城市推行排污权交易制度。[③]

总的来看，这一阶段中国进行了排污权交易的初步尝试，为后续排污权交易试点探索打下了坚实基础。

第二阶段：试点摸索阶段（2001～2006 年）。

在"十五"期间，中国开展了多个排污权试点项目。例如，2000 年，江苏省南通市开展了市域范围内二氧化硫排污权交易试点项目。[④] 2002 年以后，国家环保总局又相继在江苏、山西等七省（市）开展"推动中国二氧化硫排放总量控制及排污权交易政策实施"研究项目。[⑤] 2005 年，排污权交易开始用于太湖流域水体污染治理。[⑥]

总的来看，这一时期试点地区结合自身情况，对排污权交易程序、交易方式进行了一定程度的探索，制定了排污权交易制度框架，取得了一定的经济效益和社会效益。

---

①　资料来源：我国实施排污权交易制度的障碍与解决对策，2011 年 9 月 15 日。https://www.docin.com/p-258845188.html.

②　资料来源：中华人民共和国国民经济和社会发展"九五"计划和二〇一〇年远景目标纲要，1996 年 3 月 17 日，http://www.reformdata.org/1996/0903/16954.shtml.

③　资料来源：排污权交易立法的思考，2015 年 12 月 12 日，https://www.doc88.com/p-6991578114372.html.

④　资料来源：江苏南通做成国内首例二氧化硫排污权交易，2002 年 5 月 10 日，http://news.sina.com.cn/c/2002-05-10/1741571937.html.

⑤　资料来源：节能减排形势依然严峻　呼唤排污权交易市场，2007 年 9 月 28 日，http://www.p5w.net/news/cqxw/200709/t1243954.htm.

⑥　资料来源："排污权"交易助推太湖水污染治理，2010 年 6 月 10 日，http://news.sohu.com/20100610/n272684719.shtml.

第三阶段：试点深化阶段（2007～2015 年）。

2007～2015 年国家批准的排污权交易试点，见表 1-1。为保障排污权交易工作顺利开展，各地方试点制定了一系列文件，并成立了相关排污权交易机构，[①] 2007～2016 年排污权交易中介运营机构，见表 1-2。

表 1-1　　　　　　2007～2015 年国家批准的排污权交易试点

启动时间	试点地点	排污权交易标的物
2007 年	浙江省嘉兴市、绍兴市	二氧化硫、化学需氧量
2007 年	江苏省太湖流域	化学需氧量、氨氮、总磷
2008 年	湖北省	二氧化硫、化学需氧量
2009 年	黑龙江省	二氧化硫
2009 年	重庆市、湖南省	二氧化硫、化学需氧量
2010 年	陕西省、山西省	二氧化硫
2011 年	内蒙古自治区	二氧化硫、氮氧化物、化学需氧量和氨氮
2011 年	河北省	二氧化硫、化学需氧量
2014 年	广东省	二氧化硫、氮氧化物、化学需氧量和氨氮
2015 年	山东省青岛市	二氧化硫、氮氧化物、化学需氧量和氨氮

资料来源：笔者根据相关网络信息收集整理而得。

表 1-2　　　　　　2007～2016 年排污权交易中介运营机构

时间	交易中介运营机构名称	备注
2007 年	嘉兴市排污指标储备交易中心	国内首家
2008 年	武汉光谷产权交易所	首次把排污权交易引入产权交易市场
2008 年	浙江省排污权交易中心	
2008 年	北京环境交易所	
2008 年	上海环境能源交易所	
2008 年	天津排污权交易所	
2008 年	湖南省环境资源交易所	华中地区第一家
2009 年	湖北环境资源交易所	
2009 年	广州环境资源交易所	
2009 年	昆明环境能源交易所	西南地区第一家
2009 年	常州市排污权交易中心	江苏省第一家

---

　　① 王金南，董战峰，杨金田，李云生，严刚. 排污权交易制度的最新实践和展望 [J]. 环境经济，2008（10）：31-45.

续表

时间	交易机构名称	备注
2009 年	亚洲排放权交易所（AEX）	
2009 年	重庆市主要污染物排放权交易管理中心	重庆联合产权交易所
2010 年	陕西省环境权交易所	西北地区第一家
2010 年	贵阳环境能源交易所	
2012 年	苏州环境能源交易中心	
2013 年	邯郸环境排污权交易中心	石家庄市污染物排污权交易服务中心
2014 年	泰州市排污权交易中心	
2015 年	乌海市排污权交易中心	
2016 年	新疆维吾尔自治区排污权交易储备中心	

资料来源：笔者根据相关网络信息收集整理而得。

经过三个阶段的排污权交易实践，试点地区取得了一定经济效果和环境效果，但排污权交易在实施过程中还存在以下三方面的问题。

1. 一级交易市场定价与分配

从初始定价方式来看，中国排污权一级交易市场常用的定价方式，包括无偿使用、定价出售和公开拍卖（定价出售和公开拍卖又称为有偿使用）三类。近年来，为了充分体现环境资源的稀缺性，调动企业污染治理积极性，中国政府大力推广有偿使用排污权初始定价机制。目前，湖北省、湖南省、江苏省和浙江省均已实施排污权有偿使用，但仍然有半数以上试点省（区、市）采用无偿使用方式进行排污权分配（如黑龙江、内蒙古等），哪种机制更适合中国排污权交易尚无定论。直接定价出售时，各地区价格差异明显。例如，浙江省嘉兴市规定，二氧化硫排污权出售价为 2 万元/吨。① 湖南省规定，现有排污企业二氧化硫排污权购买价格为 180 元/吨。② 除了直接定价出售，公开拍卖也是一种有效的初

① 资料来源：浙江嘉兴试排污权拍卖最高成交价为 61.57 万元，2008 年 10 月 21 日。http://news.sohu.com/20081021/n260144168.shtml.

② 资料来源：湖南省修订排污权市场交易政府指导价格标准，2016 年 8 月 31 日．https://hn.rednet.cn/c/2016/08/31/4073442.htm.

始排污权定价方式，但使用该方法的试点地区较少（仅有江苏省）。

从初始分配方式来看，试点地区初始排污权分配未能与总量控制目标直接挂钩。现阶段，中国污染物总量控制目标的制定依据，为上一个五年计划末排污企业的污染物排放量，统计对象为占区域排污负荷85%以上的若干家大企业，而数量众多的小微企业没有进行单独统计。排污权初始分配需要考虑整个地区的污染排放。在完全分配情况下，部分区域初始排放权分配总量超过污染物总量控制目标，整体分配结果与污染物总量控制目标脱节。此外，部分试点地区规定，新进入排污企业只能通过二级交易市场购买排污权，导致市场存在进入障碍。

2. 二级交易市场定价与交易

中国排污权二级交易市场定价机制，包括政府指导价、双方协议价和公开拍卖竞价三种。

政府指导价适用于政府和企业之间的排污权交易，也可以为排污企业之间的直接交易提供价格参考。当前，中国排污权交易市场政府指导价的制定，仅考虑污染治理成本（如《湖南省财政厅关于主要污染物排污权有偿使用收费和交易政府指导价格标准有关问题的通知》明确规定，政府指导价根据每吨或每千克主要污染物十年期治理成本确定[①]），没有考虑排污企业的生产成本及产品市场的相关因素。

双方协议价是指，买卖双方"一对一"协商确定交易价格的交易方式，中国试点地区协议出让价格通常采用政府指导价（典型的如山西省），并采用"拉郎配"形式进行交易，排污企业无法真正做到协议出让。

试点地区公开竞价，大多采用拍卖交易机制。多数试点地区公开拍卖竞价的具体模式，为单人多单位现场成交模式，即排污权采用现场交易模式，一个卖方和多个买方参与交易，每次交易只能有一个人成交，成交的买方能够获得其所需要的任意单位排污权。如果排污权没有被竞标者分配完，则交易机构需要进行下一轮拍卖，直至拍卖完所有排污权。这种拍卖方式忽略了不同买方需求对排污权定价的影响，其特点是成交

---

① 资料来源：湖南省财政厅关于主要污染物排污权有偿使用收费和交易政府指导价格标准有关问题的通知，2014 年 7 月 1 日．http://www.syx.gov.cn/syx/jghsft/201407/a2780f59133742fabc092c3eb100c4ea.shtml.

效率低、时间成本高，结果造成某些地区出现竞拍交易价格增长过快的现象。近年来，网上交易开始流行，虽然有部分试点地区采用网上电子竞价模式，但电子竞价还是采用传统一对多拍卖竞价形式，无法满足多个买卖方同时进行交易。

排污权二级交易市场的交易，还处于无交易状态或交易稀少状态。截至 2016 年 12 月，各试点地区排污权二级交易市场累计开展排污权交易4000 多笔，其中，以浙江省最高，为 3220 笔；江苏省次之，为 736 笔；陕西省最少，为 60 笔。各试点地区排污权交易总金额由高到低依次为浙江省（6.20 亿元）、江苏省（2.71 亿元）、山西省（1.90 亿元）、河北省（0.94 亿元）、内蒙古自治区（0.89 亿元）、重庆市（0.85 亿元）、湖南省（0.78 亿元）、湖北省（0.62 亿元）、陕西省（0.53 亿元）。①

3. 配套政策

从配套政策来看，中国大部分试点地区的排污权交易还处于机制设计阶段、二级市场培育阶段，排污权交易监管能力不足。具体表现在，污染监测多以企业自主监测为主，政府抽查监管为辅，在利润最大化驱使下，排污企业容易出现排污欺瞒谎报排污信息、排污量突破排污许可证上限等两类违法排污现象。环保部门执法能力较弱，超排处罚力度有限，部分试点地区在制定罚则时存在模糊不清或避而不谈的情况。很多试点省（区、市）尚未建立排污权交易管理系统，环保部门无法跟踪监管排污权交易情况。

综合上述分析可以看出，中国排污权交易市场仍然存在一些问题，如何合理地设计排污权交易机制是本书重点讨论的内容。

1.1.1.2 国外背景

20 世纪 70 年代，美国联邦环境保护局在河流污染源、大气污染源控制领域，率先应用排污权交易。随后，英国、德国等发达国家也陆续进行了排污权交易实践。各国排污权交易实践表明，排污权交易是一种兼具环境质量保障和成本效率的高效污染控制手段。本节以美国和欧盟为例，详细阐述排污权交易在国外的实践情况。

---

① 该部分数据来自环境保护部网站及各省（区、市）排污权交易中心网站的交易数据。

1. 美国排污权交易实践情况

美国排污权交易实践，大体可分为以下三个阶段。

第一阶段：试验阶段（1975～1990年）。

这一阶段，排污权交易主要针对铅、氮氧化物等污染物，集中表现为以下四大政策。

（1）抵消政策，若要进行生产，新进入排污企业必须先在市场上向该区域内原有排污企业购买排污权；（2）储存政策，排污企业可以将剩余排污权储存至未来使用；（3）气泡政策，政府允许同一排污企业所有子公司使用母公司排污权；（4）抵扣政策，排污企业若要扩大生产规模，必须向其他既存污染源取得等量排污权。

第二阶段：应用阶段（1991～2000年）。

为了减少空气中的二氧化硫，美国国会于1990年通过美国《空气清洁法》（*Clean Air Act*）修正案。根据这一法案，美国主要电力公司被允许进行二氧化硫排污权交易。二氧化硫排污权交易的目标，是到2000年将二氧化硫排放水平缩减至1980年的50%，具体分为两个阶段执行：第一阶段，始于1995年，该阶段的目标是所有美国中西部电厂必须减少污染物排放至1985年污染物排放水平的75%；第二阶段，始于2000年，该阶段的目标是各电厂必须减少污染物排放至1985年排放水平的50%。[①]

排污权初始分配与定价：美国环保局根据电厂历史排放情况及排放上限，将排污权免费分配给各个电厂，除此之外，美国环保局还留有专项储备排污权用于市场调节。

排污权二级市场交易：排污权二级交易市场采用拍卖机制进行交易。美国环保局排污权拍卖会包括四个拍卖会。前三个拍卖会主要用于美国环保局专项储备排污权出售。私人持有的排污权在第四场拍卖会进行拍卖出售。在前三场拍卖会中，买卖双方各提交一个密封投标，买方密封投标包括投标价格及投标数量，卖方密封投标包括出售价格及在此价格下可供给的排污权数量。随后，拍卖叫价，买方最高出价与卖方最低要价进行匹配交易，接着，次高价与次低价进行匹配交易，以此类推，直

---

① 朱凡. 中国二氧化硫排污权交易制度创新研究［D］. 长春：吉林大学，2021.

到无人匹配才能结束交易。私人排污权拍卖采用升价拍卖，价高者获得排污权。

配套政策：每年年末，美国环保局需要核查排污权使用情况，排污企业持有的排污权总量超过排污量将会遭到惩罚。

第三阶段：推广阶段（2001 年至今）。

2003 年，美国纽约州与其他九个州达成共识，共同建立区域性温室气体交易体系。该交易体系旨在减少发电厂的温室气体排放，目标是到 2018 年将二氧化碳总排放量减少到 2009 年的 10%。

碳排放交易体系包含四个主要部分：第一部分，环保部门设置碳排放总量控制目标（排放上限）；第二部分，环保部门将碳排放总量控制目标分解到各个电厂；第三部分，电厂持有的排污权在排污权二级交易市场交易；第四部分，履约期结束时，环保部门根据排污权持有数量考核电厂实际碳排放量。

2. 欧盟排污权交易实践情况

欧盟排污权交易实践情况，大体上可分为以下两个阶段。

第一阶段：过渡阶段（2005~2007 年）。

排污权初始分配与定价：欧盟排污权交易管理部门规定，会员国在过渡阶段至少将 95% 的排污权用于免费分配，具体分配方法为：一是会员国确定所有参加排污权交易厂商的名单；二是会员国将排污权总量分配给产业部门；三是会员国确定各厂商可分配到的排污权数量。

配套政策：若会员国未能达到预先设定的减排量目标，欧盟对会员国超额排放量给予罚款。

第二阶段：实施阶段（2008~2012 年）。

排污权初始分配与定价：第二阶段会员国需要将 90% 的排污权免费分配给排污企业。

排污权二级市场交易：核定分配的二氧化碳排污量，可以通过电子交易平台自由交易。

配套政策：欧盟在碳排放权交易体系中推行碳排放监测与报告制度，要求每个排污企业必须配有温室气体配额证。温室气体配额证中包含监测协议，该协议要求排污企业必须如实报告其二氧化碳排放情况。所有排污企业排放量报告，必须经过有资质的、独立的第三方核证机构进行验证。第三方核证机构负责核实欧盟环保机构规定的排放量，检验报告中的排放量数据，确保报告是准确、可信的。如果欧盟管理处发现企业违规，将暂停其交易，直至企业完全纠正违规行为为止。

3. 国外排污权交易实践的启示

国外排污权交易实践开始较早，已经形成了比较成熟、完善的排污权交易体系，有很多可供借鉴的地方。例如，其完善的法制基础、多样的交易主体和中介机构、初始分配方式的多样化、完备的监督管理体制等。但同时也要看到，作为一个发展中国家，中国在实施排污权交易时不可完全照搬国外经验。首先，从排污权一级交易市场来看，当前中国经济转型压力较大、减排形势严峻，初始分配阶段还无法做到完全无偿分配排污权；其次，从排污权二级交易市场来看，欧盟排污权交易价格完全由市场决定，而中国排污权交易市场尚未成熟，政府在定价方面发挥重要影响；最后，从配套政策来看，美国和欧盟各项排污权配套政策及监管政策较为健全，而中国各排污权试点地区监管能力建设不平衡。

通过对国外排污权交易实践进行回顾，获得的启示是，政府部门应结合中国排污权交易的特点，设计具有中国特色的排污权交易机制。

1.1.2　理论背景

1. 总量控制下的排污权交易机制研究

中外文文献关于排污权交易机制的研究成果较为丰富，其包括几个方面：排污权一级交易市场定价与分配、排污权二级交易市场定价、影响排污权二级交易市场交易价格的因素（市场势力、交易成本及其他相关因素）及配套政策。

排污权初始定价方式包括，免费分配方式、政府定价出售方式及拍卖定价方式。排污权免费分配研究文献，如在外文文献中，米西奥莱克·M. 和艾德·H.（Misiolek M. and Elder H.）认为，当初始排污权可以免费分配时，排污权二级交易市场的价格决定者更有可能是在产品市场上占有较大份额的主导厂商。① 哈诺托·J.（Hanoteau J.）比较了免费分配方式与拍卖定价方式，结果表明免费分配方式有利于企业提高产量。② 波得·S.（Bode S.）以电力行业为例，证明了初始排污权采用免费分配方式可以提高行业内企业盈利能力。③ 在中文文献中，李寿德和黄桐城研究排污权初始免费分配方式对处于不同市场结构企业的影响。④ 赵文会等构建了排污权初始分配多目标决策模型，结果表明，免费分配是排污权的最优定价方式。⑤ 葛敏等基于流域经济效益、省级排污权协调性等条件确定了目标函数，并进一步根据流域排污总量确定约束条件，建立了多目标省（区、市）初始排污权免费分配模型。⑥

与政府定价出售方法相关的外文文献研究较多的是影子价格法。⑦ 中文文献在外文文献的基础上又提出了多类方法。梅林海和戴金满提出，在排污权初始分配中使用 IPO 定价机制。⑧ 张茜等根据 2010 年河南省的污染源普查数据，提出排污权阶梯式定价模型。⑨ 王洪涛认为，可以使用三级歧视价格对初始排污权进行定价。⑩ 毕军等基于恢复成本法，对初始排污权进行定价。⑪ 易爱军等结合江苏省连云港市不同行业化学需氧量排放现状，采

① Misiolek M. , Elder H. Exclusionary manipulation of market for pollution rights ［J］. Journal of Environmental Economics and Management，1989（16）：156－166.

② Hanoteau J. The political economy of tradable emissions permits allocation ［J］. Political Economy of Environment Policy，2003，24（3）：1－20.

③ Bode S. Multi-period emissions trading in the eelectricity sector-winners and losers ［J］. Energy Policy，2006，34（6）：680－691.

④ 李寿德，黄桐城. 初始排污权的免费分配对市场结构的影响 ［J］. 系统工程理论方法应用，2005，14（4）：294－298.

⑤ 赵文会，高岩，戴天晟. 初始排污权分配的优化模型 ［J］. 系统工程，2007，25（6）：57－61.

⑥ 葛敏，吴凤平，尤敏. 基于奖优罚劣的省（区、市）初始水权优化配置 ［J］. 长江流域资源与环境，2017，26（1）：1－6.

⑦ Lyon R. Auctions and alternative procedure for allocating pollution rights ［J］. Land Economics，1982（58）：16－32.

⑧ 梅林海，戴金满. IPO 定价机制在排污权初始分配中应用的研究 ［J］. 价格月刊，2009（9）：33－36.

⑨ 张茜，于鲁冀，王燕鹏，等. 水污染物初始排污权定价策略研究——以河南省为例[J]. 南水北调与水利科技，2012（1）：165－171.

⑩ 王洪涛. 三级价格歧视与政府排污权配额初始定价问题研究 ［J］. 广西财经学院学报，2012（3）：53－56.

⑪ 毕军，周国梅，张炳，等. 排污权有偿使用的初始分配价格研究 ［J］. 环境保护，2007（7）：51－54.

用恢复成本法构建了化学需氧量排放的定价模型。① 吴凤平等应用财富效用函数，研究了不完全竞争市场下排污权交易的价格形成模型。②

拍卖研究法。在外文文献中，如哈恩·R. 和诺尔·R. （Hahn R. and Noll R.） 提出了中性收入拍卖机制，认为该拍卖机制比其他交易机制具有两点优势：①能够防止市场被少数排污企业垄断；②有利于维持排污权市场交易价格稳定。③ 弗兰乔西林·R. 等（Franciosil R. et al.） 讨论了排污权第一价格拍卖机制设计问题，并用实验法比较得出，哈恩—诺尔拍卖和第一价格拍卖在价格发现和效率方面的差别不大。④ 克拉姆顿·P. 和科瑞·S. （Cramton P. and Kerr S.） 结合多物品拍卖理论，论证了歧视价格拍卖机制是最优的排污权交易机制。⑤ 莱德码·J. （Ledyard J.） 提出利用双向拍卖机制进行排污权拍卖，并用实验经济学方法证明了完全竞争条件下双向拍卖的效率高于哈恩—诺尔拍卖。⑥ 王和王（Wang and Wang） 提出了带有关联价值的多单位排污权一级交易市场拍卖。⑦ 海塔·法拉·C. （Haita-Falah C.） 考虑了不确定下的排污权拍卖问题。⑧ 阿尔瓦雷斯·F. 和安德烈·F. J. （Alvarez F. and André F. J.） 分析了统一价格拍卖机制的有效性，认为排污权一级交易市场采用统一价格拍卖是有效的。⑨ 在中文文献中，如肖江文等建立了第一价格初始排污权拍卖

---

① 易爱军，杨佃春，张金保. 排污权有偿使用和交易定价问题研究——以连云港海域化学需氧量排放为例 [J]. 价格理论与实践，2016 （12）：64 – 67.

② 吴凤平，尤敏，于倩雯. 多情景下基于财富效用的排污权定价模型研究 [J]. 软科学，2017，31 （7）：108 – 111.

③ Hahn R. , Noll R. Barriers to implementing tradable air pollution permits：Problems of regulatory interactions [J]. Yale Journal on Regulation, 1983 （1）：63 – 91.

④ Franciosi R. , Isaac R. , Pingry D. An experimental investigation of the hall-nell revenue neutral auction for emissions trading [J]. Journal of Environmental Economics and Management, 1993 （24）：1 – 24.

⑤ Cramton P. , Kerr S. Tradeable carbon permit auctions：How and why to auction not grandfather [J]. Energy Policy, 2002, 30 （4）：333 – 345.

⑥ Ledyard J. Designing organizations for trading pollution rights [J]. Journal of Economic Behavior and Organization, 1994 （25）：167 – 196.

⑦ Wang Y. , Wang X. Interdependent value multi-unit auctions for initial allocation of emission permits [J]. Procedia Environmental Sciences, 2016, 31：812 – 816.

⑧ Haita-Falah C. Uncertainty and speculators in an auction for emissions permits [J]. Journal of Regulatory Economics, 2016, 49 （3）：1 – 29.

⑨ Alvarez F. , André F. J. Auctioning emission permits with market power [J]. Journal of Economic Analysis & Policy, 2016 （4）：1 – 28.

模型，认为拍卖是初始排污权的最优分配方式。① 饶从军基于统一价格拍卖思想，提出了一种具有激励性的可变总量分配方法，并分别给出了排污企业对称情形下、排污企业非对称情形下的线性均衡报价策略。② 高广鑫和樊治平构建了非线性拍卖模型，说明非线性拍卖模型及实验方法的可行性和潜在应用。③ 拍卖合谋研究，如陈德湖研究了第一价格拍卖下、第二价格拍卖下排污企业的合谋行为，并给出了环境管理部门对排污企业合谋行为的最优反应策略。该文献研究表明，拍卖合谋导致管理者拍卖收益降低，排污企业通过排污权拍卖形成产出市场的垄断势力，损害消费者利益，降低市场效率。④ 公开式拍卖容易形成稳定的卡特尔组织，因此，从减少投标企业合谋行为来看，排污权拍卖应采用密封式拍卖。

与排污权初始分配相关的研究，如在外文文献中，藤原·O. 等（Fujiwara O. et al. ）运用概率约束模型对给定水质超标风险条件下的河道排污指标分配问题进行了研究。⑤ 唐纳德·H. 和勃拉巴拉·J. （Donald H. and Brabrara J. ）构建了随机动态规划模型，对多点源的污染指标分配进行了研究。⑥ 博埃马尔·C. 和奎里昂·P. （Boemare C. and Quirion P. ）将常用的免费初始分配标准分为两类：第一类，政府根据排污企业某一历史时期的排污量分配排污权；第二类，政府根据排污企业现实排污量分配排污权。⑦ 吴等（Wu et al. ）提出了基于数据包络分析方法（Data Envelopment Analysis，DEA）的分配方法。⑧ 刘和林（Liu and Lin ）提出

　　① 肖江文，罗云峰，赵勇，等. 初始排污权拍卖的博弈分析 ［J］. 华中科技大学学报（自然科学版），2001，29 （9）：37 - 39.
　　② 饶从军. 基于统一价格拍卖的初始排污分配方法 ［J］. 数学的实践与认识，2011，41 （3）：48 - 55.
　　③ 高广鑫，樊治平. 考虑投标者后悔的一级密封拍卖的最优投标策略 ［J］. 管理科学，2016，29 （1）：1 - 14.
　　④ 陈德湖. 总量控制下排污权拍卖理论与政策研究 ［M］. 大连：大连理工大学出版社，2014.
　　⑤ Fujiwara O. , Gnanendran S. K. , Ohgaki S. River quality management under stochastic streamflow ［J］. Journal of Environmental Engineering, 2014, 112 （2）：185 - 198.
　　⑥ Donald H. , Brabara J. Comparison of optimization formulations for waste load allocations ［J］. Journal of Environmental Engineering, 1992, 118 （4）：597 - 612.
　　⑦ Boemare C. , Quirion P. Implementing greenhouse gas trading in Europe：Lessons from economic literature and international experiences ［J］. Post-Print, 2002, 43 （2 - 3）：213 - 230.
　　⑧ Wu H. , Zhang D. , Chen B. et al. Allocation of emission permits based on DEA and production stability ［J］. INFOR：Information Systems and Operational Research, 2018, 56 （1）：82 - 91.

基于成本方法的分配模型。[①] 在中文文献中，如郭希利和李文岐提出了初始排污权等比例分配方法和优化分配方法。[②] 林巍和傅国伟提出了基于公理体系的排污总量分配方法。[③] 夏军和胡宝清基于灰色系统规划角度，建立了水污染物削减量分配模型。[④] 陈忠全等围绕解决排污权交易在污水治理产业化中的应用问题，依据可支付的联盟博弈的基本理论，以排污权交易联盟的支付函数为特征函数，构造了排污权分配模型。该文献基于拉赫曼（Rahman）模型，研究了生产排污系统 1 和污水治理系统 2 的排污权分配控制路径问题。[⑤] 张丽娜等构建了基于纳污能力控制的省（区、市）初始排污权区间两阶段随机规划（ITSP）配置模型。[⑥] 张东旭利用数据包络分析方法，分析排污权初始分配问题。[⑦]

　　与排污权二级交易市场定价相关的研究，如，在外文文献中，海塔·C.（Haita C.）认为，排污权二级交易市场价格是由市场均衡形成的，排污企业是价格接受者。[⑧] 在中文文献中，重点放在政府指导价格的确定上。以排污权交易企业收益最大化为目标，黄桐城和武邦涛以边际削减成本和边际排污收益，确定排污权交易市场基准价格。[⑨] 关于拍卖方式的研究，外文文献集中在排污权一级交易市场中。目前，仅有部分中文文献对排污权二级交易市场拍卖展开了研究，如陈德湖构建了不完全信息竞价博弈模型，结论表明投标人越多，风险偏好系数越大，卖方期望收益

　　① Liu H. , Lin B. Cost-based modelling of optimal emission quota allocation ［J］. Journal of Cleaner Production, 2017, 149：472 - 484.

　　② 郭希利，李文岐. 总量控制方法类型及分配原则［J］. 中国环境管理, 1997（5）：47 - 48.

　　③ 林巍，傅国伟. 基于公理体系的排污总量公平分配模型［J］. 环境科学, 1996（3）：35 - 37.

　　④ 夏军，胡宝清. 灰色聚类方法及其在环境影响评价中的应用［J］. 武汉大学学报（工学版）, 1996（3）：1 - 6.

　　⑤ 陈忠全，赵新良，徐雨森. 基于 Rahman 模型排污权分配的控制路径研究［J］. 运筹与管理, 2016, 25（4）：221 - 226.

　　⑥ 张丽娜，吴凤平，王丹. 基于纳污能力控制的省（区、市）初始排污权 ITSP 配置模型［J］. 中国人口·资源与环境, 2016, 26（8）：88 - 96.

　　⑦ 张东旭. 考虑生产平稳性的排污权初始分配非参数方法及其应用［D］. 合肥：合肥工业大学, 2017.

　　⑧ Haita C. Endogenolds market power in an emissions trading scheme with auctioning ［J］. Resource &Energy Economics, 2014, 37（3）：253 - 278.

　　⑨ 黄桐城，武邦涛. 基于治理成本和排污收益的排污权交易定价模型［J］. 上海管理科学, 2004（6）：34 - 36.

越高。① 顾孟迪等分析存在佣金条件下的排污权私人价值拍卖机制和关联价值拍卖机制设计问题。② 王先甲等针对排污权市场交易环境，设计出一个激励相容的双边拍卖机制。③ 郑君君等针对排污权拍卖中厂商信息交互结构对其策略演化的影响，运用网络演化博弈方法，将小世界网络引入排污权统一价格拍卖的博弈分析之中。④

关于排污权二级交易市场势力研究，如凡和韦伯（Van and Weber）考察了排污权交易市场中厂商的违规行为和市场势力，认为政府可以利用处于领导地位的排污企业进行初始排污权分配，控制厂商市场势力和厂商违规行为。⑤ 蒂坦伯格·T.（Tietenberg T.）认为，垄断市场势力的存在不会影响治理成本。⑥ 阿尔瓦雷斯·F. 和安德烈·F. J. 考虑了排污权交易市场中市场势力与内生环境技术应用的关系。⑦ 王道臻和李寿德认为，市场领导者可以通过购买排污权，在产品市场上获得更多垄断力。⑧ 王家祺等认为，排污权交易价格由主导厂商决定，从属厂商是排污权市场价格接受者。⑨ 交易成本方面，如斯塔文斯·R.（Stavins R.）认为，交易成本包括三个方面：市场信息搜寻成本、企业决策成本及监管成本。⑩ 甘达哈兰·L.（Gandgadharan L.）研究表明，交易成本的作用随排污权交

① 陈德湖. 基于一级密封拍卖的排污权交易博弈模型 [J]. 工业工程, 2006, 9 (3)：49 – 51.
② 顾孟迪, 张敬一, 李寿德. 基于佣金约束的排污权拍卖机制 [J]. 系统管理学报, 2008, 17 (2)：173 – 176.
③ 王先甲, 黄彬彬, 胡振鹏, 等. 排污权交易市场中具有激励相容性的双边拍卖机制[J]. 中国环境科学, 2010, 30 (6)：845 – 851.
④ 郑君君, 王向民, 朱德胜, 等. 考虑学习速度的小世界网络上排污权拍卖策略演化 [J]. 中国管理科学, 2017 (3)：76 – 84.
⑤ Van H. , Weber M. Marketable permits, market power and cheating [J]. Journal of Environmental Economics and Management, 1996, 30：161 – 173.
⑥ Tietenberg T. Economic instruments for environmental regulation [J]. Oxford Review of Economic Policy, 1991 (6)：125 – 178.
⑦ Alvarez F. , André FJ. Auctioning emission permits with market power [J]. The B. E. Journal of Economic Analysis & Policy, 2016, 16 (4)：1 – 28.
⑧ 王道臻, 李寿德. 排污权市场中厂商势力对产品市场结构的影响 [J]. 系统管理学报, 2011, 20 (4)：510 – 512.
⑨ 王家祺, 李寿德, 刘伦升. 跨期间排污权交易中的市场势力与排污权价格变化的路径分析 [J]. 武汉理工大学学报, 2011, 35 (1)：209 – 212.
⑩ Stavins R. Transactions costs and tradable permits [J]. Journal of Environmental Economics and Management, 1995, 29：133 – 148.

易市场逐渐成熟而下降。[①] 卡森·T. 和甘达哈兰·L.（Cason T. and Gangadharan L.）用实验方法验证了斯塔文斯·R. 的观点，并得出三点结论：①交易成本出现将提高排污权交易价格；②当边际交易成本减小时，分配结果不是最优的；③当边际交易成本不变时，排污权初始分配将不会影响交易价格、交易量和市场效率。[②] 赵海霞在蒙特罗·J.（Montero J.）[③] 研究基础上，进一步分析交易成本对排污权交易机制设计的影响。[④] 仇蕾等基于复杂适应系统（CAS）和多主体系统（MAS）构建排污权交易系统的多主体仿真模型，模拟排污权交易系统中的主体行为，并在 Netlogo 平台进行仿真计算。其结果表明，交易成本会降低交易主体的平均收益。[⑤] 王月伟和刘军构建了以总量控制为基础的排污权交易模型，考察排污权交易机制对环境治理成本的影响。[⑥] 其他因素，如费勒·M. 和哈英兹·J.（Fehr M. and Hinz J.）研究了排污权价格与燃料价格、相关因素（天气、工厂停电）之间的关系。[⑦] 本·S.（Benz S.）研究了排污权价格随时间变化的情况，研究表明二氧化碳排污权价格并未显示出任何季节性。[⑧] 卡罗琳·F.（Carolyn F.）研究公众参与对排污权价格的影响，结果表明，公众参与使排污权供给减少，从而推高了排污权价格。[⑨]

与环境配套政策相关的研究，斯特拉隆德·J. 和查韦斯·C.

① Gandgadharan L. Transaction costs in pollution markets: An empirical study [J]. Land Economics, 2000, 76 (4): 601 – 614.

② Cason T. , Gangadharan L. Transactions costs in tradable permit markets: An experimental study of pollution market designs [J]. Journal of Regulatory Economics, 2003, 23 (2): 145 – 65.

③ Montero J. Marketable pollution permits with uncertainty and transaction cost [J]. Resource and Energy Economics, 1998, 20: 27 – 50.

④ 赵海霞. 试析交易成本下的排污权交易的最优化设计 [J]. 环境科学与技术, 2006, 29 (5): 45 – 47.

⑤ 仇蕾, 王瑜梁, 陈曦. 基于 Multi—agent 的排污权交易系统建模与仿真 [J]. 科技管理研究, 2016, 36 (6): 226 – 232.

⑥ 王月伟, 刘军. 基于成本分析的排污权交易机制的一种理论模型 [J]. 经济纵横, 2011 (8): 55 – 58.

⑦ Fehr M. , Hinz J. A quantitative approach to carbon price risk modeling [R]. Working paper, Institute for operations research, 2006.

⑧ Benz S. Modeling the price dynamics of CO_2 emission allowances [J]. Energy Economics, 2009, 31: 4 – 15.

⑨ Carolyn F. Emissions pricing, spillovers and public investment in environmentally friendly technologies [J]. Energy Economics, 2008, 30: 487 – 502.

（Stranlund J. and Chavez C.）构建了排污权交易模型，引入排污谎报和排污许可谎报，研究排污信息非对称时政府的最优监管策略。① 麦肯齐·M.（Mackenzie M.）考察了排污权交易背景及非对称排污信息下，政府存在预算约束时的最优监管策略。② 李冬冬和杨晶玉构建了基于排污权交易的企业减排研发模型，考察政府最优减排研发补贴政策选择，分析减排研发补贴对污染物减排、企业利润及社会福利的影响，并进一步讨论减排研发补贴与排污税政策搭配使用的问题。③ 金帅等通过构建管制者与排污企业之间的两阶段博弈模型，对最优监管进行了分析，结果表明，为激励企业守法排污，需要保证监管水平与处罚力度统一。④ 李冬冬和杨晶玉研究了动态情形下的排污权监管问题。⑤

污染物总量控制下的排污权交易机制研究，见表1－3。

表1－3　　　　　　　污染物总量控制下的排污权交易机制研究

排污权一级 交易市场定价		排污权一级 交易市场分配		排污权二级 交易市场交易机制		配套政策
免费分配	外文文献，米西奥莱克·M.和艾德·H.（1989）等；中文文献，李寿德（2005）；赵文会（2007）等	外文文献，藤原·O.（1986）、博埃马尔·C.和奎里昂·P.（2002）等	定价	外文文献集中在市场机制，如海塔·C.（Haita C.，2014）等；中文文献集中在政府指导价，如黄桐城（2004）等；拍卖，如陈德湖（2006）等	监管政策	外文文献，如斯特拉隆德·J.和查韦斯·C.（2000）等；中文文献，如金帅（2011）等
定价出售	外文文献，隆银·R.（Lyon R.，1982）等；中文文献，梅林海（2009）等					

---

① Stranlund J. , Chavez C. Effective enforcement of a transferable emissions permit system with a self-reporting requirement ［J］. Journal of Regulatory Economics, 2000, 18: 113－131.

② Mackenzie M. Optimal monitoring of credit-based emissions trading under asymmetric information ［J］. Journal of Regulatory Economics, 2012, 42（2）: 180－203.

③ 李冬冬，杨晶玉. 基于排污权交易的最优减排研发补贴研究 ［J］. 科学学研究, 2015, 33·（10）: 1504－1510.

④ 金帅，盛昭瀚，杜建国. 排污权交易系统中政府监管策略分析 ［J］. 中国管理科学, 2011, 19（4）: 174－183.

⑤ 李冬冬，杨晶玉. 基于跨期排污权交易的最优环境监管策略 ［J］. 系统管理学报, 2017, 26（7）: 1－8.

续表

排污权一级 交易市场定价		排污权一级 交易市场分配	排污权二级 交易市场交易机制		配套政策	
拍卖	拍卖方式，如外文文献，哈恩·R. 和诺尔·R. (1983) 等；中文文献，肖江文等 (2001) 等	中文文献，如郭希利 (1997)、等比例分配，如，夏军 (1996) 非线性规划	价格影响因素	市场势力，如范和韦伯·M. (Van and Weber M.，1996) 等；交易成本，如斯塔文斯·R. (1995)	补贴及排污税政策	中文文献，如李冬冬和杨晶玉 (2015)
	拍卖合谋，如陈德湖 (2014) 等					

资料来源：笔者根据相关文献整理而得。

上述文献可以归纳为两类，一类是基于新古典经济学框架，研究排污权一级交易市场和排污权二级交易市场的定价政策、分配政策及配套政策；另一类是基于非对称信息下的博弈论分析框架，研究排污权拍卖机制设计。虽然两类文献对排污权交易机制进行了较为深入的研究，但仍然存在一定缺陷。其一，在第一类文献中，关于排污权一级交易市场初始排污权定价、排污权二级交易市场交易价格的研究，均未考虑非对称减排成本信息。既有研究表明，忽略减排成本信息非对称，容易造成排污权交易市场失灵。例如，哈斯塔德·B. 和贡纳·S. (Harstad B. and Gunnar S.) 研究发现，当存在信息非对称时，为防止低减排成本企业模仿高减排成本企业的排污行为，高减排成本企业将提高排污水平，结果使得排污权需求提高，导致排污权二级交易市场交易价格发生扭曲。这种扭曲会降低买方排污企业参与排污权交易的意愿。其二，既有研究大多将排污权一级交易市场、排污权二级交易市场分开进行研究，海塔·C. 虽然同时考虑排污权一级交易市场、排污权二级交易市场，但是，忽略了产品市场，缺乏一般均衡分析。[①] 此外，既有研究都是基于给定的交易机制研究排污权交易，缺乏机制设计视角分析。其三，既有文献没有探讨排污权交易与其他环境政策的协调问题，也没有分析排污权交易市场与产品交易市场之间的

---

① Haita C. Endogenous market power in an emissions trading scheme with auctioning [J]. Resource & Energy Economics，2014，37 (3)：253–278.

关系。

（1）在第一类文献中，关于配套政策的研究，只是基于外生排污权交易机制，未考虑内生排污权交易机制及减排成本信息非对称。无论是斯特拉隆德·J. 和查韦斯·C.（2000）还是李冬冬和杨晶玉（2015），都是在给定的市场机制下进行监管或减排补贴政策研究，并且，假定市场价格外生。此外，这些文献仅考察排污权交易，而没有将排污权交易机制和污染物总量控制目标挂钩。斯特拉隆德·J. 和查韦斯·C.（2000）关于监管的研究，基于单一排污信息非对称，未同时考虑排污成本和减排成本双重信息非对称。

（2）在第二类文献中，中外文文献利用博弈论研究排污权估值信息非对称下的拍卖机制设计，仅考虑排污企业之间的信息非对称，忽略政府与排污企业之间的信息非对称，并且，大部分文献仅把排污权当作一种商品，而未将企业污染排放、污染削减、生产投入及政府部门纳入拍卖模型中，少数文献，如王先甲等仅考虑生产行为和排污行为，未考虑减排行为。[①] 排污权交易机制的设计者是政府，因此，在机制设计中必须考虑政府和排污企业之间的信息非对称。此外，排污权估值信息依赖于排污企业的边际减排成本，不考虑减排、生产等企业行为，很难做出准确估值。

（3）在第三类文献中，中外文文献仅分析了具体拍卖形式，如第一价格拍卖下、第二价格拍卖下排污企业的合谋行为，并给出了环境管理部门对排污企业合谋行为的最优反应策略。但是，上述研究基于博弈论框架，仅考虑排污企业之间的信息非对称，忽略政府与排污企业之间的信息非对称，把排污权当作一种商品，而未将企业污染排放、污染削减、生产投入及政府部门纳入拍卖模型，并且，没有讨论环境政策对最优防合谋机制设计的影响。

在信息非对称下，如何设计总量控制排污权交易机制，是学者们应进一步考虑的问题。

---

① 王先甲，黄彬彬，胡振鹏，等. 排污权交易市场中具有激励相容性的双边拍卖机制[J]. 中国环境科学，2010，30（6）：845 – 851.

2. 机制设计理论研究

目前，很少有国内外学者从信息非对称视角对排污权交易机制设计展开研究，但是，机制设计领域丰富的研究成果，为信息非对称下的排污权交易机制设计研究奠定了理论基础。

国外现有机制设计研究，主要分为占优策略机制设计研究和贝叶斯机制设计研究两类。占优策略机制设计研究不考虑代理人之间的信息非对称，仅考虑机制设计者和代理人之间的信息非对称。代表性学者有穆克吉·D. 和赖切尔斯坦·S. （Mookherjee D. and Reichelstein S. ）①、哈格蒂·K. 和罗杰森·W. （Hagerty K. and Rogerson W. ）②；贝叶斯机制设计研究不仅考虑机制设计者和代理人之间的信息非对称，还考虑代理人之间的信息非对称，代表性学者有克里希纳·V. 和派瑞·M. （Krishna V. and Perry M. ）③ 及米尔格罗姆·P. （Milgrom P. ）④。

中文文献更多的是对机制设计理论的应用展开研究。代表性学者，如田国强，构建了一个转轨企业可以综合利用其内、外部资源的模型，研究市场和政府都不完善时最优所有权安排问题。此外，他还从理论层面探讨了和谐社会构建与现代市场经济体系的完善问题，用机制设计思想论证了和谐社会目标与现代市场经济机制具有相容性⑤。马斯金·E.、钱和许（Maskin E. , Qian and Xu）讨论了中国、俄罗斯转轨过程中因组织形式差异形成的激励效率差异，结果表明，中国的"块块"管理模式比俄罗斯的"条条"管理模式更具激励效果。⑥ 钱（Qian）构建模型证明了国有企业预算软约束条件下，价格控制和短缺有助于减少信息扭曲，

① Mookherjee D. , Reichelstein S. Dominant strategy implementation of Bayesian incentive compatible allocation rules ［J］. Journal of Economic Theory, 1992, 56（2）: 378 – 399.

② Hagerty K. , Rogerson W. Robust trading mechanisms ［J］. Journal of Economic Theory, 1987, 42（1）: 94 – 107.

③ Krishna V. , Perry M. Efficient mechanism design ［J］. Ssrn Electronic Journal, 1998（2）: 1 – 19.

④ Milgrom P. Putting auction theory to work ［M］. Cambridge: Cambridge University Press, 2004.

⑤ 田国强. 一个关于转型经济中最优所有权安排的理论 ［J］. 经济学（季刊）, 2001（1）: 45 – 70.

⑥ Maskin E. , Qian Y. , Xu C. Incentives, information, and organizational form ［J］. Review of Economic Studies, 2000, 67（2）: 359 – 378.

自由价格体系反而损害了消费者福利。①

作为新兴的转轨经济体,中国仍面临着污染控制、行业管制、金融体制改革等多方面的问题。排污权交易作为中国环境管理领域的一项重要实践,在机制设计理论应用方面具有广阔前景。排污权交易中存在多个参与主体,本书依据机制设计理论,将排污权交易机制设计问题分为政府与排污企业之间信息非对称的占优策略机制设计,政府与排污企业之间、排污企业之间信息非对称的贝叶斯机制设计两类。在两种情形下,如何设计排污权交易机制,是值得探讨的问题。

1.2 研究问题与研究思路

1.2.1 研究问题

通过现实背景介绍,本书归纳的研究问题为:政府应如何设计中国排污权交易机制以保证污染物总量控制目标实现?

1.2.2 研究思路

基于理论背景下前人研究的不足之处,结合中国排污权交易的实际情况,根据排污权交易参与主体(政府与排污企业、排污企业与排污企业)之间的信息非对称类型(单一信息非对称或双重信息非对称),将研究问题分解为以下四部分进行深入探讨。

(1)政府与排污企业之间减排成本信息非对称时排污权交易机制设计

排污权一级交易市场初始排污权定价研究、排污权二级交易市场定价研究,均未考虑非对称减排成本信息,且都是基于局部均衡框架和新古典分析框架。因此,该部分在局部均衡排污权交易模型的基础上,引入非对称减排成本信息、产品市场、政府部门、排污税及减排补贴,构

---

① Qian Y. A theory of shortage in socialist economies based on the soft budget constraint [J]. The American Economic Review, 1994, 84 (1): 145 – 156.

建排污权交易机制设计模型，研究排污权一级交易市场政府定价、分配以及排污权二级交易市场最优交易机制设计。

（2）政府与排污企业之间减排成本与排污双重信息非对称时排污权交易机制设计模型

既有排污企业排污谎报研究，只是基于外生排污权交易机制，未考虑内生排污权交易机制及多重信息非对称情形。因此，该部分在单一减排成本信息非对称的基础上引入排污信息非对称，构建减排成本与排污双重信息非对称时排污权交易机制设计模型，研究排污企业谎报时，排污权一级交易市场政府定价、分配机制以及排污权二级交易市场交易及监管机制设计。

（3）政府与排污企业之间、排污企业之间减排成本信息非对称时排污权交易机制设计

当政府允许排污企业之间通过竞价进行交易时，除了考虑政府与排污企业之间的信息非对称，还必须考虑排污企业之间的信息非对称，满足上述条件的交易机制是拍卖机制。既有文献利用博弈论对信息非对称下的拍卖机制设计进行研究，仅考虑排污企业之间的信息非对称，忽略政府与排污企业之间的信息非对称，并且，仅把排污权当作一种商品，而未将企业污染排放、企业污染削减、企业生产投入及政府部门纳入拍卖模型，缺乏一般均衡视角分析。因此，本章在政府与排污企业之间减排成本信息非对称的基础上，进一步引入排污企业之间减排成本信息非对称、企业生产行为、企业排污行为及企业减排行为，研究排污权一级交易市场、排污权二级交易市场的拍卖机制设计。

（4）政府与排污企业之间、排污企业之间减排成本与合谋双重信息非对称时排污权交易机制设计

既有排污权拍卖研究分析了具体拍卖形式，如第一价格拍卖、第二价格拍卖下排污企业的合谋行为，并给出了环境管理部门对排污企业合谋行为的最优反应策略。但是，上述研究基于博弈论框架，仅考虑排污企业之间的信息非对称，忽略政府与排污企业之间的信息非对称，并且，没有讨论环境政策对最优防合谋机制设计的影响。本章在政府与排污企业之间、排污企业之间减排成本信息非对称的基础上，进一步引入合谋

信息非对称，构建减排成本与合谋双重信息非对称时排污权拍卖交易机制设计模型，研究排污权一级交易市场、排污权二级交易市场防合谋拍卖机制设计及其影响因素。

综上所述，本书研究思路，如图1-1所示。

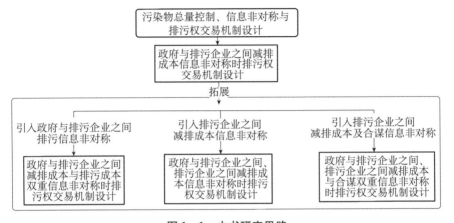

图1-1 本书研究思路

资料来源：笔者绘制。

1.2.3 核心概念界定

为了更清楚地说明研究问题，本小节对本书涉及的相关核心概念进行界定。

（1）总量控制

总量控制是指，以控制一定时段内、区域内排污单位排放污染物总量为核心的环境管理方法体系，将管理的地域或空间（例如，行政区、流域、环境功能区等）作为一个整体，根据要实现的环境质量目标确定该地域或空间一定时间内可容纳的污染物总量，采取一定的减排措施使得排入这一地域、空间内的污染物总量不超过可容纳的污染物总量。[①]

———————

① 马中，［美］Dudck D.，吴健，张建宇，刘淑琴. 论总量控制与排污权交易［J］. 中国环境科学，2002，22（1），89-92.

（2）排污权、排污权交易

排污权概念最早由戴尔斯·J.（Dales J.）提出，排污权是指，污染排放主体在获得环境保护部门排污许可证后，按照权利主体所拥有的排污指标向环境排放污染物的权利。排污权交易是指，排污企业为降低减排成本或获取减排效益所进行的污染物排放指标交易行为。

（3）排污权一级交易市场、排污权二级交易市场

排污权一级交易市场主要由政府控制，旨在向排污企业分配排污指标。政府或授权机构核定出一定区域内污染物最大排放量，将最大允许排污量分成若干排放份额，向排污企业进行分配。

排污权二级交易市场是指，排污企业之间的交易场所。根据需求，排污企业在排污权一级交易市场上分配排污权后，可以在排污权二级交易市场上买入排污权指标；相反，如果排污企业通过减少排污而剩余排污指标，可以在排污权二级交易市场出售进行获利。[①]

（4）排污权交易机制

斯塔文斯·R. 认为，一个完整的排污权交易机制应具备几个要素：总量控制目标、排污许可证、分配机制、市场的定义、监督与实施、市场运作模式、法律层面的问题。[②] 古纳塞克拉·D. 和康威尔·A.（Gunasekera D. and Cornwell A.）认为，排污权交易机制应包括几个要素：产品定义（包括排污权期限、排污因子、排放总量、污染物类别）、市场参与者、排污权分配方式、监督管理模式以及市场模式（市场势力和交易机制）。[③] 在外国学者研究基础上，中国学者也对排污权市场交易机制的内容和含义进行了探讨。胡民认为，排污权市场交易机制，应包括全国层面的市场体系、交易规则、排污权一级交易市场上初始排污权定价、排污权二级交易市场上排污权交易价格以及购买排污权的信息

① 蒋洪强，王金南. 关于排污权的一级市场和二级市场问题 [C]. 排污交易国际研讨会，2008.

② Stavins R. A meaningful US cap-and-trade system to address climate change [J]. Ssrn Electronic Journal，2008，32：293 - 371.

③ Gunasekera D.，Cornwell A. Economic issues in emission trading [J]. European Journal of Pharmaceutics & Biopharmac，1998 (2)：1 - 13.

渠道。① 李寿德和刘敏认为，排污权市场交易机制中还应该包括对总量控制和对初始排污权分配的管制。② 孙宇宁认为，排污权市场交易机制包括交易所架构和运行机制（参与主体和参与方式、交易品种和交易产品、计价货币和交易系统等）。③

根据中外文文献关于排污权交易机制内涵的分析，结合机制设计理论，本书将排污权交易机制定义为与交易直接相关的排污权一级交易市场、排污权二级交易市场的定价机制和分配机制。

（5）机制设计

田国强给出的机制设计定义为，在自由选择、自愿交换的分散化决策条件下，能否及如何设计一个机制（一系列规则的集合），使得经济活动参与者的个人利益和设计者的既定目标一致。④

1.3　研究目标和研究意义

1.3.1　研究目标

本书利用机制设计理论、拍卖理论，探讨总量控制背景下的排污权交易机制设计问题，旨在达到以下四个具体目标。

（1）通过考察政府与排污企业之间减排成本非对称情形下排污权交易机制设计，对比减排成本信息非对称情形下与对称情形下排污权交易机制设计的差异，给出消除信息非对称影响的最优政策设计，并进一步分析总量控制政策、排污税政策及产品市场价格变动对最优排污权交易机制的影响，旨在为排污权一级交易市场定价机制、排污权二级交易市场定价机制、分配机制、排污税以及减排补贴政策设计提供有益的参考。

① 胡民. 基于交易成本理论的排污权交易市场运行机制分析［J］. 理论探讨，2006（5）：83－85.

② 李寿德，刘敏. 排污权交易市场的管制机制研究［J］. 云南师范大学学报（自然科学版），2006，26（2）：14－16.

③ 孙宇宁. 海外碳金融市场运行机制分析与启示［D］. 长春：吉林大学，2012.

④ 田国强. 高级微观经济学［M］. 北京：中国人民大学出版社，2016.

（2）通过考察政府与排污企业之间减排成本与排污双重信息非对称时排污权交易机制设计，讨论双重信息非对称时最优排污权交易机制设计，分析消除减排成本信息非对称的最优减排补贴政策设计以及总量控制政策变动、排污税政策变动、单位监管成本变动、单位惩罚成本变动对排污权交易机制设计和监管机制设计的影响，旨在为排污谎报情形下，排污权一级交易市场、排污权二级交易市场的政府定价、分配机制及环境监管政策设计提供有益的参考。

（3）通过研究政府与排污企业之间、排污企业之间减排成本信息非对称时拍卖机制的设计，给出排污权一级交易市场、排污权二级交易市场最优拍卖机制，并进一步揭示排污权二级交易市场最优拍卖机制与现有拍卖机制的交易效率差异，旨在为排污权一级交易市场、排污权二级交易市场拍卖机制的设计提供有益参考。

（4）通过研究政府与排污企业之间、排污企业之间减排成本与合谋双重信息非对称时排污权交易拍卖机制设计，给出排污权一级交易市场，排污权二级交易市场最优合谋拍卖机制，防合谋机制设计、减排补贴及排污税政策对防合谋机制设计的影响，旨在为排污权一级交易市场、排污权二级交易市场防合谋拍卖机制设计提供了有益参考。

1.3.2 研究意义

本书的研究，具有实践意义和理论意义。

（1）实践意义

①对排污企业来说，本书的研究可以切实解决减排和排污权交易约束下，生产经营管理中复杂的决策问题。具体来说，一是排污企业可以根据排污权市场变化和减排约束调整产量；二是可以在排污权市场上购买或出售排污权，降低减排成本，实现利润最大化；三是排污企业可以根据政府的监管政策和惩罚政策决定排污水平。②对政府来说，本书的研究可以设计合适的排污权一级交易市场、排污权二级交易市场交易机制和环境政策，解决目前排污权一级交易市场、排污权二级交易市场中

存在的问题，取得环境和经济发展双赢。

（2）理论意义

①结合中国排污权交易的实际情况，本书建立了非对称信息下总量控制排污权交易机制设计的一般均衡分析框架，为研究排污权交易机制设计提供了一种新视角；②本书将基于隐匿行为的信息非对称引入排污权交易机制设计框架中，探讨多重信息非对称时排污权交易机制设计，弥补了单一信息非对称研究的不足；③本书将基于博弈论的排污权拍卖机制设计拓展到基于机制设计理论的双边、多单位物品、防合谋排污权拍卖机制设计，并进一步引入排污企业生产行为、排污行为及减排行为，完善了现有排污权拍卖机制研究。

1.4　研究内容及研究框架

本书以机制设计理论为基础，结合中国总量控制排污权交易的基本特点，分别研究政府与排污企业之间减排成本信息非对称；政府与排污企业之间减排成本信息与排污双重信息非对称；政府与排污企业之间、排污企业之间减排成本信息非对称；政府与排污企业之间、排污企业之间减排成本与合谋双重信息非对称四类情况下的排污权交易机制设计问题。各章具体内容安排如下。

第 1 章，绪论，本章阐述本书的现实背景和理论背景，提出本书的研究问题和研究思路，对相关概念进行辨析，指出研究的理论意义和实践意义，并进一步指出本书主要的研究内容及研究框架。

第 2 章，理论基础与文献综述，本章主要介绍机制设计理论、拍卖理论及排污权交易机制设计的相关文献综述，总结不同理论研究的前沿动态及存在的缺陷，为非对称信息下排污权交易机制设计研究奠定了理论基础。

第 3 章，政府与排污企业之间减排成本信息非对称时的排污权交易机制设计，本章构建排污权交易机制设计模型，并分别从对称减排成本信息和非对称减排成本信息两个角度对模型进行求解。根据模型求解结果，讨论减排成本信息非对称下的最优排污权交易机制；探讨如何利用减排补贴政策，消除信息非对称影响；给出总量控制政策、排污税政策及产品市场变动对排污权交易市场的影响，分析排污权交易机制的有效性。

第4章，政府与排污企业之间减排成本与排污双重信息非对称时的排污权交易机制设计，在第3章基础上，本章引入排污信息，构建排污信息与减排成本信息非对称时排污权交易机制设计模型，根据模型的求解结果，讨论双重信息非对称时最优排污权交易机制设计；分析消除减排成本信息非对称的减排补贴政策设计以及污染物总量控制目标、排污税政策、单位监管成本、单位惩罚成本变动，对最优排污权交易机制设计和监管机制设计的影响。

第5章，政府与排污企业之间、排污企业之间减排成本信息非对称时的排污权交易机制设计。首先，构建一个以社会福利最大化为机制设计目标的排污权一级交易市场最优拍卖机制模型，研究排污权一级交易市场拍卖机制选择；其次，构建排污权二级交易市场单边拍卖机制设计模型，讨论排污企业采用末端治理技术和清洁减排技术时的最优拍卖机制选择，并进一步比较了多物品拍卖和单物品拍卖之间的交易效率差异；最后，允许买卖双方同时报价，将排污权二级交易市场单边排污权拍卖机制设计拓展到双边排污权拍卖机制设计，讨论最优双边排污权拍卖机制实现问题及有效性问题，并进一步讨论双边排污权拍卖机制和政府指导价出清机制的交易效率差异。

第6章，政府与排污企业之间、排污企业之间减排成本信息与合谋双重信息非对称时的排污权交易机制设计，在第3章基础上，本章进一步引入减排成本与合谋信息非对称，构建合谋与减排成本双重信息非对称的排污权一级交易市场、排污权二级交易市场的拍卖机制设计模型，探讨排污权一级交易市场最优合谋机制及防合谋机制设计，分析排污企业采用不同减排技术时排污权二级交易市场最优合谋拍卖机制设计、防合谋机制设计以及环境政策对最优防合谋机制设计的影响。

第7章，结论与展望，总结全书的主要工作和结论、创新点及不足之处，给出相关政策建议，并指出下一步研究的方向。

本书研究框架，如图1-2所示。

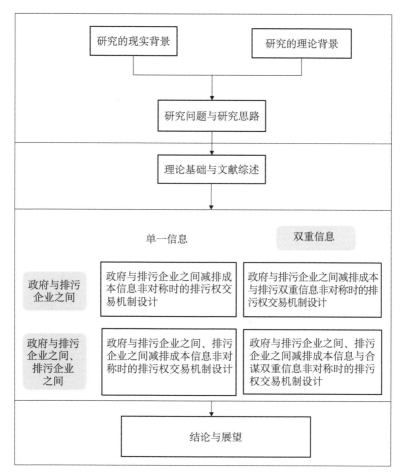

图1-2 研究框架

资料来源：笔者绘制。

第 2 章
理论基础与文献综述

2.1 机制设计理论

2.1.1 理论渊源

（1）新古典经济学

现代西方经济学历经了张伯伦革命、凯恩斯革命和预期革命三次大的革命，形成了包括微观经济学和宏观经济学在内的基本理论框架，这个框架被称为新古典经济学。新古典经济学探讨的一个中心问题是，对于某个给定机制（如完全竞争机制）是否存在帕累托有效配置以及在什么经济环境（生产技术、消费者偏好、初始禀赋）下存在帕累托有效配置。可以看出，新古典经济学主要探讨在给定机制下，参与人的最优决策问题。

（2）博弈论

在新古典经济学中，当市场是完全竞争时，参与人在给定价格参数下进行决策，不受其他参与人决策行为的影响。而当参与人策略具有交互作用时，最优决策行为分析需要借助博弈论所提供的分析框架。一般来说，一个标准博弈至少包括四个基本要素：①参与人，有哪些人参与博弈？②博弈规则，谁在什么时候选择行动？在行动时，行动者知道什么信息？可以选择什么行动？③结果，所有参与人选择的每个行动组合构成一个博弈结果；④支付，某个结果下所有参与人效用水平的组合。可以看出，博弈论主要探讨在给定的博弈规则下，当策略具有交互作用时，参与人的最优决策问题。

（3）机制设计理论

新古典经济学和博弈论都是在给定规则下讨论参与人的最优决策，并没有研究规则是如何制定的。机制设计理论恰好弥补了两者的不足，该理论是在给定社会目标下，寻求使得个人目标和社会目标相一致的最优博弈规则。

①信息效率问题是指，所制定的机制是否只需要较少的消费者信息、生产者信息及其他经济参与者的信息（信息是分散的，存在于不同参与者手中，所需要的信息越少，交易成本越小），以及较少的信息传递成本（信息是分散的，需要进行传递和交换）。

②激励相容问题是指，参与人能够如实报告自己的信息，并且，对于参与人而言，激励相容机制下的策略选择是最优的。赫维兹·L.（Hurwicz L.）提出的激励相容机制包括直接机制和非直接机制，对于潜在机制集合很大，如何在较大范围内选择一个激励相容机制并没有给出回答。[1] 吉伯德·A.（Gibbard A.）提出占优策略均衡的显示原理，并认为最优机制能由一个直接说真话的机制表示。[2] 马斯金·E. 将显示原理扩展到贝叶斯纳什均衡。[3] 迈尔森·R.（Myerson R.）给出了基于隐藏信息和隐藏行动的一般性显示原理，并拓展至多阶动态贝叶斯博弈情况。[4][5]

① Hurwicz L. On informationally decentralized systems［M］. Decision and Organization. Amsterdam：North-Holland，1972.

② Gibbard A. Manipulation of voting schemes：A general result［J］. Econometrica，1973，41（4）：587 – 602.

③ Maskin E. Voting for public alternatives：Some notes on majority［J］. National Tax Journal，1979，32（2）：23 – 38.

④ Myerson R. Optimal coordination mechanisms in generalized principal-agent problems［J］. Journal of Mathematical Economics，1982，10（1）：67 – 81.

⑤ Myerson R. Multistage games with communication［J］. Econometrica，1986，54（2）：323 – 358.

③执行问题，探讨个人自利行为情形下社会目标是否可以达到。格罗夫斯·T. 和莱迪亚德·J.（Groves T. and Ledyard J.）最早论证，在一定条件下，机制设计者能够构造某种机制使得所有纳什均衡都是帕累托有效的。[①] 马斯金·E. 基于完全信息博弈下的纳什均衡，给出可执行社会选择规则需满足的条件：至少有三个参与者、满足单调性和无否决权条件。[②] 杰克逊·M. 和佩佛瑞·S.（Jackson M. and Palfrey S.）[③] 将马斯金定理扩展至信息不完全的情形。摩尔·J. 和瑞普罗·R.（Moore J. and Repullo R.）[④] 将马斯金定理扩展至完全信息下的动态情形。

2.1.2 机制设计理论分析框架

机制设计理论分析框架，包括以下五部分。

（1）经济环境。由经济 E 构成，经济 E 包含所有参与人、参与人的经济特征及信息结构，经济特征包括参与人的效用、生产、禀赋及资源配置结果。

（2）社会选择目标 F。是某种社会最优的标准，是从经济环境 E 到可行配置集 Z 的一个对应。可行配置集 Z 也可表达为 F(E)。

（3）经济机制设计者缺乏关于个人经济特征的信息，需要制定恰当的激励机制（规则）诱导每个人显示其真实信息。经济机制设计者可以告诉参与者其所收集到的信息将如何被用来决定配置结果（即先告之游戏规则），然后，根据游戏规则和参与者所报告或传递的信息，决定配置结果。因此，经济机制 Γ 可由信息空间 M 和结果函数 h 构成。

（4）个人自利行为解概念的描述。个人的自利行为不仅取决于其经济特征，也取决于经济制度或游戏规则，不同的规则显示出不同的利己

① Groves T. , Ledyard J. Operational allocation of public goods: A solution to the free rider' Dilemma [J]. Econometrica, 1977, 45 (4): 783 - 811.

② Maskin E. Nash equilibrium and welfare optimality [J]. The Review of Economic Studies, 1999, 66 (1): 22 - 28.

③ Jackson M. , Palfrey S. Undominated Nash implementation in bounded mechanisms [J]. Games and Economic Behavior, 1994 (6): 474 - 501.

④ Moore J. , Repullo R. Subgame perfect implementation [J]. Econometrica, 1988, 56 (5): 1191 - 1220.

行为。b(E,Γ)为个人自利行为的均衡策略集。均衡配置结果 h(b(E,Γ))
由配置规则和均衡自利行为均衡策略集复合而成。

（5）社会目标激励相容的执行。当参与人真实显示自身信息时，若
在个人自利行为下社会目标可以达到，则称社会目标是可执行的。即，
社会目标执行研究机制设计结果 h(b(E,Γ))和社会最优结果 F(E)是否
存在交集。[①]

机制设计分析框架，见图 2 - 1。

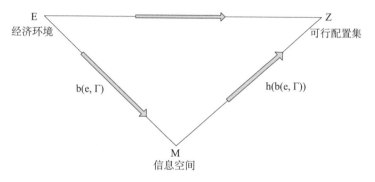

图 2 - 1　机制设计分析框架

注：E 为经济环境空间，Z 为可行配置集，M 为信息空间、b(e,Γ)为个人自利行为的均衡
策略集、h(b(e,Γ))为均衡配置结果。

资料来源：田国强. 高级微观经济学［M］. 北京：中国人民大学出版社，2016.

2.1.3　研究进展

（1）国外研究进展

根据机制设计者与代理人之间的信息非对称情况，国外机制设计理
论研究可划分为占优策略机制设计和贝叶斯机制设计两类。

①占优策略机制设计。最早的研究，如萨缪尔森·A.（Samulson
A.）考虑了最优公共品的提供问题，研究结果发现，在参与人有支付的
私人信息时，占优策略下无法实现公共品的有效提供。赫维兹·L.

①　田国强. 高级微观经济学［M］. 北京：中国人民大学出版社，2016.

（Hurwicz L.）给出了占优策略下机制设计中的一个重要定理——不可能性定理，即不存在一个机制使得帕累托最优配置和说真话机制能够同时实现。① 事实上，在受限的经济环境中，如在拟线性效用环境下，克拉克·E.（Clarke E.）② 和格罗夫斯·T. 证明，政府可以设计一个税收方案或补贴方案，使参与人决策带来的外部性内部化，从而使得占优策略下帕累托最优配置和讲真话机制能够同时实现。但是，格林·J. 和拉丰·J（Green J. and Laffont J.）研究表明，当转移支付过多时，预算平衡得不到严格满足。③ 克拉克·E.④、和格罗夫斯·T.⑤ 所述机制，并非真正意义上的帕累托有效。在受限市场环境下，最优占优策略机制还包括单峰偏好下的投票机制⑥和拟凹偏好下的经典交换机制⑦。

②贝叶斯机制设计。占优策略下的种种限制使得部分经济学家开始放弃研究占优策略机制，转而研究贝叶斯机制。贝叶斯机制设计的一般性探讨，主要由达斯基多·P. 等（Dasgupta P. et al.）⑧、迈尔森·R.⑨给出。基于贝叶斯环境，德阿斯普雷蒙·C. 和杰拉德·瓦雷特·L. A.（d'Aspremont C. and Gérard-Varet L. A.）⑩ 以及阿罗·K.（Arrow K.）⑪弥补了克拉克·E. 和格罗夫斯·T.⑫机制的缺陷。在占优策略机制下，激励相容条件要求无论其他参与者所报告的策略如何，只要每个参与者如实报告自身的真实类型，就能实现效用最大；在贝叶斯机制

① Hurwicz L. On informationally decentralized systems [M]. Decision and Organization. Amsterdam：North-Holland，1972.

②④ Clarke E. Multipart pricing of public goods [J]. Public Choice，1971，11（1）：17 - 33.

③ Green J.，Laffont J. On coalition incentive compatibility [J]. The Review of Economic Studies，1979，46（2）：243 - 254.

⑤⑫ Groves T. Incentives in teams [J]. Econometrica，1973，41（4）：617 - 631.

⑥ Green J.，Laffont J. Incentives in public decision making [J]. Economic Journal，1980，90（358）：3 - 18.

⑦ Barbera S.，Jackson N. Strategy-proof exchange [J]. Econometrica，1993，63（1）：51 - 87.

⑧ Dasgupta P.，Hammond P.，Maskin E. The implementation of social choice rules：Some general results on incentive compatibility [J]. Review of Economic Studies，1979，46（2）：185 - 216.

⑨ Myerson R. Incentive compatibility and the bargaining problem [J]. Econometrica，1979，47（1）：61 - 73.

⑩ d'Aspremont C.，Gérard-Varet L. A. Incentives and incomplete information [J]. Journal of Public Economics，1979，11（1）：25 - 45.

⑪ Arrow K. Social choice and individual values [M]. New York：Cowles Foundation and Wiley，1951.

下，激励相容条件转换为贝叶斯激励相容约束。① 上述研究文献证明了在贝叶斯条件下能够找到帕累托有效机制。

近几十年，部分国外学者在上述研究的基础上放松了相关假设，衍生出大量新的研究文献。如吉尔博亚·I. 和泽梅尔·E. （Gilboa I. and Zemel E. ）②；佩塞吉亚·J. 和巴莱斯特·M. N. （Apesteguia J. and Ballester M. N. ）③；尼桑·N. 和西格尔·I. （Nisan N. and Segal I. ）④；法德尔·R. 和西格尔·I. （Fadel R. and Segal I. ）⑤、施特劳斯·R. （Strausz R. ）⑥ 讨论了内生信息下的机制设计问题。米拉利斯·A. （Miralles A. ）⑦、博格斯·T. 和泡特·P. （Börgers T. and Postl P. ）⑧、祖哈尔·A. 和柔森·J. （Zohar A. and Rosenschein J. ）⑨、马凡桑切斯·M. （Marfansanchez M. ）⑩ 讨论了不可转移效用下的机制设计。伯曼·D. 和莫里斯·S. （Bergemann D. and Morris S. ）⑪、贝格曼·D. （Bergemann D. ）⑫、雅玛斯塔·T. 和利兹·A. （Yamashita T. and Lizzeri A. ）⑬、比尔布劳尔·F. 等

① Fudenberg D. , Tirole J. Perfect Bayesian equilibrium and sequential equilibrium ［J］. Journal of Economic Theory, 1991, 53 （2）: 236 – 260.

② Gilboa I. , Zemel E. Nash and correlated equilibria: Some complexity considerations ［J］. Games and Economic Behavior, 1989, 1 （1）: 80 – 93.

③ Apesteguia J. , Ballester M. N. A Measure of Rationality and Welfare ［J］. Working Papers, 2010, 123 （6）: 33 – 51.

④ Nisan N. , Segal I. The communication requirements of efficient allocations and supporting prices ［J］. Journal of Economic Theory, 2006, 129 （1）: 192 – 224.

⑤ Fadel R. , Segal I. The communication cost of selfishness ［J］. Journal of Economic Theory, 2009, 144 （5）: 1895 – 1920.

⑥ Strausz R. Mechanism design with partially verifiable information ［J］. Social Science Electronic Publishing, 2017.

⑦ Miralles A. Cardinal bayesian allocation mechanisms without transfers ［J］. Journal of Economic Theory, 2012, 147 （1）: 179 – 206.

⑧ Börgers T. , Postl P. Efficient compromising ［J］. Journal of Economic Theory, 2009, 144 （5）: 2057 – 2076.

⑨ Zohar A. , Rosenschein J. Mechanisms for information elicitation ［J］. Artificial Intelligence, 2008, 172: 1917 – 1939.

⑩ Marfansanchez M. Mechanism design without transfers. ［J］. Bibliogr, 2016.

⑪ Bergemann D. , Morris S. Robust mechanism design: An introduction ［R］. Cowles Foundation Discussion Papers, 2011, 8 （3）: 1771 – 1813.

⑫ Bergemann D. Robust mechanism design ［J］. Econometrica, 2005, 73 （6）: 1771 – 1813.

⑬ Yamashita T. , Lizzeri A. Strategic and structural uncertainty in robust implementation ［J］. Journal of Economic Theory, 2015, 159: 267 – 279.

（Bierbrauer F. et al. ）① 讨论了稳健机制设计。阿泰·S. 和西格尔·I.（Athey S. and Segal I. ）②、伯格曼·D. 和赛义德·M. （Bergemann D. and Said M. ）③、巴尔塞汝·S. R. 等 （Balseiro S. R. et al. ）④、米伦多夫·K.（Mierendorff K. ）⑤ 等讨论了动态机制设计。

（2） 中国学者研究进展

研究机制设计理论的中国学者较少，代表学者如殷红，试图放松传统拍卖机制设计研究中的基本假设，讨论具有互补关系或替代关系的异质物品拍卖及双边拍卖。⑥ 梁海音讨论了完全信息条件下和不完全信息条件下各种不同均衡概念的执行问题。⑦

既有研究更多的是将机制设计理论应用到某个具体领域。例如，王卓甫等借助机制设计理论，以招标人总成本最小化为目标，将参与约束、激励相容约束以及技术能力、支付能力和控制价等作为约束条件，构建了建设工程招标最优机制设计模型。⑧ 贾璇等以排污税等环境政策设计为例，简要探讨了机制设计理论在环境政策制定中的应用。⑨ 何小松尝试将机制设计理论思想和方法用于供应链协同机制设计研究中。⑩ 谢青洋基于经济机制设计理论，构建了一个多发电商的发电侧竞争性电力市场机制设计模型，研究了该机制的特性，并通过电气和电子工程师学会标准

① Bierbrauer F. , Ockenfels A. , Pollak A. , et al. Robust mechanism design and social preferences ［J］. Journal of Public Economics，2017.

② Athey S. , Segal I. Designing efficient mechanisms for dynamic bilateral trading games ［J］. American Economic Review，2007，97 （2）：131 – 136.

③ Bergemann D. , Said M. Dynamic auctions：A survey ［J］. Ssrn Electronic Journal，2010（2）：1 – 16.

④ Balseiro S. R. , Besbes O. , Weintraub G. Y. Dynamic mechanism design with budget constrained buyers under limited commitment ［C］. // ACM Conference on Economics and Computation. ACM，2016：815 – 815.

⑤ Mierendorff K. Optimal dynamic mechanism design with deadlines ［J］. Journal of Economic Theory，2016，161：190 – 222.

⑥ 殷红. 几类特性物品的拍卖机制设计理论及方法研究 ［D］. 武汉：武汉大学，2005.

⑦ 梁海音. 机制设计理论中的执行问题研究 ［D］. 长春：吉林大学，2010.

⑧ 王卓甫，丁继勇，周建春，张怡. 基于机制设计理论的建设工程招标最优机制设计［J］. 重庆大学学报（社会科学版），2013，19 （5）：73 – 78.

⑨ 贾璇，杨海真，王峰. 基于机制设计理论的环境政策初探 ［J］. 四川环境，2009，28（2）：78 – 81.

⑩ 何小松. 基于机制设计理论的供应链协同机制研究 ［D］. 重庆：重庆大学，2009.

（IEE－9）节点系统仿真对其有效性进行验证。① 郑君君等运用机制设计理论，设计了一套具有激励相容性和参与约束性的风险投资股权拍卖机制。② 严培胜讨论了城市再生水 BOT 项目最优拍卖机制设计问题。③ 此外，还有部分学者对网上机制设计展开研究。胡国庆根据网上拍卖的实际特点，设计了网上互补异质多物品最优拍卖机制。④ 王雅娟和殷志平借助网上拍卖理论，设计了一种适用于排污权初始分配的多单位网上拍卖机制。⑤ 王雅娟建立了基于在线拍卖的风险投资退出股权交易模型，给出了最优股权在线拍卖机制。⑥ 陈庭强等建立了包含资本和风险规避型职业经理人劳动投入的委托代理激励契约的两阶段优化与学习模型，探究风险投资者的学习机制及其影响因素，挖掘控制权转移激励、风险规避型职业经理人道德风险行为及项目收益风险之间的相互影响机制。⑦ 王翠琴和薛惠元讨论了城镇职工基本养老保险缴费激励机制的设计。⑧

　　上述国内外机制设计研究具有重要的理论价值，但也有一些不足之处，既有机制设计研究大都基于隐匿信息假设，很少关注隐匿行为信息非对称下的机制设计。排污权交易中减排成本信息非对称是最基本的信息非对称形式，也存在其他形式的信息非对称，如排污信息。此外，多重信息非对称下的机制设计研究还不够深入。排污权交易中往往同时存在多重信息非对称，如何设计多重信息非对称时的排污权交易机制，也是学者面临的一个重要问题。

　　① 谢青洋. 基于经济机制设计理论的电力市场竞争机制设计 [J]. 中国电机工程学报，2014（10）：1709－1716.
　　② 郑君君，钟红波，许明媛. 基于风险投资退出的统一价格拍卖最优机制设计 [J]. 系统工程理论与实践，2012，32（7）：1429－1436.
　　③ 严培胜. 城市再生水 BOT 项目的最优拍卖机制设计 [J]. 长江大学学报，2014（19）：1－4.
　　④ 胡国庆. 网上互补异质多物品最优拍卖机制设计 [J]. 市场论坛，2011（3）：75－76.
　　⑤ 王雅娟，殷志平. 排污权交易的网上双边拍卖机制设计 [J]. 武汉科技大学学报，2015，38（2）：152－156.
　　⑥ 王雅娟. 基于在线拍卖的风险投资退出股权交易 [J]. 数学的实践与认识，2015，20：66－75.
　　⑦ 陈庭强，肖斌卿，王冀宁，等. 风险投资中激励契约设计与学习机制研究 [J]. 系统工程理论与实践，2017，37（5）：1123－1135.
　　⑧ 王翠琴，薛惠元. 城镇职工基本养老保险缴费激励机制的设计、评估与选择 [J]. 江西财经大学学报，2017（1）：69－80.

2.2 拍卖理论

拍卖是拍卖方根据参与人报价，按照一系列规则，决定资源分配的一种市场机制。1961 年，维克瑞·W.（Vickrey W.）首次运用博弈论处理拍卖问题，对几种常见标准拍卖方式的均衡策略和配置效率进行了分析，在此基础上，提出了一种新的拍卖形式，即第二价格密封拍卖（又称维克瑞拍卖），并进一步给出了收益等价定理：四种标准拍卖机制的期望收益等价。[①] 该定理奠定了拍卖理论研究的基础。

此后 20 多年，拍卖理论研究几乎没取得什么进展，更不为主流经济学家认可。20 世纪 80 年代，莱利·J. 和萨缪尔森·W.（Riley J. and Samuelson W.）[②] 严格证明了维克瑞·W.（1961）提出的收益等价定理，迈尔森·R. 从机制设计视角，给出了最优拍卖机制设计结果。[③] 上述学者的研究成果成为拍卖理论的突破口，使得拍卖理论再次成为现代经济学领域的研究热点。后续研究主要围绕基准模型中几个基本假设条件进行扩展[④][⑤][⑥]，其中，单物品拍卖、多物品拍卖、双向拍卖等成为学者重点研究的拍卖类型。

2.2.1 单物品拍卖

单物品拍卖可以分为四种形式，分别为荷兰式拍卖、英式拍卖、第

---

① Vickrey W. Counter speculation, auctions, and competitive sealed tenders [J]. Journal of Finance, 1961, 16 (1): 8 – 37.

② Riley J., Samuelson W. Optimal auctions [J]. American Economic Review, 1981, 71 (3): 381 – 392.

③ Myerson R. Optimal auction design [J]. Mathematics of Operations Research, 1983, 6 (1): 58 – 73.

④ Mcafee R., Mcmillan J. Auctions and bidding [J]. Journal of Economic Literature, 1987, 25 (2): 699 – 738.

⑤ Maskin E., Riley J., Hahn F. Optimal multi-unit Auctions [M]. New York: Oxford University Press, 1989.

⑥ Milgrom P. Auctions and bidding: A primer [J]. Journal of Economic Perspectives, 1989, 3 (3): 3 – 22.

一价格拍卖、第二价格拍卖。

荷兰式拍卖，通常被人们称为公开减价拍卖。在这种拍卖方式下，价格会持续下降，第一个报高价的人获胜，成交价格即为最高叫价。

英式拍卖，通常被人们称为公开加价拍卖或者加价拍卖。在这种拍卖方式下，价格会持续增加，直到没有竞标者出价为止。此时，竞标者以最高叫价获胜，成交价格即为最高叫价。

第一价格拍卖，在这种拍卖方式下，竞标者需要在规定时间内提交密封标书，叫价最高者获胜，成交价格为其所报价格。

第二价格拍卖，又称为维克瑞拍卖，最早由维克瑞·W. 于 1961 年提出。在这种拍卖方式下，竞标者提交密封竞价，出价最高者获胜，成交价格为所有竞标者中报出的第二高价。

2.2.2　多物品拍卖

根据拍卖物品的类型，多物品拍卖可以分为同质物品拍卖和异质物品拍卖两类。同质物品拍卖，又可分为同质可分物品拍卖和同质不可分物品拍卖两类。排污权拍卖属于同质可分物品拍卖，常用的拍卖形式主要有歧视价格拍卖和统一价格拍卖两种。多物品拍卖采用哪种机制，一直是拍卖研究领域的重要问题。最早的研究，如国外学者威尔逊·R. （Wilson R.）考察了可分多物品拍卖，发现一旦放松单位需求假设，统一价格拍卖中会出现低价均衡问题，即买者可以通过"需求隐蔽"策略在一个较低的价格成交拍卖品，因此，他认为歧视价格拍卖更有效率。[1] 百克·K. 和齐德·J. （Back K. and Zender J.）同样发现了低价均衡的存在，并且，进一步比较了统一价格拍卖和歧视价格拍卖，结果表明，从收益最大化角度看，歧视价格拍卖优于统一价格拍卖。[2] 但是，上述模型没有考虑卖方策略。基于此，不少学者开始引入不确定供给，棱维利尔·Y. （Lengwiler Y.）假设卖方边际成本是私人信息，并且，容许买方

[1]　Wilson R. Auctions of share [J]. The Quarterly Journal of Economics，1979，93（4）：675 – 689.

[2]　Back K.，Zender J. Auctions of divisible goods：On the rationale for the treasury experiment [J]. Review of Financial Studies，1993，6（4）：733 – 764.

按外生价格上报需求，研究表明，卖者视买者报价情况调整供给量，可以减少威尔逊·R.（1979），百克·K 和齐德·J.（1993）模型中的低价均衡。① 同时，棱维利尔·Y. 发现，统一价格拍卖和歧视价格拍卖，无法根据收益进行比较。在此之后，百克·K. 和齐德·J.②，达米安·D.（Damianov D.）③，麦克亚当斯·D.（McAdams D.）④ 等的研究表明，不确定供给能够部分消除低价均衡。但是，上述研究中的模型，仅针对统一价格拍卖模型展开了分析。布伦纳·M. 等（Brenner M. et al.）研究表明，以市场经济为主的国家倾向于使用统一价格拍卖方式拍卖国债。⑤ 根茨·T.（Genc T.）比较了同步拍卖中统一价格拍卖的均衡结果和歧视性价格拍卖的均衡结果，结果表明，卖方在统一价格拍卖中获得的收益比在歧视性价格拍卖中获得的收益高。⑥ 奥苏贝尔·L. 和巴然·O.（Ausubel L. and Baranov O.）研究发现，在一般情况下，统一价格拍卖和歧视价格拍卖难以进行比较，而在对称信息、边际效用递减及线性均衡情况下，歧视价格拍卖更胜一筹。⑦ 卢允照和刘树林研究可分公共物品的拍卖机制设计问题。⑧ 王素凤和杨善林利用统一价格拍卖，研究碳排放拍卖。⑨

上述同质可分离物品的拍卖研究具有重要的理论价值，但是，还存在一些不足之处：首先，哪种拍卖机制效率是最优的，目前尚未有定论；

① Lengwiler Y. The multiple unit auction with variable supply [J]. Economic Theory, 1999, 14 (2): 373 – 392.

② Back K., Zender J. Auctions of divisible goods with endogenous supply [J]. Economics Letters, 2001, 73 (1): 29 – 34.

③ Damianov D. The uniform price auction with endogenous supply [J]. Economics Letters, 2005, 88 (2): 152 – 158.

④ McAdams D. Adjustable supply in uniform price auctions: Non-commitment as a strategic tool [J]. Economics Letters, 2007, 95 (1): 48 – 53.

⑤ Brenner M., Galai D., Sade O. Sovereign debt auctions: Uniform or discriminatory? [J]. Journal of Monetary Economics, 2009, 56 (2): 267 – 274.

⑥ Genc T. Discriminatory versus uniform-price electricity auctions with supply function equilibrium [J]. Journal of Optimization Theory and Applications, 2009, 140 (1): 9 – 31.

⑦ Ausubel L., Baranov O. Market design and the evolution of the combinatorial clock auction [J]. American Economic Review, 2014, 104 (5): 446 – 451.

⑧ 卢允照, 刘树林. 信息不对称下可分公共物品的拍卖研究 [J]. 中国管理科学, 2016, 24 (3): 141 – 148.

⑨ 王素凤, 杨善林. 考虑保留价影响报价策略的碳排放权拍卖模型 [J]. 管理工程学报, 2016, 30 (2): 181 – 187.

其次，分析仅停留在单位需求、对称的买方、风险中立或者风险厌恶的单一情况；最后，研究局限于博弈分析框架，同质可分离物品最优拍卖机制设计的理论研究及应用研究还比较欠缺。

2.2.3　双边拍卖

传统的单向拍卖机制适合"一对多"的市场结构，无法应用到多个买方、多个卖方的市场交易中，而双向拍卖机制弥补了此缺陷。查特吉·K. 和萨缪尔森·W.（Chatterjee K. and Samuelson W.）最早使用不对称信息下的博弈理论，研究单个买方、单个卖方及单物品假设下的双向拍卖机制。① 萨特斯韦特·M. 和威廉姆斯·S.（Satterthwaite M. and Williams S.）将上述模型进一步推广到有多个买方和多个卖方的情况，结果表明，随着买卖双方人数增加，报价将越来越接近真实，市场效率逐渐上升。② 麦克菲·R.（McAfee R.）提出了一个具有优势报价策略的双边拍卖机制，并证明其能够实现事后个人理性、买卖双方诚实报价、事后预算平衡和渐近有效四个目标。③ 近年来，在上述文献基础上又衍生出一大批新文献，如楚和申（Chu and Shen）关于交易成本的研究，④ 科利尼·巴尔德斯基·R. 等（Colini Baldeschi R. et al.)⑤、杜廷·P. 等（Tting P. et al.）关于同时交易人数集限制的研究，⑥ 王（Wang）关于买方到来时间的研究，⑦ 埃雷尔·E. 等（Erel. E. et al.）关于多物

① Chatterjee K., Samuelson W. Bargaining under imcomplete information [J]. Operation Research, 1983, 31: 835 – 851.

② Satterthwaite M., Williams S. The bayesian auction [M]. In the double auction market: Institutions, edited by Daniel Friedman and John Rust, New York: Addision-Wesley, 1993.

③ McAfee R. A dominate strategy double auction [J]. Journal of Economic Theory, 1992, 56: 434 – 450.

④ Chu L., Shen Z. Agent competition double-auction mechanism [J]. Management Science, 2006, 52 (8): 1215 – 1222.

⑤ Colinibaldeschi R., Keijzer B., Leonardi S., Turchetta S. Approximately efficient double auctions with strong budget balance [C]. ACM Symposon on Discrete Algorithms, 2016.

⑥ Tting P., Roughgarden T., Talgam-Cohen I. Modularity and greed in double auctions [C]. // Fifteenth Acm Conference on Economics & Computatiaon, 20140.

⑦ Wang S. Truthful online double auction for spectrum allocation in Wireless Networks [C]. // IEEE, 2010.

品的研究。①

随着网络拍卖形式的普及，越来越多的国内学者开始关注双边交易环境下拍卖机制的设计问题。宫汝凯等建立了一个中间商双边拍卖机制，并证明该机制具有买卖双方诚实报价、中间商期望预算平衡和防止卖方欺诈等良好性质。② 李长杰等设计了水权交易双方叫价拍卖机制，给出拍卖规则和市场出清规则，并证明该机制满足有效性和激励相容性。③ 张钦红和骆建文研究了基于双边拍卖模型的易变质品供应链协作问题。④ 于洪涛等研究了非对称信息双边拍卖的跨流域调水水价机制。⑤ 赵新刚和王晓永针对电力市场可再生能源配额制下绿色证书交易机制设计问题，设计了一个具有激励相容的双边拍卖机制。⑥ 王雅娟和王先甲基于拍卖机制设计理论，提出了一种激励相容的电力市场双边拍卖机制。⑦ 董等（Dong et al.）设计了频谱动态双边拍卖机制。⑧ 科利尼·巴尔德斯基·R. 等考虑了带有预算约束的双边拍卖机制。⑨

尽管基于不完全信息博弈理论的双向拍卖研究取得了一些成果，但对于买卖双方存在复杂策略性行为时的双边拍卖，博弈理论表现出了局限性。⑩ 近年来，国内外学者开始从机制设计角度对双边拍卖机制设计进

---

① Erel E., Hassidim A., Aumann Y. Envy free cake-cutting in two dimensions [C]. In Proceedings of the 29th AAAI Conference on Artificial Intelligence (AAAI-15), 2015.

② 宫汝凯，孙宁，王大中. 基于双边交易环境的中间商拍卖机制设计 [J]. 经济研究，2015 (11)：120 – 132.

③ 李长杰，王先甲，范文涛. 水权交易机制及博弈模型研究 [J]. 系统工程理论与实践，2007, 27 (5)：90 – 94.

④ 张钦红，骆建文. 基于双边拍卖模型的易变质品供应链协作研究 [J]. 工业工程与管理，2009, 14 (3)：33 – 37.

⑤ 于洪涛，韩立炜，张慧远. 非对称信息双边拍卖的跨流域调水水价机制研究 [J]. 华北水利水电大学学报（自然科学版），2012, 33 (4)：5 – 8.

⑥ 赵新刚，王晓永. 基于双边拍卖的可再生能源配额制的绿色证书交易机制设计 [J]. 可再生能源，2015, 33 (2)：275 – 282.

⑦ 王雅娟，王先甲. 一种激励相容的发电权交易双边拍卖机制 [J]. 电力系统自动化，2009, 33 (22)：25 – 28.

⑧ Dong W., Rallapalli S., Qiu L., et al. Double auctions for dynamic spectrum allocation [J]. IEEE/ACM Transactions on Networking, 2016, 24 (4)：2485 – 2497.

⑨ Colini-Baldeschi R., keijzer B., Leonardis, et al. Approximately efficient double acutions with strong budget balance [C].//Proceedings of the twenty-seventh annual ACM-SIAM symposium on Discrete algorithms. Society for industrial and Applied Mathematics, 2016：1424 – 1443.

⑩ 殷红. 几类特性物品的拍卖机制设计理论及方法研究 [D]. 武汉：武汉大学，2005.

行研究。王等（Wang et al.）构建了一类多物品双边最优拍卖机制。① 维克特瑞尔·M.（Victoria M.）构建了一个单物品双边最优拍卖机制。② 但上述研究的不足之处在于，都是基于单位需求假设展开分析，缺乏多单位需求假设下的研究。

2.3　排污权交易机制设计的相关文献综述

2.3.1　政府与排污企业之间减排成本信息非对称

排污权初始定价方式包括，免费分配、拍卖及政府定价出售。拍卖涉及排污企业之间的信息非对称，因此，本节着重回顾免费分配和政府定价出售的相关研究。

免费分配研究。米西奥莱克·M. 和艾德·H. 认为，在初始排污权免费分配情况下，排污权交易市场价格决定者更有可能是在产品市场占有较大份额的主导厂商。③ 哈诺托·J. 比较了免费分配方式与拍卖方式，结果表明，免费分配方式有利于企业产量提高。④ 波得·S. 以电力行业为例，证明了初始排污权采用免费分配方式可以提高行业内企业的盈利能力。⑤ 阿赫曼·M.（Ahman M.）分析了欧盟排污权交易第三阶段采用无偿分配的实施情况。⑥ 国内学者李寿德和黄桐城研究初始排污权免费分

————————

　　① Wang X. , Chin K. , Yin H. Design of optimal double auction mechanism with multi-objectives [J]. Expert Systems with Application, 2011, 38 (11): 49 – 56.

　　② Victoria M. Mechanism design and the < M, N > trade problem [D]. Melbourne: The University of Melbourne, 2013.

　　③ Misiolek M. , Elder H. Exclusionary manipulation of market for pollution rights [J]. Journal of Environmental Economics and Management, 1989 (16): 156 – 166.

　　④ Hanoteau J. The political economy of tradable emissions permits allocation [J]. Political Economy of Environment Policy, 2003, 24 (3): 1 – 20.

　　⑤ Bode S. Multi-Period Emissions trading in the Eelectricity Sector-Winners and Losers [J]. Energy Policy, 2006, 34 (6): 680 – 691.

　　⑥ Ahman M. Free allocation in the 3rd EU ETS period: Assessing two manufacturing sectors [J]. Climate Policy, 2016, 16 (2): 125 – 144.

配方式对处于不同市场结构企业的影响。[①] 李巍等以大同市为例，提出了基于免费分配的初始排污权金字塔形分层逐级分配方案。[②] 赵文会等构建了初始排污权分配多目标决策模型，结果表明，免费分配是初始排污权的最优分配方案。[③] 但是，部分学者认为，免费分配方式引发了社会补偿不公平和行业暴利问题[④][⑤]。

排污权一级交易市场定价出售研究。关于政府的定价出售方法，国外研究较多的是影子价格法。[⑥] 国内学者在国外学者研究的基础上，提出了多类方法，梅林海和戴金满提出，在初始排污权分配中使用 IPO 定价机制。[⑦] 张茜等依据 2010 年河南省水污染源普查数据，提出了排污权阶梯式定价模型。[⑧] 张胜军等对浙江省九大污染行业开展普查，根据统计的污染物处理成本信息，制定了排污权初始分配价格。[⑨] 李创从污染物削减成本、地区系数和行业系数三方面进行分析，并以河南省为例，分别进行了氨氮、二氧化硫排污权初始价格测算。[⑩] 胡庆年等计算出氨氮、二氧化硫的削减成本，结合排污权价格地区系数确定了初始排污权价格。[⑪] 上述文献较全面地概括了初始排污权定价方法，但并未考虑信息非对称对定价机制设计的影响。易爱军等结合连云港市不同行业化学需氧量排放

①　李寿德，黄桐城. 初始排污权的免费分配对市场结构的影响 [J]. 系统工程理论方法应用，2005，14（4）：294 – 298.

②　李巍，毛渭锋，丁中华. 大同市二氧化硫初始排污权分配研究 [J]. 环境科学与技术，2005，28（4）：58 – 60.

③　赵文会，高岩，戴天晟. 初始排污权分配的优化模型 [J]. 系统工程，2007，25（6）：57 – 61.

④　Burtraw D. , Palmer K. Compensation rules for climate policy in the electricity sector [J]. Journal of Policy Analysis Management，2008，27（4）：819 – 847.

⑤　Sijm J. , Bakker S. CO_2 price dynamics: The implications of EU emissions trading for electricity prices & operations [C]. Power Engineering Society General Meeting，2006.

⑥　Lyon R. Auctions and alternative procedure for allocating pollution rights [J]. Land Economics，1982，58：16 – 32.

⑦　梅林海，戴金满. IPO 定价机制在排污权初始分配中应用的研究 [J]. 价格月刊，2009（9）：33 – 36.

⑧　张茜，于鲁冀，王燕鹏，等. 水污染物初始排污权定价策略研究——以河南省为例 [J]. 南水北调与水利科技，2012（1）：165 – 171.

⑨　张胜军，徐鹏炜，卢瑛莹，等. 浙江省排污权初始分配与有偿使用定价方法初探[J]. 环境污染与防治，2010，32（7）：96 – 99.

⑩　李创. 我国排污权初始价格问题研究 [J]. 价格理论与实践，2013（10）：44 – 45.

⑪　胡庆年，陈海棠，王浩. 化学需氧量、二氧化硫排污权价格测算 [J]. 水资源保护，2011，27（4）：79 – 82.

现状，采用恢复成本法构建了化学需氧量排放的定价模型。[①] 吴凤平等应用财富效用函数，研究了不完全竞争市场下排污权交易的价格形成模型。[②]

排污权初始分配研究。外国学者，如藤原·O. 等运用概率约束模型，对给定水质超标风险条件下河道排污指标分配问题进行了研究。[③] 国内学者，如方秦华等提出了以经济总量为基础的排污权比例分配模式。[④] 王亮等提出水环境经济综合指数的概念，建立了水污染物总量分配模型。[⑤] 王勤耕等引入平权排污量概念，构建了一种公平的排污权分配模式。[⑥] 李寿德和黄桐城构建了无偿分配多目标决策模型。[⑦] 上述国内外学者从多个视角出发，对初始排污权分配标准进行了较为深入的研究，但多以无偿分配为主，没有分析有偿使用下如何进行初始分配。此外，既有研究鲜有对排污企业生产投入、排污及削减等经营全过程的思考。陈忠全等围绕解决排污权交易在污水治理产业化中的应用问题，依据具有可支付的联盟博弈的基本理论，以排污权交易联盟的支付函数为特征函数，构造了排污权分配模型。[⑧] 陈忠全等基于拉赫曼（Rahman）模型，研究了生产排污系统 1 和污水治理系统 2 的排污权分配控制路径问题。[⑨] 张丽娜等构建了基于纳污能力控制的省（区、市）初始排污权区间两阶段随机规划

① 易爱军，杨佃春，张金保. 排污权有偿使用和交易定价问题研究——以连云港海域化学需氧量排放为例 [J]. 价格理论与实践，2016 (12)：64 - 67.

② 吴凤平，尤敏，于倩雯. 多情景下基于财富效用的排污权定价模型研究 [J]. 软科学，2017，31 (7)，108 - 111.

③ Fujiwara O. , Gnanendran S. , Ohgaki S. River quality management under stochastic stream flow [J]. Journal of Environmental Engineering, 1986, 12 (2)：185 - 198.

④ 方秦华，张珞平，王佩儿，等. 象山港海域环境容量的二步分配法 [J]. 厦门大学学报 (自然版)，2004，43：217 - 220.

⑤ 王亮，张宏伟，岳琳. 水污染物总量行业优化分配模型研究 [J]. 天津大学学报 (社会科学版)，2006，8 (1)：59 - 63.

⑥ 王勤耕，李宗恺，陈志鹏，等. 总量控制区域排污权的初始分配方法 [J]. 中国环境科学，2000，20 (1)：68 - 72.

⑦ 李寿德，黄桐城. 初始排污权分配的一个多目标决策模型 [J]. 中国管理科学，2003，11 (6)：40 - 44.

⑧ 陈忠全，赵新良，徐雨森. 基于 Rahman 模型排污权分配的控制路径研究 [J]. 运筹与管理，2016，25 (4)：221 - 226.

⑨ 陈忠全，徐雨森，杨海峰. 基于 Shapley 分配的排污权交易联盟博弈 [J]. 系统工程，2016 (1)：34 - 40.

（ITSP）配置模型。① 张东旭使用数据包络分析，对初始排污权分配问题进行研究。②

　　排污权二级交易市场价格形成机制及影响因素研究。国外学者认为，排污权二级交易市场上排污权交易价格是"再分配价格"，受市场经济影响。富勒·M. 和汉兹·J.（Fehr M. and Hinz J.）研究了排污权价格与燃料价格、相关因素（天气、工厂停电）之间的关系。③ 本·S. 研究了排污权价格随时间变化的情况，研究表明，二氧化碳排污权价格并未显示出任何季节性。④ 卡罗琳·F. 研究公众参与对排污权价格的影响，结果表明，公众参与使排污权供给减少，从而推高排污权价格。⑤ 国内学者研究的重点，是如何确定排污权二级交易市场政府指导价格。以排污权交易企业收益最大化为目标，徐自力分析了排污权二级交易市场排污指标定价策略。⑥ 黄桐城和武邦涛通过边际削减成本和边际排污收益，确定排污权交易市场的基准价格。⑦ 沈满洪和赵丽秋认为，排污权二级交易市场价格受初始分配模式和初始价格的影响，并对完全竞争、不完全竞争下排污权二级交易市场价格影响因素进行了分析总结。⑧ 饶从军等建立了基于贝叶斯博弈的排污权交易模型，给出了排污权供需双方均衡报价策略。⑨ 赵旭峰和李瑞娥运用双方叫价博弈模型，对排污权二级交易市场价格进行了研究。⑩ 李烨楠认为，在交易的不同阶段，可以根据削减成本概

　　① 张丽娜，吴凤平，王丹. 基于纳污能力控制的省（区、市）初始排污权 ITSP 配置模型［J］. 中国人口·资源与环境，2016，26（8）：88−96.
　　② 张东旭. 考虑生产平稳性的排污权初始分配非参数方法及其应用［D］. 合肥：合肥工业大学，2017.
　　③ Fehr M. , Hinz J. A quantitative approach to carbon price risk modeling［R］. Working paper, Institute for Operations Research，2006.
　　④ Benz S. Modeling the price dynamics of CO_2 emission allowances［J］. Energy Economics, 2009，31：4−15.
　　⑤ Carolyn F. Emissions pricing, spillovers and public investment in environmentally friendly technologies［J］. Energy Economics，2008，30：487−502.
　　⑥ 徐自力. 排污权定价策略分析［J］. 武汉理工大学学报，2003，25（5）：126−128.
　　⑦ 黄桐城，武邦涛. 基于治理成本和排污收益的排污权交易定价模型［J］. 上海管理科学，2004（6）：34−36.
　　⑧ 沈满洪，赵丽秋. 排污权价格决定的理论探讨［J］. 浙江社会科学，2005（2）：26−30.
　　⑨ 饶从军，王成，段鹏. 基于贝叶斯博弈的排污权交易模型［J］. 统计与决策，2008（15）：48−49.
　　⑩ 赵旭峰，李瑞娥. 排污权交易的层级市场理论与价格研究［J］. 经济问题，2008（9）：20−23.

率分布调整排污权定价。[①] 但上述关于政府指导价的研究，并没有考虑信息非对称对定价机制设计的影响。事实上，存在信息非对称时，高减排成本企业在排污权二级交易市场获得的收益大于其模仿低减排成本企业的成本，高减排成本企业将提高排污水平，这必然加大高减排成本企业对排污权的需求，导致市场价格扭曲。这种市场价格扭曲降低了排污企业参与排污权交易的意愿。政府与排污企业之间减排成本信息非对称时，如何设计排污权二级交易市场价格机制是本章需要探讨的问题。此外，排污权定价机制研究都是基于局部均衡博弈框架和同质企业假设，仅讨论企业收益最大化下的交易行为，忽略了企业产品市场和政府决策行为。最后，既有研究没有考虑排污税、减排补贴等环境政策与排污权交易政策之间的协调问题。

　　排污权交易框架下企业生产经营决策研究，如多博斯·I.（Dobos I.），通过比较排污权交易前后企业总体运行成本的变化，说明了参与排污权交易对企业的影响。[②] 吕马特·P. 和巴拉克·N.（Letmathe P. and Balakrishnan N.）同时考虑了排污权限额、排放税、补贴等变量，求解企业最优的产品类型结构和产量。[③] 容和拉哈达·R（Rong and Lahdelma R.）研究表明，在排污权交易背景下，热电厂可以降低生产成本。[④] 德迈利·D. 和邱瑞·P.（Demailly D. and Quirion P.）探讨了排污权交易对钢铁企业生产能力和盈利能力的影响，结果表明，排污权交易对钢铁企业利润和市场竞争能力的影响很小。[⑤] 李等（Li et al.）考虑带有供应链的排污权交易，发现排污权交易对供应链绩效存在正面影响。[⑥] 国内学

　　① 李烨楠. 重庆市废水化学需氧量和氨氮排放权交易定价机制研究 [D]. 重庆：重庆大学，2014.

　　② Dobos I. The effects of emission trading on production and inventories in the Arrow-Karlin model [J]. International Journal of Production Economics，2005（1）：301 – 308.

　　③ Letmathe P. ，Balakrishnan N. Environmental considerations on the optimal product mix [J]. European Journal of Operational Research，2005，167（2）：398 – 412.

　　④ Rong A. ，Lahdelma R. CO_2 emissions trading planning in combined heat and power production via multi-period stochastic optimization [J]. European Journal of Operational Research，2007，176（3）：1874 – 1895.

　　⑤ Demailly D. ，Quirion P. European emission trading scheme and competitiveness：A case study on the iron and steel industry [J]. Energy Economics，2008，30（4）：2009 – 2027.

　　⑥ Li F. ，Schwarz L. ，Haasis H. D. A framework and risk analysis for supply chain emission trading [J]. Logistics Research，2016，9（1）：10.

者，如陈磊和张世秋运用博弈论方法，讨论了排污权交易市场下影响企业行为决策的主要因素。[①] 杜少甫等建立企业生产优化模型，探讨了排污权交易对排放依赖性企业生产策略的影响。[②] 杨伟娜和刘西林分析了排污权交易制度下，企业采纳环境技术的最优时间。[③] 朱皓云研究了排污权一级交易市场、排污权二级交易市场对制造业企业决策的影响。[④] 于羽构建并求解了仅具有免费初始排污权、具有免费初始排污权及排污收费（庇古税）和具有免费初始排污权及排污权交易市场的三个寡头博弈模型，比较了建立排污权交易市场和应用庇古税调整对均衡产量、均衡价格、企业均衡利润的影响。[⑤] 刘升学等在排污权交易背景下，研究两个地区在不合作和合作两种情形下的污染物最优排放路径。[⑥] 易永锡等考虑了不确定条件下的厂商污染治理投资的决策模型。[⑦] 沈满洪和杨永亮在回顾既有影响企业废水减排效果研究的基础上，利用浙江省企业的排污量数据和排污费数据，检验排污权交易的污染削减效果。[⑧]

　　减排约束下政府最优的技术激励政策（研发补贴）选择和环境配套政策选择，一直是学界关注的重点问题。国外学者，如瑞泉特·T. 和乌诺德·W.（Requate T. and Unold W.）研究了不同环境政策工具对企业减排研发的激励作用，结果显示，税收政策比自由许可证、拍卖许可证在激励企业方面更有效力。[⑨] 优素福·B. 和咋库·G.（Youssef B. and Zac-

① 陈磊，张世秋. 排污权交易中企业行为的微观博弈分析 [J]. 北京大学学报（自然科学版），2005，41（6）：926 – 934.

② 杜少甫，董骏峰，梁樑，等. 考虑排放许可与交易的生产优化 [J]. 中国管理科学，2009，17（3）：81 – 86.

③ 杨伟娜，刘西林. 排污权交易制度下企业环境技术采纳时间研究 [J]. 科学学研究，2011，29（2）：230 – 237.

④ 朱皓云. 考虑排污权交易的制造企业运营策略研究 [D]. 成都：成都电子科技大学，2014.

⑤ 于羽. 具有免费初始排污权的寡头博弈分析 [J]. 统计与决策，2016（12）：34 – 37.

⑥ 刘升学，易永锡，李寿德. 排污权交易条件下的跨界污染控制微分博弈分析 [J]. 系统管理学报，2017，26（2）：319 – 325.

⑦ 易永锡，李寿德，邓荣荣. 排污权价格不确定性对厂商污染治理投资决策影响的实物期权分析 [J]. 系统管理学报，2017（1）：78 – 84.

⑧ 沈满洪，杨永亮. 排污权交易制度的污染减排效果——基于浙江省重点排污企业数据的检验 [J]. 浙江社会科学，2017（7）：33 – 42.

⑨ Requate T. , Unold W. Environmental policy incentives to adopt advanced abatement technology：Will the true ranking please standup? [J]. European Economic Review, 2003, 47（1）：125 – 146.

cour G. ）认为，政府可以通过税收政策和补贴政策来实现社会最优福利水平。[1] 梅内塞斯·F. M. 和佩雷拉·J. （Menezes F. M. and Pereira J.）构建了一个带有减排补贴的动态模型。[2] 麦克唐纳·S. 和波亚·西奥托基·J. （Mcdonald S. and Poyago-Theotoky J.） 考察了环境对减排技术选择的影响。[3] 李冬冬和杨晶玉构建了一个多阶段博弈模型，研究单一技术政策、技术组合政策情形下双寡头企业减排研发绩效、利润及社会福利水平，并进一步利用数值模拟方法探讨政府和企业最优的技术政策选择。[4] 但上述研究文献并未在排污权交易框架下进行讨论。针对上述不足，李冬冬和杨晶玉构建了基于排污权交易的企业减排研发模型，考察政府最优的减排研发补贴政策选择，分析减排研发补贴对污染物减排、企业利润及社会福利的影响，并进一步讨论减排研发补贴与排污税政策搭配使用时的效果。[5] 刘海英和谢建政将作用于企业的排污权交易与引导研发方向的清洁技术研发补贴相结合，通过构建理论模型考察二者搭配是否有助于清洁技术水平的提高，并使用中国工业二氧化硫排放权交易试点的省际数据对理论模型进行了实证检验。[6] 何大义等在强制减排和限额交易约束下，基于报童模型分析框架，建立了企业期望利润最大化的优化模型。[7] 根据两种政策下企业最优产量决策和企业最大期望收益比较发现，尽管限额交易减排政策降低了企业产量，同时减少排放量，但并未相应地减少企业的期望收益。然而，上述研究只是基于外生排污权交易机制，分析基础为对称信息下的博弈分析框架，没有对非对称信息下内生交易

[1]　Youssef B. , Zaccour G. Absorptive capacity, R&D spillovers, emissions taxes and R&D subsidies [R]. Mpra Paper, 2009.

[2]　Menezes F. M. , Pereira J. Emissions abatement R&D: Dynamic competition in supply schedules [J]. Journal of Public Economic Theory, 2015 (6): 841 – 859.

[3]　Mcdonald S. , Poyago-Theotoky J. Green technology and optimal emissions taxation [J]. Journal of Public Economic Theory, 2016.

[4]　李冬冬，杨晶玉. 基于减排框架的最优技术政策选择研究 [J]. 运筹与管理，2017，26 (2): 9 – 16.

[5]　李冬冬，杨晶玉. 基于排污权交易的最优减排研发补贴研究 [J]. 科学学研究，2015，33 (10): 1504 – 1510.

[6]　刘海英，谢建政. 排污权交易与清洁技术研发补贴能提高清洁技术创新水平吗——来自工业 SO_2 排放权交易试点省份的经验证据 [J]. 上海财经大学学报，2016，18 (5): 79 – 90.

[7]　何大义，陈小玲，许加强. 限额交易减排政策对企业生产策略的影响 [J]. 系统管理学报，2016，25 (2): 302 – 307.

机制设计展开研究。

2.3.2　政府与排污企业之间减排成本与排污双重信息非对称

关于排污信息非对称时，企业激励机制设计的研究成果较为丰富。
国外学者，如达斯古普塔·A. 和斯哈吧·B.（Dasgupta A. and Sinhab
B.）在对中国环境问题的研究中发现，环境监管部门监察频度增加，将
减少政府与排污企业之间信息非对称带来的负面影响，可以显著减少中
国工业废气、废水排放。[①] 哈福德·J.（Harford J.）考察了污染税对排污
企业污染报告行为的影响。当排污企业谎报排污量时，并且，这一行为
被管制方发现，管制方将会根据其少报告量的大小对其进行惩罚。[②] 哈福
德·J. 研究了不完全信息条件下排污企业的污染申报行为，并分析了排
污企业最优排污特征，发现对于某些特定的罚款函数，排污企业污染申
报行为能减少企业排污量，但是，这种结论仅在特定的罚款函数范围内
才能成立。[③] 塞格森·K. 和泰腾堡特姆·T.（Segerson K. and Tietenberg
T.）利用委托代理理论分析发生污染违规行为时，管制方是对企业员工
还是对企业进行处罚的问题，研究发现，从管制方实施策略和社会福利
角度来看，如果企业员工能承受最优罚款额，那么，对员工的处罚与对
企业的处罚完全一样。[④] 康尼石·H.（Konishi H.）认为，严格的违规惩
罚可提高政府间交易成本有效性，但却导致污染源间交易成本有效性明
显降低。[⑤] 斯特拉隆德·J.（Stranlund J.）研究了最优监管策略设计，研
究表明，当边际处罚固定不变时，完全实施条件下的成本最低；当边际

① Dasgupta A., Sinhab B. A new general interpretation of the stein estimate and how it adapts: Applications [J]. Journal of Statistical Planning & Inference, 1999, 75 (2): 247 –268.

② Harford J. Firm behavior under imperfectly enforceable pollution standards and taxes [J]. Journal of Environmental Economics and Management, 1978 (5) 26 –43.

③ Harford J. Self-reporting of pollution and the firm's behavior under imperfectly enforceable regulations [J]. Journal of Environmental Economics and Management, 1987 (14): 293 –303.

④ Segerson K., Tietenberg T. The structure of penalties in environmental enforcement an economic analysis [J]. Journal of Environmental Economics and Management, 1992 (23): 179 –200.

⑤ Konishi H. Intergovernmental versus intersource emissions trading when firms are noncompliant [J]. Journal of Environmental Economics and Management, 2005, 49 (2): 235 –261.

处罚上升时，不完全实施条件下的成本最低。[①]

国内学者祝飞和赵勇对控制成本信息非对称条件下的环境管理机制设计问题进行了研究。[②] 张倩（2013）采用博弈论分析方法，研究了政府实施排污税时政府与企业之间的博弈关系，结果表明，监管强度并不能直接影响企业的排污水平。王宪恩（2016）构建了排污企业监管模型，分析了管理部门和排污企业的博弈行为和均衡策略，并讨论了政府监督机制对博弈双方的影响。

上述研究的缺陷在于不是在排污权交易背景下展开的。在排污权交易背景下，斯特拉隆德·J. 和查韦斯·C. 引入排污谎报和排污许可谎报，研究排污信息非对称时的政府最优监管策略。[③] 麦肯齐·I. 和奥恩多夫·M.（Mackenzie I. and Ohndorf M.）考察了排污权交易背景及非对称排污信息下，政府存在预算约束时的最优监管策略。[④] 国内学者，如陈德湖等分析了在存在交易成本的条件下，排污权交易市场中的厂商行为与政府管制问题。[⑤] 金帅等通过构建管制者与排污企业之间的两阶段博弈模型，从监管力度、许可证分配、违规处罚结构三方面，对有效地实现总量控制目标的最优监管对策进行均衡分析，结果表明，实现总量控制的最优机制设计是激励企业守法排污。[⑥] 蓝琵·P.（Lappi P.）、李冬冬和杨晶玉研究动态情形下排污权交易监管问题。[⑦][⑧]

然而，上述研究只是考察单一排污信息非对称时最优环境监管政策

---

① Stranlund J. The regulatory choice of noncompliance in emissions trading programs [J]. Environment Resource Economic, 2007, 38 (7): 99 – 117.

② 祝飞, 赵勇. 不对称控制成本信息下的环境管理机制设计 [J]. 华中科技大学学报（自然科学版）, 2000, 28 (8): 21 – 23.

③ Stranlund J., Chavez C. Effective enforcement of a transferable emissions permit system with a self-reporting requirement [J]. Journal of Regulatory Economics, 2000, 18: 113 – 131.

④ Mackenzie I., Ohndorf M. Optimal monitoring of credit-based emissions trading under asymmetric information [J]. Journal of Regulatory Economics, 2012, 42: 180 – 203.

⑤ 陈德湖, 李寿德, 蒋馥. 排污权交易市场中的厂商行为与政府管制 [J]. 系统工程, 2004, 22 (3): 44 – 46.

⑥ 金帅, 盛昭瀚, 杜建国. 排污权交易系统中政府监管策略分析 [J]. 中国管理科学, 2011, 19 (4): 174 – 183.

⑦ Lappi P. Emissions trading, non-compliance and bankable permits [J]. International Tax & Public Finance, 2017: 1 – 19.

⑧ 李冬冬, 杨晶玉. 基于跨期排污权交易的最优环境监管策略 [J]. 系统管理学报, 2017, 26 (7): 1 – 8.

设计问题，未考察减排成本与排污多重信息非对称情形。虽然部分学者，如马塞鲁·I. 等（Marcelo I. et al.）、麦肯齐（Mackenzie）研究了非对称减排成本信息下的监管政策设计问题，但未基于污染物总量控制框架，并假定排污权交易机制外生，缺乏内生交易机制设计。①②

2.3.3 政府与排污企业之间、排污企业之间减排成本信息非对称

国外学者对排污权初始拍卖方式的研究，主要分为四类。第一类是收入中性拍卖机制，最早提出该方法的是哈恩·R. 和诺尔·R. 认为该拍卖机制比其他交易机制具有两个优势：（1）能够防止市场被少数排污企业垄断；（2）有利于维持排污权交易市场价格稳定性。③ 第二类是单物品拍卖机制，如弗朗西奥斯·R. 等（Franciosi R. et al.）讨论排污权第一价格拍卖机制设计问题，认为哈恩·R. 和诺尔·R.（1983）拍卖和第一价格拍卖在价格发现机制和效率方面差别不大。④ 第三类是多物品拍卖机制，卡顿·P. 和科瑞·S.（Cramton P. and Kerr S.，2002）结合多物品拍卖理论，论证了歧视价格拍卖是最适合排污权拍卖的方式。⑤ 第四类是双向拍卖机制，莱迪亚德·J.（Ledyard J.）提出利用双向拍卖机制进行排污权拍卖，并证明了完全竞争条件下双向拍卖效率要高于 Hahn-Noll 式拍卖。⑥ 王和王提出了带有关联价值的多单位排污权一级交易市场拍卖。⑦ 海塔·

① Mackenzie I.，Ohndorf M.，Marcelo C.，et al. The cost-effective choice of policy instruments to cap aggregate emissions with costly enforcement [J]. Environment Resource Economic，2011，50：531 –557.

② Mackenzie. Optimal monitoring of credit-based emissions trading under asymmetric information [J]. CER-ETH Economics working paper series，2011，42（2）：180 –203.

③ Hahn R.，Noll R. Barriers to implementing tradable air pollution permits：Problems of regulatory interactions [J]. Yale Journal on Regulation，1983（1）：63 –91.

④ Franciosi R.，Isaac R.，Pingry D. An experimental investigation of the hall-nell revenue neutral auction for emissions trading [J]. Journal of Environmental Economics and Management，1993（24）：1 –24.

⑤ Cramton P.，Kerr S. Tradeable carbon permit auctions：How and why to auction not grandfather [J]. Energy Policy，2002，30（4）：333 –345.

⑥ Ledyard J. Designing organizations for trading pollution rights [J]. Journal of Economic Behavior and Organization，1994，（25）：167 –196.

⑦ Wang Y. J.，Wang X. J. Interdependent value multi-unit auctions for initial allocation of emission permits [J]. Procedia Environmental Sciences，2016，31：812 –816.

法拉·C. 考虑了不确定性下的排污权拍卖问题。① 阿尔瓦雷茨·F. 和安德烈·F. J.（Alvarez F. and André F. J.）认为，排污权一级交易市场采用统一价格拍卖，能够提高拍卖效率。② 国内学者对国外学者的研究进行了进一步拓展，如肖江文等建立了第一价格初始排污权拍卖模型，认为拍卖是初始排污权的最优分配方式。③ 饶从军基于统一价格拍卖思想，提出了一种具有激励性的可变总量分配方法，并分别给出了排污企业信息对称和排污企业国内非对称两种情形下的线性均衡报价策略。④ 此外，还有一些国内学者从实验经济学角度对排污权拍卖机制展开分析。卜国琴采用实验经济学方法，通过实验研究发现双边拍卖与分散交易两种不同交易制度对排污权交易市场效率存在影响。⑤ 唐绍玲与阳晓华设计了统一价格拍卖、歧视性拍卖、维克瑞拍卖等多种静态拍卖实验和一个动态向上时钟拍卖实验，对拍卖效率、买家收益、卖家收益以及成交量等进行描述性统计分析，结果表明，中国应采用向上时钟拍卖机制进行初始排污权分配。⑥

　　国外学者关于拍卖方式的研究，集中在排污权一级交易市场。目前，仅有部分国内学者对排污权二级交易市场拍卖展开了研究，如陈德湖构建了不完全信息竞价博弈模型，结论表明，投标人越多，风险偏好系数越大，卖方的期望收益越高。⑦ 顾孟迪等分析了佣金条件下排污权私人价值拍卖机制问题和关联价值拍卖机制问题。⑧ 顾孟迪等分析了排污权私人

　　① Haita-Falah C. Uncertainty and speculators in an auction for emissions permits ［J］. Journal of Regulatory Economics, 2016, 49（3）: 1 – 29.

　　② Alvarez F. , André F. J. Auctioning emission permits with market power ［J］. Journal of Economic Analysis & Policy, 2016, 16.

　　③ 肖江文，罗云峰，赵勇，等. 初始排污权拍卖的博弈分析 ［J］. 华中科技大学学报（自然科学版），2001，29（9）: 37 – 39.

　　④ 饶从军. 基于统一价格拍卖的初始排污权分配方法 ［J］. 数学的实践与认识，2011，41（3）: 48 – 55.

　　⑤ 卜国琴. 排污权交易市场机制设计的实验研究 ［J］. 中国工业经济，2010（3）: 118 – 128.

　　⑥ 唐邵玲，阳晓华. 我国排放交易拍卖机制设计与实验研究 ［J］. 华南师范大学学报（社会科学版），2010（5）: 129 – 134.

　　⑦ 陈德湖. 基于一级密封拍卖的排污权交易博弈模型 ［J］. 工业工程，2006，9（3）: 49 – 51.

　　⑧ 顾孟迪，张敬一，李寿德. 基于佣金约束的排污权拍卖机制 ［J］. 系统管理学报，2008，17（2）: 173 – 176.

价值拍卖机制中参与拍卖的费用、佣金比率和绝对风险规避度等对风险规避型竞拍者出价策略的影响问题。^① 周朝民和李寿德建立了排污权交易双边叫价拍卖的不完全信息博弈模型，讨论了双边排污权拍卖机制设计问题。^② 高广鑫和樊治平构建非线性拍卖模型，说明非线性拍卖模型及实验方法的可行性和潜在应用。^③ 结合研究上述排污权一级交易市场、排污权二级交易市场拍卖的文献可以看出，当前，排污权拍卖机制设计研究大多基于博弈论，忽略政府与排污企业之间的信息非对称，并且，仅将排污权当成一种商品，而未纳入交易过程与企业污染排放、企业污染削减、企业生产投入等经营过程。

2.3.4　政府与排污企业之间、排污企业之间减排成本与合谋双重信息非对称

国内学者陈德湖研究了第一价格拍卖、第二价格拍卖下的合谋行为，并给出了环境管理部门对排污企业合谋行为的最优反应策略，结论表明，拍卖中的合谋导致管理者拍卖收益降低，排污企业通过排污权拍卖形成产出市场垄断势力，损害消费者利益，降低市场效率。公开式拍卖容易形成稳定的卡特尔组织，因此，从减少投标企业合谋行为来看，排污权的拍卖应采用密封式拍卖。但上述拍卖合谋研究主要集中在标准单物品拍卖机制上，缺少多物品视角研究。^④ 沙里·V. 和韦伯·R.（Chari V. and Weber R.）也得出了类似结论，认为在歧视价格拍卖中可能存在赢者陷阱，为了减轻该效应，竞标人会更倾向于合谋；而在统一价格拍卖中，没有赢者陷阱，竞标人没有进行合谋的动机。^⑤ 佰格曼·D. 和茂瑞思·S.（Berge-

① 顾孟迪，李寿德，汪帆. 排污权私人价值拍卖机制中风险规避型竞拍者的出价策略 [J]. 系统管理学报，2009，18（2）：203 - 205.
② 周朝民，李寿德. 佣金约束条件下排污权双边叫价拍卖机制设计 [J]. 上海管理科学，2012（3）：1 - 6.
③ 高广鑫，樊治平. 考虑投标者后悔的一级密封拍卖的最优投标策略 [J]. 管理科学，2016，29（1）：1 - 14.
④ 陈德湖. 总量控制下排污权拍卖理论与政策研究 [D]. 大连：大连理工大学，2014.
⑤ Chari V.，Weber R. How the U. S. treasury should auction its debt [J]. Quarterly Review，1992（2）：3 - 12.

mann D. and Morris S.）在非合作博弈框架下，比较了多物品统一价格拍卖和歧视价格拍卖，结果表明，统一价格拍卖中存在自发的合谋行为。[①]
拉丰·J. 和莫顿·D.（Loffont J. and Martimort D.）为多物品拍卖中的合谋提供了实验经济学证据，结果显示，不存在合谋时，统一价格拍卖下拍卖方的收益大于歧视价格拍卖下的收益；而当存在合谋时，统一价格拍卖下拍卖方的收益小于歧视价格拍卖下的收益。[②] 但上述合谋研究仅基于博弈分析框架，不考虑拍卖机制设计者和竞标者之间的信息非对称，缺乏机制设计视角分析。

　　近年来，部分学者从机制设计视角对代理人合谋行为进行研究。拉丰·J.（Laffont J.）将合谋引入一般性机制设计分析框架中，研究结果表明，对于卖者来说，如果代理人类型不相关，最优结果是防合谋的；如果类型是相关的，卖者需要耗费较大成本来阻止合谋。[③] 乔尼·D. 和梅尼库奇·D.（Jeon D. and Menicucci D.）表明，次优结果可以在弱防合谋意义上达到。[④] 上述学者只是在理论上探讨了最优防合谋机制的存在性，并没有研究最优机制如何设计。巴甫洛夫（Pavlov）弥补了此不足，其研究表明，次优结果能够以带有保留价的防合谋机制实现，即如果卡特尔对拍卖机制的可行操纵不能使得任何卡特尔成员都变得严格的好，但却可以获得不存在合谋机制下的收入水平，则拍卖机制是防合谋的。[⑤] 但巴甫洛夫·G. 的防合谋机制设计还存在一些不足，即只考虑单位需求，忽略了多单位需求，这正是排污权交易中应该考虑的因素。

　　① Bergemann D., Morris S. Robust mechanism design：An introduction［R］. Cowles Foundation Discussion Papers, 2011, 8（3）：1771 – 1813.

　　② Laffont J., Martimort D. Collusion under asymmetric information［J］. Econometrica, 1997, 65（4）：875 – 911.

　　③ Laffont J. Mechanism design with collusion and correlation［J］. Econometrica, 2000, 68（2）：309 – 342.

　　④ Jeon D., Menicucci D. Optimal second-degree price discrimination and arbitrage：On the role of asymmetric information among buyers［J］. Rand Journal of Economics, 2015, 36（2）：337 – 360.

　　⑤ Pavlov. Auction design in the presence of collusion［J］. Theoretical Economics, 2008（3）：383 – 429.

2.4 既有研究启示

本章对机制设计理论、拍卖理论及排污权交易机制设计的相关研究文献进行了系统论述，上述文献有以下四点启示。

（1）既有研究详细考察了排污权一级交易市场直接定价及分配机制设计，排污权二级交易市场指导价及分配机制设计。但仍然存在四点不足：一是排污权一级交易市场政府直接定价以及排污权二级交易市场指导价制定，没有考虑非对称减排成本信息；二是当前关于排污权初始分配的研究主要基于无偿使用情形，没有分析有偿使用情形下如何进行排污权初始分配，并且，没有将污染物总量控制目标与排污权交易过程联系起来；三是既有研究主要基于局部均衡的新古典经济学分析框架，缺乏一般均衡及机制设计视角下的分析；四是既有文献没有探讨排污权交易与其他环境政策的协调问题，没有分析排污权交易市场与产品交易市场之间的关系。基于上述理论研究不足，本书第3章构建了政府与排污企业之间，减排成本信息非对称时的排污权交易机制设计模型，讨论减排成本信息非对称时最优排污权交易机制设计；探讨如何利用减排补贴政策消除信息非对称影响；给出总量控制政策、排污税政策及产品市场变动对排污权交易市场的影响；分析排污权交易机制的有效性。

（2）既有研究详细考察了排污信息非对称下的最优政策设计。但是，该类研究大多基于排污权交易机制外生假定，并且，只是在单一信息非对称下的研究。基于上述理论研究中的不足，第4章在第3章模型的基础上，构建了减排成本与排污双重信息非对称下的排污权交易机制设计模型，根据模型求解结果讨论双重信息非对称时最优排污权交易机制设计，分析消除减排成本信息非对称的减排补贴政策设计以及污染物总量控制目标变动、排污税政策变动、单位监管成本变动、单位惩罚成本变动对排污权交易机制和监管机制设计的影响。

（3）既有研究详细考察了排污权一级交易市场及排污权二级交易市场的拍卖机制设计。但是，既有排污权拍卖研究仅考虑排污企业之间的信息非对称，忽略政府与排污企业之间的信息非对称，并且，仅将排污权当作一种商品，而未将企业污染排放、污染削减、生产投入及政府部门纳入拍卖模型。此外，互联网交易盛行导致包括排污权在内的许多物品开始采用双边交易形式，如何构建基于机制设计理论的排污权双边拍卖机制尚未进行讨论。基于上述理论研究不足，第 5 章在第 3 章模型的基础上，引入排污企业之间减排成本信息非对称，构建政府与排污企业之间、排污企业之间，减排成本信息非对称时单边排污权拍卖机制设计模型、双边排污权拍卖机制设计模型，探讨不同情形下的最优拍卖机制选择。

（4）既有排污权拍卖合谋研究，只分析了具体拍卖形式，如第一价格拍卖、第二价格拍卖下排污企业的合谋行为，并给出了环境管理部门对排污企业合谋行为的最优反应策略。但是，上述研究忽略了政府与排污企业之间的信息非对称，仅把排污权当作一种商品，而未将企业污染排放、污染削减、生产投入及政府部门纳入拍卖模型，并且，没有讨论环境政策对最优防合谋机制设计的影响。基于上述理论研究中的不足，第 6 章在第 3 章模型的基础上，引入减排成本与合谋双重信息非对称，构建政府与排污企业之间、排污企业之间减排成本与合谋双重信息非对称的排污权拍卖机制设计模型，探讨排污权一级交易市场最优防合谋机制设计、不同减排技术下排污权二级交易市场最优防合谋机制设计以及环境政策对最优防合谋机制设计的影响。

第 3 章

政府与排污企业之间减排成本信息非对称时的排污权交易机制设计

在排污权交易过程中，政府的主要任务是设计一系列排污权交易机制，保证市场顺利运转。排污权交易机制设计成功与否，取决于政府能否准确掌握排污企业减排成本的相关信息。事实上，减排成本信息是排污企业的私人信息，政府无法直接观察到。当政府观察不到排污企业的减排成本时，排污企业有动机谎报其真实减排成本类型，从而导致排污权交易市场失灵。此时，政府可以通过设计合理的机制，使得排污企业能够真实显示其减排成本信息。

此外，1990~2020 年，中国一直以经济建设为社会发展目标。但在经济发展的同时，环境质量却不断下降，各类环境问题层出不穷。实现经济与环境协调发展的关键环节是控制污染物排放总量，保证环境质量改善，因此，排污权交易机制必须重新设计。政府与排污企业之间减排信息非对称时，如何设计排污权交易机制实现污染物总量控制目标，是当前迫切需要解决的问题。

针对上述理论研究不足，本章在海塔·法拉·C.[①] 局部均衡排污权

① Haita-Falah C. Uncertainty and speculators in an auction for emissions permits [J]. Journal of Regulatory Economics，2016，49（3）：1-29.

交易模型的基础上，引入非对称减排成本信息、产品市场、政府部门、排污税及减排补贴，结合机制设计理论，构建排污权交易机制设计模型来回答六个问题：为实现社会最优污染物总量控制目标，排污权一级交易市场、排污权二级交易市场的最优定价机制和最优分配机制是什么？非对称减排成本信息与对称减排成本信息下的排污权交易机制设计有何差异？如何消除减排成本信息非对称的影响？污染物总量控制目标及排污税政策如何影响排污权交易机制设计？如何协调产品交易市场和排污权二级交易市场之间的关系？所设计的交易机制，能否保证排污权一级交易市场分配公平性，能否提高排污权二级交易市场交易的积极性？

3.1　基本假设

根据田国强（2015）给出的机制设计分析框架，本书将排污权交易机制设计基本假设分为经济环境、机制、排污企业目标、环境质量目标、社会福利目标及可行机制条件六部分。[①]

3.1.1　经济环境

排污权交易机制设计的经济环境，包括参与人、参与人的经济特征及信息结构三部分。

（1）参与人

经济体中存在 n（$n > 2$）个不同行业的排污企业，每个企业生产一种完全差异化的产品。

（2）排污企业的经济特征

排污企业有以下三个经济特征。

第一，排污企业的生产行为、排污行为及减排行为。假设 q_i 为排

---

① 田国强. 高级微观经济学［M］. 北京：中国人民大学出版社，2016.

污企业 i 的产品产量，$\sum_{i=1}^{n} q_i = Q$，其中，i = 1，...，n，i ≠ j。排污企业 i 的生产成本为 cq_i^2，c（c > 0）为外生的生产成本系数。上述假设意味着，排污企业边际生产成本是递增的。企业进行生产必须投入一定具有污染性质的原材料，这些原材料一般来自石油、煤炭等自然资源，而自然资源的储备是有限的，随着排污企业产量提高，对污染性原材料的需求必然上升，导致污染性原材料价格上涨，因此，排污企业边际生产成本递增。排污企业 i 在生产过程中产生污染物排放，设 $e_i^b = \phi q_i$，表示产生的污染物排放总量，ϕ（$\phi > 0$）为单位产出的污染物排放量。排污企业可以通过减排活动降低污染排放，设排污企业 i 的减排成本为 $\frac{\gamma_i}{2} w_i^2$，其中，$\gamma_i (\gamma_i \geq 0)$ 为减排成本系数，w_i 为排污企业 i 的减排量。

第二，排污企业禀赋。假设排污企业 i 通过排污权一级交易市场分配到的排污权数量为 l_i，一单位排污权允许排污企业排放一单位污染物，所有排污企业可获得的初始排污权总量满足 $\sum_{i=1}^{n} l_i = L$。

第三，排污结果。排污结果为减排后排污企业 i 的真实排污水平 $e_i^a = e_i^b - w_i$。

（3）信息结构

假设减排成本系数 $\gamma_i (\gamma_i \geq 0)$ 为排污企业 i 的私人信息。政府不知道排污企业减排成本信息，但知道 γ_i 在 $[a_i, b_i]$ 区间服从独立同分布。分布函数和密度函数分别为 $F(\gamma_i)$、$f(\gamma_i)$，$f(\gamma_i) \geq 0$，联合密度函数为 $f(\gamma) = \prod_{i=1}^{n} f(\gamma_i)$。

3.1.2　机制

一个完整的机制，包括信息空间和结果函数两部分。

（1）信息空间

在直接显示的排污权交易机制下，所有排污企业报告的私人减排成本信息集合构成信息空间。因此，信息空间可表示为：$\Theta = \Theta_1 \times ... \times$

$\Theta_n = [a_1, b_1] \times \ldots \times [a_n, b_n]$。

（2）结果函数

结果函数包括：排污权一级交易市场初始分配量集合 $l = (l_1, \ldots, l_n)$: $\Theta \to (R^+)^n$、排污权一级交易市场分配价格 $p_1 : \Theta \to R$、排污权二级交易市场交易量集合 $T = (t_1, \ldots, t_n) : \Theta \to R^n$、排污权二级交易市场价格 $p_2 : \Theta \to R$ 以及减排量集合 $w = (w_1, \ldots, w_n) : \Theta \to R^n$。中国企业要承担一定的减排任务，因此，减排量也是机制设计者的决策变量。

结合信息空间和结果函数，排污权交易机制及减排机制可以定义为： $\{l(\gamma_i), p_1(\gamma_i), T(\gamma_i), p_2(\gamma_i)\}$、$\{w(\gamma_i)\}$。

3.1.3　排污企业目标

排污企业 i 的目标是，在给定的排污权交易机制和减排机制下，选择最优产量最大化利润，排污企业 i 的利润函数可表示为：

$$\pi_i = p_i q_i - c q_i^2 - \frac{\gamma_i(1-s)}{2} w_i^2 - p_1 l_i - p_2 t_i - \tau e_i^a \qquad (3-1)$$

在式（3-1）中，$p_i (p_i > 0)$ 表示外生给定的产品价格，为方便求解和分析，令 $p_i = p$，即假设每种产品的市场价格水平相同。因为产品市场不是本书重点关注的对象，所以，该假设有助于简化模型，但不会影响分析结果。排污企业交易量为 $t_i = e_i^a - l_i$，当 $t_i \geqslant 0$ 时，排污企业 i 为排污权二级交易市场买方；相反，当 $t_i < 0$ 时，排污企业 i 为排污权二级交易市场卖方。排污权二级交易市场交易量满足出清条件 $\sum_{i=1}^{n} t_i = 0$。$\tau (\tau \geqslant 0)$ 为政府对排污企业每单位污染物排放征收的排污税，$s (0 \leqslant s \leqslant 1)$ 为政府给予排污企业的单位减排补贴。

由式 $e_i^a = \phi q_i - w_i$ 可知，排污企业 i 的产量 q_i 和减排机制 w_i，共同决定了排污企业 i 的真实排污量。

3.1.4　环境质量目标

政府追求一定的环境质量目标，即要求经济体中所有排污企业真实排污量之和，不超过社会最优污染物总量控制目标：

$$\sum_{i=1}^{n} e_i^a \leqslant \overline{E}^* \qquad (3-2)$$

在式（3-2）中，$\overline{E}^*$ 表示社会最优污染物总量控制目标。事实上，排污企业为谋求更多利益，将尽最大可能进行排污，因此，仅考虑等式约束 $\sum_{i=1}^{n} e_i^a = \overline{E}^*$。

3.1.5　社会福利目标

社会福利目标，是选择一个最优排污权交易机制$\{l(\gamma_i), p_1(\gamma_i),$ $T(\gamma_i), p_2(\gamma_i)\}$ 及减排机制$\{w(\gamma_i)\}$，使得社会福利水平最大化。社会福利函数包括：生产者剩余和消费者剩余、污染损害、排污权初始出售收入、税收收入和补贴支出。[①] 借鉴赖瑞·Q.（Larry Q.）的研究，当排污企业的产品差异化程度为 0 时，消费者消费 $\sum_{i=1}^{n} q_i$ 单位产品的剩余可以表示为 $U = \sum_{i=1}^{n}(q_i - \frac{1}{2}q_i^2 - pq_i)$。[②] 设污染损害函数为 $d\sum_{i=1}^{n} e_i^a$，其中，$d(d>0)$ 为外生污染损害系数。

综上所述，社会福利函数可表示为：

$$W = \int_{\Theta} \begin{Bmatrix} (Q - \frac{1}{2}\sum_{i=1}^{n}q_i^2 - pQ) + \sum_{i=1}^{n}\left[pq_i - cq_i^2 - \frac{\gamma_i(1-s)}{2}(\phi_i q_i - e_i^a)^2 - p_1 l_i - p_2 \right. \\ \left. (e_i^a - l_i) - \tau e_i^a \right] - kd\sum_{i=1}^{n}e_i^a - \frac{\gamma_i s}{2}\sum_{i=1}^{n}(\phi_i q_i - e_i^a)^2 + p_1\sum_{i=1}^{n}l_i + \tau\sum_{i=1}^{n}e_i^a \end{Bmatrix} f(\gamma)d\gamma$$

$$(3-3)$$

在式（3-3）中，定义 $\int_{\Theta} d\gamma = \int_{a_1}^{b_1}\int_{a_2}^{b_2}\ldots\int_{a_n}^{b_n}d\gamma_1 d\gamma_2\ldots d\gamma_n$。$k(0<k\leqslant1)$ 表

① Mcdonald S., Poyago-Theotoky J. Research joint ventures and optimal emissions Taxation [J]. Journal of Cosmetic Dentistry, 2012 (3): 1 - 28.

② Larry Q. On the dynamic efficiency of bertrand and cournot equilibria [J]. Journal of Economic Theory, 1997, 75 (1): 213 - 229.

示政府对环境的关注程度。

3.1.6　可行机制

由机制设计理论可知，机制设计者要保证机制能够执行，必须使得排污企业满足一定的激励相容条件。激励相容条件要求，排污企业如实上报减排成本类型，能够给自身带来最大利润。应用显示原理可得，排污企业 i 的激励相容条件为：

$$\pi_i(\gamma_i) \geqslant \pi_i(\gamma_i') \tag{3-4}$$

在式（3-4）中，$\gamma' \in [a_i, b_i]$。

为保证排污企业能够参与排污权交易，排污企业还必须满足参与约束条件即排污企业接受该交易机制，从交易中获得的利润不低于不参与时的利润。在此假设排污企业不参与排污权交易时的利润为一个固定常数 $\bar{\pi}$，参与约束条件表示为：$\pi_i(\gamma_i) \geqslant \bar{\pi}$。

我们将满足激励相容的机制和参与约束条件的机制，称为可行机制。

3.2　无排污权交易时社会最优污染物总量控制目标

（1）无排污权交易时社会最优污染物总量控制目标

为了改善环境质量，政府需要设定社会最优污染物总量控制目标。该目标是指，信息对称且无排污权交易时，社会最优的污染物排放总量。无排污权交易时，$t_i = 0$，$l_i = 0$，结合 $e_i^a = \phi q_i - w_i$，式（3-3）的社会福利函数变为：

$$W = Q - \frac{1}{2}\sum_{i=1}^{n} q_i^2 + \sum_{i=1}^{n}\left(-cq_i^2 - \frac{\gamma_i}{2}w_i^2\right) - kd\sum_{i=1}^{n}(\phi q_i - w_i) \tag{3-5}$$

政府的目标是，选择最优产量和减排量最大化的社会福利水平：

$$\max W = Q - \frac{1}{2}\sum_{i=1}^{n} q_i^2 + \sum_{i=1}^{n}\left(-cq_i^2 - \frac{\gamma_i}{2}w_i^2\right) - kd\sum_{i=1}^{n}(\phi q_i - w_i) \tag{3-6}$$

由一阶最优条件可得：

$$\frac{\partial W}{\partial w_i} = -\gamma_i w_i + kd = 0, \frac{\partial W}{\partial q_i} = 1 - q_i - 2cq_i - kd\phi = 0 \quad (3-7)$$

整理式（3-7）可得：

$$w_i^* = \frac{kd}{\gamma_i}, q_i^* = \frac{1 - dk\phi}{1 + 2c} \quad (3-8)$$

由式（3-8）可得，社会最优污染物总量控制目标为：

$$\overline{E}^* = \sum_{i=1}^{n} (e_i^a)^* = \sum_{i=1}^{n} \left[\frac{\phi(1 - dk\phi)}{1 + 2c} - \frac{kd}{\gamma_i} \right] \quad (3-9)$$

（2）无排污权交易时排污企业污染物排放总量

当无排污权交易时，$t_i = 0$，$l_i = 0$，式（3-1）中的排污企业利润函数变为：

$$\pi_i = pq_i - cq_i^2 - \frac{\gamma_i(1-s)}{2}w_i^2 - \tau e_i^a \quad (3-10)$$

排污企业选择最优产量、减排量最大化的利润：

$$\max\pi_i = pq_i - cq_i^2 - \frac{\gamma_i(1-s)}{2}w_i^2 - \tau(\phi q_i - w_i) \quad (3-11)$$

由一阶条件可得：

$$q_i^* = \frac{p - \tau\phi}{2c}, w_i^* = \frac{\tau}{\gamma_i(1-s)} \quad (3-12)$$

由式（3-12）可得，排污企业污染物排放总量为：

$$E^* = \sum_{i=1}^{n} (e_i^a)^* = \sum_{i=1}^{n} \left[\frac{p\phi - \tau\phi^2}{2c} - \frac{\tau}{\gamma_i(1-s)} \right] \quad (3-13)$$

（3）排污企业污染物排放总量与社会最优污染物排放总量差异分析

对比式（3-9）和式（3-13）可知：

$$\overline{E}^* - E^* = \sum_{i=1}^{n} (e_i^a)^* = \sum_{i=1}^{n} \left[\frac{\phi(1 - dk\phi)}{1 + 2c} - \frac{kd}{\gamma_i} - \frac{p\phi - \tau\phi^2}{2c} + \frac{\tau}{\gamma_i(1-s)} \right]$$

$$(3-14)$$

当排污企业做决策时，不考虑污染损害程度 d，因此，存在环境外部性。由式（3-14）可知，当污染损害程度

$$d > \frac{\sum_{i=1}^{n} \left[\frac{\phi}{1 + 2c} - \frac{p\phi - \tau\phi^2}{2c} + \frac{\tau}{\gamma_i(1-s)} \right]}{\sum_{i=1}^{n} \left[\frac{k}{\gamma_i} + \frac{k\phi^2}{1 + 2c} \right]}$$ 时，$\overline{E}^* < E^*$，即排污企业污染

排放总量小于社会最优污染物排放总量。并且，污染损害系数越大，排污企业污染物排放总量与社会最优污染物排放总量差异越大。此外，由式（3 - 12）可知，排污企业最优排污量与减排成本系数相关，当政府与排污企业之间的减排成本信息非对称时，若排污企业存在谎报减排成本信息行为，排污企业真实减排量小于其最优减排量 $\dfrac{\tau}{\gamma_i(1-s)}$，真实排污量大于最优排污量 $e_i^a = \dfrac{p\phi - \tau\phi^2}{2c} - \dfrac{\tau}{\gamma_i(1-s)}$，导致社会最优污染物排放总量小于排污企业污染物排放总量。

　　上述结论表明，环境外部性和非对称信息的存在使得社会最优总量控制目标无法实现。为实现社会最优污染物总量控制目标，政府需要借助一定减排手段。实践证明，行政减排手段能够取得一定经济效果和环境效果，但实施成本较高，选择更有效的经济手段进行减排是政府的最优选择。经济手段一般分为排污权交易和排污税两种，相比排污权交易，排污税的缺点在于，污染的边际损害难以估算，要想达到社会最优条件下的税收较为困难。并且，过高的税收会加重企业负担，影响经济发展；此外，立法程序的复杂性，使得税收政策具有一定滞后性。3.3 节将引入排污权交易，通过设计排污权一级交易市场交易机制、排污权二级交易市场交易机制，实现社会最优污染物总量控制目标，而排污税仅作为模型中的一个外生变量。

3.3　排污权交易机制设计

　　给定污染物总量控制目标，排污权交易机制设计问题，也可称为总量控制目标的执行问题。模型分为以下两个阶段。

　　第一阶段，政府的目标是在给定的污染物总量控制目标下，选择最优排污权交易机制 $\{l(\gamma_i), p_1(\gamma_i), T(\gamma_i), p_2(\gamma_i)\}$ 及减排机制 $\{w(\gamma_i)\}$，最大化社会福利水平。

　　第二阶段，排污企业在给定的排污权交易机制和减排机制下，选择最优产量、最大化利润，本书通过逆向归纳法求解。

$$\max \pi_i = pq_i - cq_i^2 - \frac{\gamma_i(1-s)w_i^2}{2} + (p_2 - p_1)l_i - (p_2 + \tau)(\phi q_i - w_i)$$

$$(3-15)$$

由一阶最优条件可得：

$$q_i^{**} = \frac{p - (p_2 + \tau)\phi}{2c} \qquad (3-16)$$

将式（3-16）代入式（3-1）中，可得利润函数为：

$$\pi_i = \frac{[p - (p_2 + \tau)\phi]^2}{4c} - \frac{\gamma_i(1-s)w_i^2}{2} + (p_2 - p_1)l_i + (p_2 + \tau)w_i$$

$$(3-17)$$

式（3-17）结合式（3-16）可知，在给定排污权交易机制和减排机制下，最优的真实排污水平为 $(e_i^a)^{**} = \phi q_i^{**} - w_i$。为保证总量控制目标实现，所有排污企业最优真实排污水平之和满足 $\sum_{i=1}^{n}(e_i^a)^{**} = \overline{E}$。

命题 3-1　排污权一级交易市场初始分配总量满足：$\sum_{i=1}^{n} l_i = L = \overline{E}$。

证明： 由 $\sum_{i=1}^{n}(e_i^a)^{**} = \overline{E}$，市场出清条件 $\sum_{i=1}^{n} t_i = \sum_{i=1}^{n}(e_i^a - l_i) = 0$，可以转换为 $\sum_{i=1}^{n} l_i = L = \overline{E}$。

上述条件表明，排污权初始分配必须和污染物总量控制目标挂钩，并且，可分配的排污权总量等于污染物总量控制目标。从初始分配方式来看，中国部分试点地区初始排污权按历史排污量分配，未能与污染物总量控制目标直接挂钩，这将导致污染物总量控制目标无法实现。命题3-1的启示是，初始排污权应按照污染物总量控制目标的要求进行分配。

第一阶段，政府的目标是在给定的污染物总量控制目标下，选择最优排污权交易机制 $\{l(\gamma_i), p_1(\gamma_i), T(\gamma_i), p_2(\gamma_i)\}$ 及减排机制 $\{w(\gamma_i)\}$，最大化社会福利水平。

政府与排污企业之间存在减排成本信息非对称，本章将分为对称信息和非对称信息两类情形进行讨论。

3.3.1　减排成本信息对称

第一阶段，将式（3 - 16）、式（3 - 17）代入社会福利函数中，政府最优化问题变为：

$$\max W = \frac{n[p - (p_2 + \tau)\phi]}{2c} - \left(\frac{n}{2} + cn\right)\left[\frac{p - (p_2 + \tau)\phi}{2c}\right]^2 + \sum_{i=1}^{n}\left(-\frac{\gamma_i w_i^2}{2}\right)$$

$$- p_2 \sum_{i=1}^{n}\left[\frac{p\phi - (p_2 + \tau)\phi^2}{2c} - w_i - l_i\right] - dk\sum_{i=1}^{n}\left[\frac{p\phi - (p_2 + \tau)\phi^2}{2c} - w_i\right]$$

$$(3 - 18)$$

s. t.

$$\frac{[p - (p_2 + \tau)\phi]^2}{4c} - \frac{\gamma_i(1 - s)w_i^2}{2} + (p_2 - p_1)l_i + (p_2 + \tau)w_i \geqslant \overline{\pi}, \sum_{i=1}^{n}e_i^a = \overline{E}$$

求解政府最优化问题可得出以下命题：

命题 3 - 2　政府与排污企业之间减排成本信息对称时，最优结果如下：

（1）最优的减排机制为：

$$w_i^{**} = \frac{dk - \tau - \nu}{\gamma_i s} \qquad (3 - 19)$$

其中，$\nu = \dfrac{\overline{E} + \dfrac{dk - \tau}{\sum\limits_{i=1}^{n}s\gamma_i} + \dfrac{n\phi}{2c}[(p - \phi\tau)(1 + 2c) + 2c(dk\phi - 1)] - \dfrac{n\phi(p - \tau\phi)}{2c}}{\sum\limits_{i=1}^{n}\left[\dfrac{1}{s\gamma_i} + \phi^2\right]}$ 。

（2）最优的排污权交易机制为：

$$p_1^{**} = 0 \qquad (3 - 20)$$

$$l_i^{**}(\gamma_i) = \frac{E\{-\dfrac{[p - (p_2^{**} + \tau)\phi]^2}{4c} + \dfrac{\gamma_i(1 - s)(w_i^{**})^2}{2} - (p_2^{**} + \tau)w_i^{**} + \overline{\pi}\}}{\sum\limits_{i=1}^{n}\{-\dfrac{[p - (p_2^{**} + \tau)\phi]^2}{4c} + \dfrac{\gamma_i(1 - s)(w_i^{**})^2}{2} - (p_2^{**} + \tau)w_i^{**} + \overline{\pi}\}}$$

$$(3 - 21)$$

$$p_2^{**} = \frac{(p - \tau\phi)(1 + 2c) - 2c(v\phi - dk\phi + 1)}{\phi} \qquad (3 - 22)$$

$$t_i (\gamma_i)^{**} = \phi q_i^{**} - w_i^{**} - l_i^{**} (\gamma_i) \qquad (3-23)$$

（3）市场均衡时，企业利润和社会福利分别为：

$$\pi_i^{**} = \overline{\pi} \qquad (3-24)$$

$$W^{**} = Q - \frac{1}{2} \sum_{i=1}^{n} (q_i^{**})^2 + \overline{\pi} - pQ - kd \sum_{i=1}^{n} (e_i^a)^{**} \qquad (3-25)$$

命题 3 - 2 的证明过程，见附录 1。

命题 3 - 2 给出政府与排污企业之间减排成本信息对称时的最优排污权交易机制。由式（3 - 20）可知，政府与排污企业之间减排成本信息对称时，最优的排污权一级交易市场的交易机制为无偿使用。这表明，政府完全知道排污企业减排成本时，排污企业无谎报动机。

3.3.2 减排成本信息非对称

为了实现 3.3.1 小节所述机制，政策制定者需要拥有企业减排成本的私人信息 γ_i。与对称信息情形不同，在非对称减排成本信息下，政府观察不到排污企业的减排成本系数，排污企业有动机谎报其真实减排成本类型，使得污染物总量控制目标无法实现。因此，本节将对称信息情形下的排污权交易机制设计模型扩展到非对称信息下。

为保证排污企业能够如实上报减排成本类型，排污企业除了满足参与约束条件，还需要满足激励相容条件。激励相容条件要求，排污企业如实上报减排成本类型能够给自身带来最大利润。结合利润函数，在非对称减排成本信息下，排污企业激励相容约束条件可表述为：

$$\frac{[p - (p_2(\gamma_i) + \tau)\phi]^2}{4c} - \frac{\gamma_i(1-s)w_i(\gamma_i)^2}{2}$$
$$+ [p_2(\gamma_i) - p_1(\gamma_i)]l_i(\gamma_i) + [p_2(\gamma_i) + \tau]w_i(\gamma_i) \geqslant$$
$$\frac{[p - (p_2(\gamma_i') + \tau)\phi]^2}{4c} - \frac{\gamma_i(1-s)w_i(\gamma_i')^2}{2}$$
$$+ [p_2(\gamma_i') - p_1(\gamma_i')]l_i(\gamma_i') + [p_2(\gamma_i') + \tau]w_i(\gamma_i')$$

$$(3-26)$$

在式（3 - 26）中，$\gamma_i' \in [a_i, b_i]$。上述激励相容条件可以进一步直

观表示为:

$$\max_{\gamma_i' \in \Theta_i} \left\{ \begin{array}{c} \dfrac{[\,p - (p_2(\gamma_i') + \tau)\phi\,]^2}{4c} - \dfrac{\gamma_i(1-s)w_i^2(\gamma_i')}{2} \\ + [\,p_2(\gamma_i') - p_1(\gamma_i')\,]l_i(\gamma_i') + [\,p_2(\gamma_i') + \tau\,]w_i(\gamma_i') \end{array} \right\}$$

根据穆萨·M. 和柔森·S. （Mussa M. and Rosen S.）[①] 的求解方法可得以下命题:

命题 3 – 3 激励相容条件可以等价于一个局部激励相容条件和一个单调性约束条件:

$$[\,-\gamma_i(1-s)w_i(\gamma_i) + p_2 + \tau\,]w_i'(\gamma_i) + [\,p_2(\gamma_i) - p_1(\gamma_i)\,]l_i'(\gamma_i)$$

$$+ p_2'(\gamma_i)\left[\,-\dfrac{p\phi - (p_2 + \tau)\phi^2}{2c} + l_i(\gamma_i) + w_i(\gamma_i)\,\right] - p_1'(\gamma_i)l_i(\gamma_i) = 0$$

$$(3-27)$$

$$w_i'(\gamma_i) \leqslant 0 \qquad (3-28)$$

命题 3 – 3 证明，见附录 1。

式（3 – 28）表明，减排成本系数越大的排污企业，政府需要分配的减排任务越少。减排成本系数越大，代表排污企业的减排能力越弱，政府分配的减排任务较少；相反，减排成本系数越小，代表排污企业的减排能力越强，分配的减排任务越多。

为保证排污企业能够参与排污权交易，排污企业还必须满足参与约束条件，即排污企业接受该交易机制，从交易中获得的利润不低于不参与时的利润。结合利润函数，排污企业参与约束条件可表示为:

$$\dfrac{[\,p - (p_2(\gamma_i) + \tau)\phi\,]^2}{4c} - \dfrac{\gamma_i(1-s)w_i(\gamma_i)^2}{2}$$

$$+ [\,p_2(\gamma_i) - p_1(\gamma_i)\,]l_i(\gamma_i) + [\,p_2(\gamma_i) + \tau\,]w_i(\gamma_i) \geqslant \overline{\pi} \quad (3-29)$$

同样，根据穆萨·M. 和柔森·S.（1978）[①]的求解方法，可得以下命题:

命题 3 – 4 参与约束条件等价于以下条件:

$$\dfrac{[\,p - (p_2(b_i) + \tau)\phi\,]^2}{4c} - \dfrac{\gamma_i(1-s)w_i(b_i)^2}{2} + [\,p_2(b_i) - p_1(b_i)\,]l_i(b_i)$$

---

① Mussa M. , Rosen S. Monopoly and product quality [J]. Journal of Economic Theory, 1978, 18 (2): 301 – 317.

$$+ [p_2(b_i) + \tau] w_i(b_i) = \overline{\pi} \qquad (3-30)$$

命题 3 - 4 证明过程，见附录 1。

命题 3 - 4 表明，只要减排成本系数最高的排污企业，满足参与约束条件即可。

利润函数两边对 γ_i 求偏导得：

$$\pi_i'(\gamma_i) = [-\gamma_i(1-s)w_i(\gamma_i) + p_2 + \tau]w_i'(\gamma_i) + [p_2(\gamma_i) - p_1(\gamma_i)]l_i'(\gamma_i) + p_2'(\gamma_i)$$

$$\left[-\frac{p\phi - (p_2 + \tau)\phi^2}{2c} + l_i(\gamma_i) + w_i(\gamma_i) \right] - p_1'(\gamma_i)l_i(\gamma_i) - \frac{(1-s)}{2}w_i^2(\gamma_i) = 0$$

$$(3-31)$$

将式 (3 - 27) 代入式 (3 - 31) 中得：

$$\pi_i'(\gamma_i) = -\frac{(1-s)}{2}w_i^2(\gamma_i) \qquad (3-32)$$

式 (3 - 32) 两边同时求积分得：

$$\pi_i(b_i) - \pi_i(\gamma_i) = -\int_{\gamma_i}^{b_i} \frac{(1-s)}{2}w_i^2(x)dx \qquad (3-33)$$

将式 (3 - 30) 代入式 (3 - 33) 中可得：

$$\pi_i(\gamma_i) = \int_{\gamma_i}^{b_i} \frac{(1-s)}{2}w_i^2(x)dx + \overline{\pi} \qquad (3-34)$$

由 $\pi_i(\gamma_i) = \int_{\gamma_i}^{b_i} \frac{(1-s)}{2}w_i^2(x)dx + \overline{\pi}$ 可知，排污权一级交易市场分配量为：

$$l_i = \frac{-\dfrac{[p - (p_2 + \tau)\phi]^2}{4c} + \dfrac{\gamma_i(1-s)w_i^2}{2} - (p_2 + \tau)w_i + \int_{\gamma_i}^{b_i} \dfrac{(1-s)}{2}w_i^2(x)dx + \overline{\pi}}{p_2(\gamma_i) - p_1(\gamma_i)}$$

$$(3-35)$$

结合排污权一级交易市场分配条件 $\sum_{i=1}^{n} l_i = L = \overline{E}$ 可得：

$$\sum_{i=1}^{n} \frac{-\dfrac{[p - (p_2 + \tau)\phi]^2}{4c} + \dfrac{\gamma_i(1-s)w_i^2}{2} - (p_2 + \tau)w_i + \int_{\gamma_i}^{b_i} \dfrac{(1-s)}{2}w_i^2(x)dx + \overline{\pi}}{p_2(\gamma_i) - p_1(\gamma_i)} = \overline{E}$$

$$(3-36)$$

整理式 (3 - 36) 可得排污权一级交易市场分配价格为：

$$p_1(\gamma_i) = p_2(\gamma_i) -$$

$$\sum_{i=1}^{n} \frac{-\dfrac{[p - (p_2 + \tau)\phi]^2}{4c} + \dfrac{\gamma_i(1-s)w_i^2}{2} - (p_2 + \tau)w_i + \int_{\gamma_i}^{b_i} \dfrac{(1-s)}{2}w_i^2(x)dx + \overline{\pi}}{\overline{E}}$$

$$(3-37)$$

将式（3-16）、式（3-34）、式（3-37）分别代入式（3-3）中，可得政府第一阶段的最优化问题为：

$$\max W = \int_{\Theta} \left\{ \frac{n(1-p)[p-(p_2+\tau)\phi]}{2c} + \overline{E}p_2(\gamma_i) - \frac{n(1-2c)[p-(p_2+\tau)\phi]^2}{8c^2} - \sum_{i=1}^{n} \right.$$

$$\left. \frac{\gamma_i w_i^2}{2} + \sum_{i=1}^{n}(p_2+\tau)w_i + (\tau - dk)\sum_{i=1}^{n}\left[\frac{p\phi - (p_2+\tau)\phi^2}{2c} - w_i \right]\right\}f(\gamma)d\gamma$$

$$(3-38)$$

$$\text{s. t.} \quad w_i{}'(\gamma_i) \leqslant 0, \sum_{i=1}^{n} e_i^a = \overline{E}$$

横截条件为：$\lambda(a_i) = \lambda(b_i) = 0$

求解政府最优化问题，可得以下命题：

命题 3-5　政府与排污企业之间减排成本信息非对称时，最优结果如下：

（1）最优减排机制为：

$$w_i^{***}(\gamma_i) = \frac{p_2^{***} - \dfrac{[p - (\tau + p_2^{***})\phi]}{2c\phi} + \dfrac{(1-p)}{\phi} + \tau}{\gamma_i} \quad (3-39)$$

（2）最优交易机制为：

$$p_1^{***}(\gamma_i) = p_2(\gamma_i) - \sum_{i=1}^{n}$$

$$\frac{-\dfrac{[p-(p_2+\tau)\phi]^2}{4c} + \dfrac{\gamma_i(1-s)w_i^2}{2} - (p_2+\tau)w_i + \int_{\gamma_i}^{b_i}\dfrac{(1-s)}{2}w_i^2(x)dx + \overline{\pi}}{\overline{E}}$$

$$(3-40)$$

$$l_i^{***}(\gamma_i) =$$

$$\frac{\overline{E}\left\{-\dfrac{[p-(p_2+\tau)\phi]^2}{4c}+\dfrac{\gamma_i(1-s)w_i^2}{2}-(p_2+\tau)w_i+\displaystyle\int_{\gamma_i}^{b_i}\dfrac{(1-s)}{2}w_i^2(x)dx+\overline{\pi}\right\}}{\displaystyle\sum_{i=1}^{n}\left\{-\dfrac{[p-(p_2+\tau)\phi]^2}{4c}+\dfrac{\gamma_i(1-s)w_i^2}{2}-(p_2+\tau)w_i+\displaystyle\int_{\gamma_i}^{b_i}\dfrac{(1-s)}{2}w_i^2(x)dx+\overline{\pi}\right\}}$$

$$(3-41)$$

$$p_2^{***}(\gamma_i)=\frac{\dfrac{n\phi(p-\tau\phi)}{2c}-\overline{E}+\displaystyle\sum_{i=1}^{n}\dfrac{\dfrac{(p-\tau\phi)}{2c\phi}-\dfrac{(1-p)}{\phi}-\tau}{\gamma_i}}{\left(1+\dfrac{1}{2c}\right)\displaystyle\sum_{i=1}^{n}\dfrac{1}{\gamma_i}+\dfrac{\phi^2 n}{2c}}$$

$$(3-42)$$

$$t_i(\gamma_i)^{***}=\phi q_i^{***}-w_i^{***}-l_i^{***}(\gamma_i) \qquad (3-43)$$

（3）当市场均衡时的企业利润和社会福利水平分别为：

$$\pi_i^{***}=\int_{\gamma_i}^{b_i}\frac{(1-s)}{2}[w_i^{***}(x)]^2dx+\overline{\pi} \qquad (3-44)$$

$$W^{***}=Q-\frac{1}{2}\sum_{i=1}^{n}(q_i^{***})^2-pQ+\sum_{i=1}^{n}\int_{\gamma_i}^{b_i}\frac{(1-s)}{2}$$

$$[w_i^{***}(x)]^2dx+\overline{\pi}-kd\sum_{i=1}^{n}(e_i^a)^{***} \qquad (3-45)$$

命题 3 - 5 证明过程，见附录 1。

3.4　结果分析

3.4.1　排污权一级交易市场最优定价机制与分配机制

由式（3-40）可知，在非对称信息下，排污权一级交易市场最优分配价格受到减排成本系数的影响。下面，分析减排成本系数变化对排污权一级交易市场分配价格的影响。式（3-40）关于减排成本系数是非线性的，本节采用数值模拟方法对上述问题进行分析。设基准参数为 $\phi = \frac{1}{2}, p = 2, c = \frac{3}{2}, \tau = 1, n = 2, \gamma_j = 1.1, s = \frac{3}{4}, \overline{\pi} = 1, \overline{E} = 2, \gamma_i \in [a_i, b_i] = [1, 2]$，在非对称信息下减排成本系数变化对排污权初始分配价格的影响，见图 3 – 1。

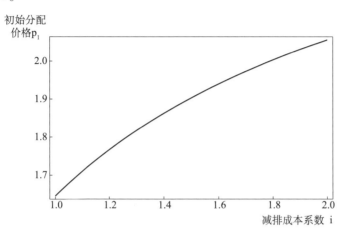

图 3 – 1   在非对称信息下减排成本系数变化对排污权初始分配价格的影响

资料来源：笔者绘制。

由图 3 – 1 可以得到以下命题：

命题 3 – 6   随着排污企业减排成本系数不断增大，排污权一级交易市场分配价格不断增大。

在非对称信息下，低减排成本排污企业通过谎报自身减排成本类型，能够获取更多收益。政府实施排污权有偿使用时，由命题 3 – 6 可知，低减排成本排污企业谎报程度越大，排污权一级交易市场分配价格越高，排污企业排污权购买成本越高，能有效地防止排污企业谎报自身减排成本类型。因此，在非对称信息下，最优排污权一级交易市场定价机制为有偿使用。本章不允许排污企业之间相互竞价交易，因此，最优的排污权一级交易市场定价机制为政府直接定价出售。由 3.3.1 小节分析可知，在对称信息下，企业无谎报自身减排成本类型行为，政府实施有偿使用只会增加企业负担，最优排污权一级交易市场排污权定价机制为无偿使用。

在确定定价机制之后，机制设计者还需要明确按何种方法分配排污权。林云华将国内外常用的免费初始分配方法总结为三类。第一类是基于成本—效率的分配方法，在这种分配标准下，具有较高减排成本的排污企业得到较多初始排污权数量，而具有较低减排成本的企业得到较少初始排污权数量。[①] 但该方法也存在一些缺陷，例如，无法激励排污企业采用更先进的减排技术。此外，政府无法观测到排污企业的减排成本信息且无法进行准确评估，导致该方法不具有可操作性。第二类是非经济因素分配方法，包括人口、社会等因素，这些因素与环境的关系不是十分密切，因此，整体适用性较差。第三类是现时排污量分配方法，政府根据企业现时排污水平，将排污权按比例免费分配给各企业。现时排污量是当前国内试点使用最多的分配方式，但这种分配方式忽略了减排能力因素，而且，分配结果可能突破污染物总量控制目标上限。

由式（3-35）可知：

$$(p_2 - p_1)l_i = -\frac{[p - (p_2 + \tau)\phi]^2}{4c} + \frac{\gamma_i(1-s)w_i^2}{2}$$

$$- (p_2 + \tau)w_i + \int_{\gamma_i}^{b_i} \frac{(1-s)}{2}w_i^2(x)dx + \overline{\pi} \qquad (3-46)$$

式（3-46）左边表示排污权的市场价值，式（3-46）右边表示企业污染治理成本。结合式（3-41）可知，排污权一级交易市场初始排污权应根据总量控制目标进行分配，分配标准为排污企业污染治理成本占社会总污染治理成本的比重。在上述分配方法中，具有较高减排成本的排污企业得到较多初始排污权数量，而具有较低减排成本的排污企业得到较少初始排污权数量。因此，排污权最优有偿分配方式为第一类，即基于成本—效率的分配方法。在本书设计的机制中，政府可以获得排污企业真实的减排成本信息，使得基于成本—效率的分配方法具有可操作性。此外，在政府直接定价出售时，获得越多排污权的排污企业排污支出越大，这将迫使排污企业积极参与减排，并采用更先进的生产技术。

目前，国内排污权交易试点主要以排污企业排污量作为分配基准，

---

① 林云华. 排污权初始分配方式的比较研究 [J]. 石家庄经济学院学报，2008，31（6）：42-45.

这种分配方式的优点是简单、易操作，缺点是容易造成分配结果不公平。原因在于，排污量大的企业治污成本不一定高，相反，排污量小的企业治污成本不一定低。政府采用成本—效率分配方法，同时考虑了减排成本和排污量，能够兼顾排污权一级交易市场排污权分配的公平与效率。

3.4.2　排污权二级交易市场最优定价机制与分配机制

由式（3-42）及市场出清条件可知，排污权二级交易市场最优交易机制为政府统一指导价格下的出清交易机制。就实际应用情况而言，为保证市场出清，该机制下的交易都是由买卖双方"一对一"匹配实现的。目前，山西省试点排污权二级交易市场主要使用该机制。以2016年为例，当年山西省累计完成排污权交易224宗，累计成交二氧化硫的排污权交易4971吨，化学需氧量的排污权交易85吨，氨氮的排污权交易8吨，氮氧化物的排污权交易14337吨，烟尘的排污权交易2030吨，工业粉尘的排污权交易478吨。其中，95%的上述交易采用了政府统一指导价下的出清交易机制。[①] 山西省试点实践表明，政府统一指导价下的出清交易机制，在实践中已经发挥了一定作用。

在此需要解释最优排污权二级交易市场的交易机制为什么不是纯粹的市场交易机制。哈斯塔德·B.和贡纳·S.（2010）给出的解释是，当存在信息非对称时，为防止低减排成本排污企业谎报自身减排成本类型，获得更多排污权，进而在排污权二级交易市场上获得更多收益，高成本企业必须提高排污水平，使得排污权需求提高，导致排污权二级交易市场价格发生扭曲。[②] 哈斯塔德.B.和贡纳.S.（2010）模型中一级交易市场的排污权是无偿使用的，而在本书中排污权一级交易市场中的排污权是有偿使用的，从而阻止了低成本排污企业谎报自身减排成本的行为，因此，哈斯塔德.B.和贡纳.S.（2010）的解释不适用于本书。从本书模型的求解过程来看，在强制减排情形下，无法找到一个由市场决定的均

---

① 资料来源：国家试点山西排污权交易5年交易额逾17亿，2017年1月26日。http：// ku. m. chinanews. com/wapapp/zaker/cj/2017/01 - 26/8136548. shtml.

② Harstad B. , Gunnar S. Trading for the future：Signaling in permit markets［J］. Journal of Public Economics，2010，94：749 - 760.

衡价格；而在自由减排情形下，例如，李冬冬和杨晶玉的模型中，市场出清时均衡价格是存在的。[①] 原因在于，在强制减排情形下，排污企业减排积极性不高，真实的供需情况不能反映在价格上；在自由减排情形下，排污企业可以自主决定减排量，真实供需情况能够反映在价格上。面临较大的减排压力下，中国排污企业能够出售排污权的前提是完成减排任务，当排污企业之间无相互竞价交易行为时，为了保证市场出清，排污权二级交易市场的交易只能采用政府统一指导价格下的"一对一"匹配交易机制。当然，政府指导价出清机制只是排污权交易机制中的一种，还存在其他机制，如协议出让机制，不同机制下的交易效率差异也是值得关注的问题，这些问题将在第 5 章进一步探讨。

3.4.3　非对称信息下与对称信息下排污企业利润和社会福利差异

本节将对非对称信息下与对称信息下排污企业利润和社会福利水平差异展开分析，并给出消除非对称信息机制设计结果与对称信息机制设计结果差异的最优政策设计。对比式（3 - 24）和式（3 - 44）可知，对称信息与非对称信息下排污企业利润水平差异为：

$$\pi_i^{***} - \pi_i^{**} = \int_{\gamma_i}^{b_i} \frac{(1-s)}{2} [w_i^{***}(x)]^2 dx \qquad (3-47)$$

由式（3 - 47）可知，有以下命题。

命题 3 - 7　在非对称信息下，除减排成本类型最高的排污企业 b_i，当减排补贴水平 $0 \leqslant s < 1$ 时，所有其他类型的企业都能获得大于 $\bar{\pi}$ 的利润 $\pi_i(\gamma_i) = \int_{\gamma_i}^{b_i} \frac{(1-s)}{2} w_i^2(x) dx + \bar{\pi}$，并且，随着补贴水平提高，排污企业利润水平不断下降；而当 $s = 1$ 时，所有参与企业利润为 $\bar{\pi}$。

命题 3 - 7 表达了排污企业私人信息带来的额外收益，这是政府为甄

---

① 李冬冬，杨晶玉. 基于排污权交易的最优减排研发补贴研究 [J]. 科学学研究，2015，33（10）：1504 - 1510.

别排污企业减排成本信息所付出的代价。$s=0$ 表示，减排投资完全由企业负担，企业谎报动机最大，所能获取的利润最大。当 $s=1$ 时，$\pi_i(\gamma_i)=\overline{\pi}$，表明当政府对减排投资进行完全补贴，排污企业没有谎报动机，排污企业利润为 $\overline{\pi}$。当 $0<s<1$ 时，表示政府和企业共同负担减排投资成本，随着补贴水平不断提高，信息租金不断降低，排污企业利润不断下降。

对比式（3 – 25）和式（3 – 45）可知，非对称信息社会福利水平与对称信息社会福利水平差异，见式（3 – 48）：

$$W^{***}-W^{**}=(1-p)\sum_{i=1}^{n}\left(\frac{p-(p_2^{***}+\tau)\phi}{2c}-\frac{p-(p_2^{**}+\tau)\phi}{2c}\right)-\frac{1}{2}$$

$$\left[\sum_{i=1}^{n}\left(\frac{p-(p_2^{***}+\tau)\phi}{2c}\right)^2-\sum_{i=1}^{n}\left(\frac{p-(p_2^{**}+\tau)\phi}{2c}\right)^2\right]+\sum_{i=1}^{n}\int_{\gamma_i}^{b_i}\frac{(1-s)}{2}[w_i^{***}(x)]^2dx$$

$$(3-48)$$

式（3 – 48）具有非线性特征，我们通过数值模拟方法分析两者的差异。设基准参数为 $\phi=1,n=2,p=2,c=\dfrac{3}{2},d=2,k=\dfrac{1}{2},\tau=2,\gamma_1=1,\gamma_2=$

$1.1,\overline{\pi}=1,\overline{E}=2,[a_i,b_i]=[1,2]$。减排补贴取值范围为 ［0，1］区间。非对称信息与对称信息下社会福利水平差异，如图 3 – 2 所示。

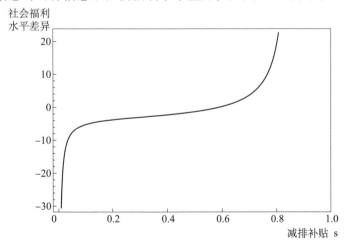

图 3 – 2　非对称信息与对称信息下社会福利水平差异

资料来源：笔者根据本节数据，利用 Mathematica 13.0 软件整理绘制而得。

由图 3 – 2 可以看出，当 s = 0 时，为了使企业不谎报成本，机制设计者必然损失一部分效率，非对称信息下社会福利水平少于对称信息下社会福利水平。s = 0 表示完全由企业投资减排。此时，低减排成本排污企业具有谎报减排成本动机，为了阻止企业谎报，机制设计者需要给予排污企业一定信息租金，排污权交易机制设计结果是次优的。当 0 < s < 1 时，存在一个最优补贴水平，能够在最大化社会福利的同时，使得排污企业取得大于 $\bar{\pi}$

的利润水平 $\pi_i(\gamma_i) = \int_{\gamma_i}^{b_i} \frac{(1-s)}{2} w_i^2(x) dx' + \bar{\pi}$。当政府能够完全承担减排成

本时，非对称减排成本信息下机制设计结果没有效率损失。此时，排污企业利润为 $\bar{\pi}$，该利润水平小于 0 < s < 1 时的排污企业利润水平。

通过上述分析可得以下命题：

命题 3 – 8 政府选择一个合适的减排补贴水平，能在最大化社会福利水平的同时，给排污企业带来更多利润，从而使得经济和环境达到双赢。

李冬冬和杨晶玉在信息对称情形下也得到了相似结论，认为减排补贴增大能够降低企业污染排放成本及生产成本，并有利于排污企业增加排污权指标供给，扩大自身利润。[1] 本书从非对称信息角度进一步完善了李冬冬和杨晶玉（2015）的研究。从实际情况来看，截至 2018 年，中国大部分企业的减排能力较弱，没有富余排污权可供交易。一般认为，减排研发投资是加强企业减排能力的根本途径，但研发存在外部性，其他企业可以无成本使用已开发技术，容易造成创新投入的市场失灵，企业进行自主研发的积极性并不高。此时，需要政府对企业减排研发活动进行一定补贴，将研发的外部性内部化，不仅能够促进排污企业减排，而且，能够提高社会福利水平。

3.4.4 染染物总量控制目标变化对排污权二级交易市场交易价格的影响

污染物总量控制目标是动态变化的，一般呈现逐年递减态势，以确

① 李冬冬，杨晶玉. 基于排污权交易的最优减排研发补贴研究 [J]. 科学学研究，2015，33（10）：1504 – 1510.

保环境质量不断改善。随着污染物总量控制目标的不断下降，排污权二级交易市场交易价格也将发生变化。

命题 3 - 9　随着污染物总量控制目标变小，排污权二级市场交易价格不断上升。

证明： 由式（3 - 42）可得式（3 - 49）：

$$\frac{\partial p_2^{***}(\gamma_i)}{\partial \overline{E}} = \frac{-1}{(1 + \frac{1}{2c}) \sum_{i=1}^{n} \frac{1}{\gamma_i} + \frac{\phi^2 n}{2c}} < 0 \qquad (3 - 49)$$

污染物总量控制目标下降，可分配的初始排污权降低，意味着环境资源更加稀缺，排污企业中的买方企业排污权需求增大，排污权二级交易市场交易价格上升。对排污企业中的卖方企业来说，当可分配的初始排污权降低时，排污权供给降低，导致排污权二级交易市场的交易价格上升。

当 $p_2^{***}(\gamma_i) = 0$ 时，$\overline{E}^{***} = \frac{n\phi(p - \tau\phi)}{2c} + \sum_{i=1}^{n} \frac{\frac{(p - \tau\phi)}{2c\phi} - \frac{(1 - p)}{\phi} - \tau}{\gamma_i}$，

表示可进行排污权交易的临界污染物总量控制目标。当 $\overline{E} \geqslant \overline{E}^{***}$ 时，污染物总量控制目标较大，此时，$p_2^{***}(\gamma_i) < 0$，不存在一个正的排污权二级交易市场交易价格使得福利水平最大化，排污权交易市场失灵。当 $\overline{E} \leqslant \overline{E}^{***}$ 时，污染物总量控制目标较小，此时，$p_2^{***}(\gamma_i) > 0$，存在一个正的排污权二级交易市场交易价格使得福利水平最大化。上述结论表明，污染物总量控制目标大小会对排污权交易效率产生影响。当污染物总量控制目标较大时，无法体现环境资源的稀缺性，排污企业没有动力进行排污权交易；相反，当污染物总量控制目标较小时，体现了环境资源的稀缺性，排污企业有动力进行排污权交易。因此，政府应设置合理的污染物总量控制目标，保证排污权市场的顺利运行。

3.4.5　排污税变化对排污权二级交易市场交易价格的影响

排污权交易制度和排污税制度都是解决环境外部性的途径。而排污权交易制度基于科斯的产权界定原理，排污税制度基于庇古税理论所支

持的环境外部性成本内部化机理。两者从不同视角出发，都有利于实现环境保护目标。但是，两者侧重点不同，需要搭配使用，以达到市场调节和政府管制相结合的目标。在同时实施两种制度时，必须要考虑排污权交易定价和排污税税率之间的关系问题提出以下命题。

命题 3 - 10　随着排污税的提高，排污权二级交易市场的交易价格水平不断下降。

证明：由式（3 - 42）可得式（3 - 50）：

$$\frac{\partial p_2^{***}}{\partial \tau} = \frac{-\dfrac{n\phi^2}{2c} - \sum\limits_{i=1}^{n}\dfrac{\dfrac{1}{2c}+1}{\gamma_i}}{\left(1+\dfrac{1}{2c}\right)\sum\limits_{i=1}^{n}\dfrac{1}{\gamma_i}+\dfrac{\phi^2 n}{2c}} < 0 \tag{3 - 50}$$

当排污税较低时，企业即使大量排放污染物，所付出的排污成本也较小，因此，政府必须给予排污企业高的排污权交易价格，从而体现环境资源的稀缺性；当排污税较高时，排污权交易价格较低，从而增强企业购买排污权的积极性。除了考虑排污税和排污权交易定价之间的关系，排污税与减排补贴之间如何协调也是需要考虑的问题。李冬冬和杨晶玉（2015）在对配套政策进行研究时发现，减排补贴最优的配套政策是排污税政策。初始排污权有偿使用及污染损害降低政策，对补贴政策的减排、利润及社会福利效果没有影响。而排污税制度能够提高补贴政策的减排效果、企业利润和社会福利水平，因此，相比其他两类环境制度，减排补贴制度与排污税制度搭配使用能够取得最优的经济效果和环境效果。

3.4.6　产品交易价格变化对排污权二级交易市场交易价格的影响

生产行为直接决定了排污企业的排污行为，进而对排污权二级交易市场产生重要的影响。产品市场价格是影响排污企业生产行为的一个重要因素，在制定政府指导价时，应充分考虑产品价格因素。

命题 3 - 11　随着产品市场价格的提高，排污权二级交易市场的交易价格水平不断上升。

证明： 由式（3 - 42）可得：

$$\frac{\partial p_2^{***}}{\partial p} = \frac{\dfrac{n\phi}{2c} + \displaystyle\sum_{i=1}^{n} \dfrac{\dfrac{1}{2c\phi} + \dfrac{1}{\phi}}{\gamma_i}}{\left(1 + \dfrac{1}{2c}\right) \displaystyle\sum_{i=1}^{n} \dfrac{1}{\gamma_i} + \dfrac{\phi^2 n}{2c}} > 0 \qquad (3 - 51)$$

产品价格提高使得排污权买卖双方产量提高。对卖方企业来说，多生产一单位产品需要消耗 ϕ 单位排污权，向市场提供的排污权将减少，导致排污权二级交易市场交易价格水平上升；对买方企业来说，需要更多排污权进行生产，排污权需求增加，导致排污权二级交易市场交易价格水平上升。

3.4.7　排污权交易机制有效性

（1）排污权一级交易市场有效性分析

排污权一级交易市场有效性体现在，不同减排成本类型交易企业能够公平分配到排污权。排污企业之间最明显的差异是减排能力不同，减排成本系数大小反映了减排能力的强弱。在其他因素相同的情况下，当高减排成本系数企业获得更多排污权，而低减排成本系数企业获得较少排污权时，排污权初始分配机制是有效的；相反，当高减排成本系数企业获得较少排污权，而低减排成本系数企业获得较多排污权时，排污权初始分配机制是无效的。原因在于，低成本系数企业减排能力较强，结合式（3 - 39）可知，其减排量较大，不应分配过多排污权；高成本类型企业减排能力较弱，减排量较小，应分配较多排污权。式（3 - 41）存在非线性关系，下面，采用数值模拟方法分析减排成本系数变化对排污权一级交易市场初始分配量的影响。设基准参数为：$\phi = 1, n = 2, p = 2, c = \dfrac{1}{2}, \tau = 2, s = \dfrac{1}{3}, \gamma_j = 1, \overline{\pi} = 1, \overline{E} = 2, [a_i, b_i] = [1, 2]$。非对称信息下减排成本系数变化对排污权初始分配量的影响，如图 3 - 3 所示。

由图 3 - 3 可以得到以下命题。

命题 3 - 12　非对称减排成本信息下，随着减排成本系数不断增大，排污企业初始分配量不断增加。

上述命题表明，非对称信息下初始排污权分配机制是有效的，即能够保证排污权一级交易市场分配的公平性。给我们的启示是，在初始分配过程中应考虑减排成本差异，避免初始分配不公平，造成排污企业减排成本增加，影响排污权二级交易市场交易效率。

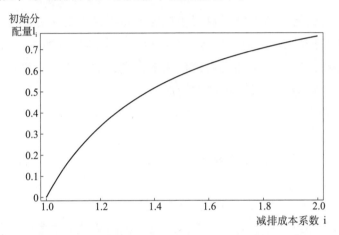

图 3 – 3   非对称信息下减排成本系数变化对排污权初始分配量的影响

资料来源：笔者根据本节数据，利用 Mathematica 13.0 软件整理绘制而得。

（2）排污权二级交易市场有效性分析

与排污权一级交易市场不同，排污权二级交易市场有效性体现在市场交易的活跃程度上。当低减排成本排污企业愿意提供更多排污权，而高减排成本排污企业愿意购买更多排污权，则表明排污权二级交易市场交易越活跃。本节根据式（3 – 43）分析减排成本系数变化对排污权二级交易市场交易量的影响。设 $\overline{E} = 2$ 或 $\overline{E} = 0.001$，其他参数同前，在非对称信息下买卖双方减排成本系数变化对排污权二级交易市场交易量的影响，如图 3 – 4 所示。

由图 3 – 4 可得以下命题。

命题 3 – 13   当排污企业为排污权市场卖方时（$t_i^{***} < 0$），减排成本系数越大的排污企业交易量越小，减排成本系数越小的排污企业交易量越大；当排污企业为排污权市场买方时（$t_i^{***} > 0$），减排成本系数越大的排污企业交易量越大，减排成本系数越小的排污企业交易量越小。

命题 3-13 表述了非对称信息下排污权二级交易市场分配机制的有效性。当排污企业为排污权市场买方时，其减排成本系数越高，减排量越小，需要购买的排污权数量越大。当排污企业为排污权市场卖方时，其减排成本系数越小，减排量越大，排污权供给量越大。在上述交易机制下，排污权交易买卖双方能够同时受到激励，积极地参与排污权交易。

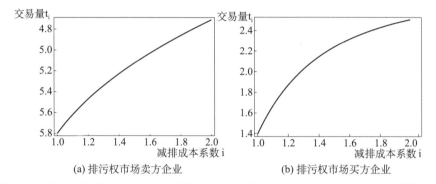

(a) 排污权市场卖方企业　　　　　(b) 排污权市场买方企业

图 3-4　在非对称信息下买卖双方减排成本系数变化对排污权二级交易市场交易量的影响

资料来源：笔者根据本节数据，利用 Mathematica 13.0 软件整理绘制而得。

3.5　本章小结

本章以机制设计理论为基础，结合中国排污权交易市场的基本特点，考虑政府与减排企业之间减排成本信息非对称及排污企业产品生产、排污和减排等过程，进一步引入排污税及减排补贴等多类制度，构建政府与排污企业之间减排成本信息非对称时排污权交易机制设计模型，讨论排污权交易机制设计问题。创新性结论有以下五点。

①环境外部性和非对称信息的存在，使得社会最优污染物总量控制目标无法实现。当污染损害程度较大时，排污企业污染物排放总量大于社会最优污染物排放总量，并且，污染损害系数越大，排污企业污染物排放总量与社会最优污染物排放总量差异越大。当政府与排污企业减排成本信息非对称时，排污企业减排量大于社会最优减排量，排污企业排污量大于社会最优排污量，排污企业污染物排放总量大于社会最优污染

物排放总量。

②为实现社会最优污染物总量控制目标，减排成本信息对称时最优排污权一级交易市场定价方式为无偿使用。在减排成本信息非对称时，为防止低成本企业谎报减排成本类型，最优排污权一级交易市场定价方式为有偿使用。初始排污权应根据污染物总量控制目标进行分配，分配标准为企业治污成本占总治污成本的比重乘以污染物总量控制目标。

③在强制减排情形下，排污权二级交易市场最优交易机制为政府统一指导价格下的出清交易机制。最优的排污权二级交易市场指导价，与总量控制目标、排污税及产品市场价格有关。随着污染物总量控制目标的下降，可分配的初始排污权数量减少，排污权二级交易市场交易价格提高。排污税提高使得排污权二级交易市场交易价格下降。产品市场价格提高，使得排污权二级交易市场交易价格提升。

④政府和企业联合进行减排投资时，排污权交易机制是帕累托最优的。在非对称信息下，由企业进行减排投资时，社会福利水平存在较大损失，而政府选择合适的减排补贴进行政企联合减排投资，能够消除减排成本信息非对称的影响，使得经济与环境协调发展。

⑤对排污权一级交易市场来说，高减排成本系数的排污企业获得更多排污权，低减排成本系数的排污企业获得较少排污权。对排污权二级交易市场来说，当排污企业为排污权卖方时，减排成本系数越高的排污企业，交易量越小；减排成本系数越低的排污企业，交易量越大。当排污企业为排污权买方时，减排成本系数越高的排污企业，交易量越大；减排成本系数越低的排污企业，交易量越小。

第4章

政府与排污企业之间减排成本与排污双重信息非对称时的排污权交易机制设计

第3章假定排污企业是守法排污的，但事实上，中国环保部门的监测技术较薄弱，目前，污染监测多以企业自主监测为主，政府抽查监管为辅，在利润最大化的驱使下，排污企业容易出现欺瞒谎报排污信息、排污量突破排污许可上限两类违法排污行为，结果导致排污权交易市场无法正常运转。政府在设计排污权交易机制过程中，除了激励排污企业报告真实减排成本信息之外，还要保证排污企业能够如实上报排污信息。学术界对排污企业排污管控的研究，分为服务型污染控制方式和管制型污染控制方式两类。服务型污染控制方式，如颜伟和唐德善认为，政府环保部门通过给予一定补贴，能够激励企业确定次优的污染排放量。[①] 管制型污染控制方式，如金帅等通过构建管制者与排污企业之间的两阶段博弈模型对最优监管进行了分析。结果表明，为激励企业守法排污，需要保证监管水平与处罚力度统一，实现总量控制的最优机制设计，是激励企业守法排污。[②] 从中国目前排污企业的整体情况来看，大部分企业

---

① 颜伟，唐德善. 污染控制成本监督机制研究 [J]. 科技管理研究，2007，27 (5)：166 – 167.
② 金帅，盛昭瀚，杜建国. 排污权交易系统中政府监管策略分析 [J]. 中国管理科学，2011，19 (4)：174 – 183.

违法成本低，守法意识淡薄，政府采用规制型污染控制激励方式更合适，因此，本书着重探讨如何通过规制型污染控制方式激励企业守法排污。

2.3.2 小节对本章相关文献进行了回顾，发现关于排污信息非对称的既有研究，只是基于外生排污权交易机制，未考虑内生排污权交易机制及减排成本信息非对称，此外，未能分析其他环境政策对最优监管策略的影响，现实中的政策实施不可能是单一的，政策组合如何协调是个重要问题。基于上述不足，本章借鉴斯特拉隆德·J. 和查韦斯·C. 关于排污谎报的研究，[①] 结合中国国情，在第 3 章基础上进一步引入排污信息非对称，构建减排成本与排污双重信息非对称时排污权交易机制设计模型来探讨四个问题：排污企业存在谎报行为时，最优排污权交易机制是什么？为了消除减排信息非对称的影响，如何设计减排补贴政策？最优减排补贴政策受哪些因素影响？总量控制目标、排污税政策、单位监管成本及惩罚成本变动，如何影响最优排污权交易机制和监管机制设计？

4.1　基本假设

4.1.1　经济环境

（1）参与人

经济体中存在 n（n＞2）个排污企业，每个企业生产一种完全差异化的产品。

（2）参与人的经济特征

排污企业有三个经济特征。

一是排污企业的生产行为、排污行为及减排行为。假设 q_i 为排污企

---

① Stranlund J. , Chavez C. Effective enforcement of a transferable emissions permit system with a self-reporting requirement ［J］. Journal of Regulatory Economics，2000，18：113－131.

业 i 的产品产量，$\sum\limits_{i=1}^{n} q_i = Q$，其中，$i = 1$，$\cdots$，$n$，$i \neq j$。排污企业 i 的生产成本为 cq_i^2，$c(c>0)$ 为外生的生产成本系数。排污企业 i 在生产过程中产生污染物排放，令 $e_i^b = \phi q_i$，表示所产生的污染物排放总量，ϕ（$\phi > 0$），为单位产出的污染排放量。排污企业可以通过减排降低污染排放，设排污企业 i 的减排成本为 $\frac{\gamma_i}{2} w_i^2$，其中，γ_i（$\gamma_i \geq 0$）为减排成本系数，w_i 为排污企业 i 的减排量。

二是排污企业的禀赋。排污企业 i 通过排污权一级交易市场分配到的排污权数量为 l_i，一单位排污权允许排污企业排放一单位污染物。所有排污企业可获得的初始排污权总量满足 $\sum\limits_{i=1}^{n} l_i = L$。

三是排污结果。排污结果为排污企业真实排污水平 e_i^a。在中国，政府获取的排污信息主要来自排污企业的报告，因此，排污企业可能存在超排污染物行为，即真实污染物排放量超过报告的污染物排放量，设排污企业 i 的超排量为 v_i（$v_i \geq 0$），r_i 为上报的污染物排放量，有 $v_i = e_i^a - r_i$。排污企业存在超排污染物行为时，真实排污水平 e_i^a 等于交易后持有的排污权数量 l_i^a（$l_i^a = t_i + l_i$）和超排量 v_i 之和，即 $e_i^a = \phi q_i - w_i = v_i + l_i^a$。

（3）信息结构

假设减排成本系数 γ_i（$\gamma_i \geq 0$）为排污企业 i 的私人信息。政府不知道排污企业的减排成本信息，但知道 γ_i 在 $[a_i, b_i]$ 区间服从独立同分布。分布函数和密度函数分别为 $F(\gamma_i)$、$f(\gamma_i)$，$f(\gamma_i) \geq 0$，联合密度函数为 $f(\gamma) = \prod\limits_{i=1}^{n} f(\gamma_i)$。

4.1.2　机制

（1）信息空间

直接显示排污权交易机制下所有排污企业报告的私人减排成本信息集合，构成信息空间。因此，信息空间可表示为：$\Theta = \Theta_1 \times \cdots \times \Theta_n = [a_1, b_1] \times \cdots \times [a_n, b_n]$。

（2）结果函数

结果函数包括：排污权一级交易市场初始分配量集合 $l = (l_1, \cdots, l_n)$：$\Theta \to (R^+)^n$、排污权一级交易市场分配价格 p_1：$\Theta \to R$、排污权二级交易市场交易量集合 $T = (t_1, \cdots, t_n)$：$\Theta \to R^n$、排污权二级交易市场交易价格 p_2：$\Theta \to R$、政府实施的监管集合 $\beta = (\beta_1, \cdots, \beta_n)$：$\Theta \to B^n$，$B \in (0,1)$，以及减排量集合 $w = (w_1, \cdots, w_n)$：$\Theta \to R^n$。

结合信息空间和结果函数，机制可以定义为：$\{l(\gamma_i), p_1(\gamma_i), T(\gamma_i), p_2(\gamma_i)\}$、$\{\beta(\gamma_i)\}$、$\{w(\gamma_i)\}$。

4.1.3 排污企业目标

排污企业 i 的目标是，选择最优产量及超排量最大化利润。排污企业利润函数，受污染物排放报告量 r_i 影响。当政府监管部门发现排污企业有谎报排污现象时，$v_i = e_i^a - r_i > 0$ 时，政府对排污企业征收罚金，$g(v_i)$ 为惩罚函数。当企业上报排污量超过所拥有的排污权数量时，即 $r_i \geqslant l_i^a$ 时，政府也将对企业征收一定罚金，罚金为 $g(r_i - l_i^a)$。针对企业排污权不足时谎报的部分，政府对企业征收 $g(e_i^a - l_i^a) - g(r_i - l_i^a)$ 单位的罚金。惩罚函数满足以下性质：$g(0) = 0, g' > 0$。

综上所述，排污企业 i 的利润函数可表达为：

$$
\begin{aligned}
\pi_i = {} & pq_i - cq_i^2 - \frac{\gamma_i(1-s)}{2}w_i^2 - p_2t_i - p_1l_i - \tau r_i - g(r_i - l_i^a) \\
& - \beta_i[g(e_i^a - r_i) + g(e_i^a - l_i^a) - g(r_i - l_i^a)]
\end{aligned}
\tag{4-1}
$$

在式（4-1）中，$p(p > 0)$ 表示外生给定的产品价格。$t_i \geqslant 0$ 时，排污企业 i 为排污权二级交易市场买方；相反，$t_i < 0$ 时，排污企业为排污权二级交易市场卖方。排污权二级交易市场交易量满足出清条件 $\sum_{i=1}^{n} t_i = 0$。$\tau(\tau \geqslant 0)$ 为政府对排污企业每单位排污量征收的排污税，$s(0 \leqslant s \leqslant 1)$ 为政府给予排污企业的单位减排补贴。

由式 $e_i^a = \phi q_i - w_i$ 可知，排污企业 i 的产量 q_i 和减排机制 w_i，共同决定排污企业 i 的真实排污量。

4.1.4 环境质量目标

政府追求一定环境质量目标，即要求经济体中所有排污企业上报排污量之和等于社会最优污染物总量控制目标：

$$\sum_{i=1}^{n} r_i = \overline{E}^* \qquad (4-2)$$

在式（4-2）中，$\overline{E}$ 为社会最优污染物总量控制目标。

4.1.5 社会福利目标

社会福利目标是，选择一个最优机制 $\{l(\gamma_i), p_1(\gamma_i), T(\gamma_i), p_2(\gamma_i)\}$、$\{\beta(\gamma_i)\}$、$\{w(\gamma_i)\}$，使得社会福利水平最大化。社会福利函数可表示为：

$$W = \int_{\Theta} \left\{ Q - \frac{1}{2}\sum_{i=1}^{n} q_i^2 + \sum_{i=1}^{n} \left[-cq_i^2 - \frac{\gamma_i(1-s)}{2}w_i^2 - p_2 t_i - p_1 l_i - \pi_i - g(r_i - l_i^a) - \beta_i \Re \right] \right. $$
$$\left. + \sum_{i=1}^{n} \pi_i - \frac{\gamma_i s}{2}\sum_{i=1}^{n} w_i^2 + p_1 \sum_{i=1}^{n} l_i - kd\sum_{i=1}^{n} r_i + \sum_{i=1}^{n} g(r_i - l_i^a) + \sum_{i=1}^{n} \beta_i \Re - \eta\sum_{i=1}^{n} \beta_i - \psi\sum_{i=1}^{n} \beta_i \Re \right\} f(\gamma)d\gamma$$

$$(4-3)$$

在式（4-3）中，$\Re = g(e_i^a - r_i) + g(e_i^a - l_i^a) - g(r_i - l_i^a)$，$\eta(\eta > 0)$ 为单位监管成本，$\psi(0 < \psi < 1)$ 为单位惩罚成本。

4.1.6 可行机制

由机制设计理论可知，要保证机制能够执行，排污企业必须满足一定的激励相容条件。激励相容条件要求，排污企业如实上报减排成本类型能够给自身带来最大利润。应用显示原理可得，排污企业 i 的激励相容条件为：

$$\pi_i(\gamma_i) \geqslant \pi_i(\gamma_i') \qquad (4-4)$$

在式（4-4）中，$\gamma' \in [a_i, b_i]$。

为保证排污企业能够参与排污权交易，排污企业还必须满足参与约束条件，即排污企业接受该交易机制，从交易中获得的利润不低于不参加时的利润。这里，假设排污企业不参与时的利润为一个固定的常数 $\bar{\pi}$，因此，参与约束条件表示为：$\pi_i(\gamma_i) \geq \bar{\pi}$。

我们将满足激励相容和参与约束条件的机制，称为可行机制。

4.2 减排成本信息与排污双重信息非对称时排污权交易机制设计

当存在排污信息非对称时，排污企业为获取更多利润，容易欺瞒谎报排污信息，出现违法排污行为。此时，排污企业不仅需要进行生产决策，还需要进行污染物超排决策。

命题 4 - 1 排污企业上报污染量满足：$r_i = l_i^a$。

证明： 由 $e_i^a = \phi q_i - w_i = v_i + l_i^a$，$v_i = e_i^a - r_i$，可知，$r_i = l_i^a$。

该条件表明，为避免持有排污权不足而遭到政府惩罚，排污企业上报的排污数量始终等于其交易后持有的排污权数量。结论表明，两类违法排污问题可以作为同一个问题解决。因此，在实际监管过程中，政府只需要关注排污谎报问题。

令排污企业交易量为 $t_i = l_i^a - l_i$，结合 $r_i = l_i^a$，利润函数变为：

$$\pi_i = pq_i - cq_i^2 - \frac{\gamma_i(1-s)}{2}w_i^2 - p_2(r_i - l_i) - p_1l_i - \tau r_i - 2\beta_i g(e_i^a - r_i)$$

$$(4-5)$$

利用 $e_i^a = \phi q_i - w_i = v_i + r_i$，排污企业最优化问题为：

$$\max \pi_i = pq_i - cq_i^2 - \frac{\gamma_i(1-s)}{2}w_i^2 + (p_2 - p_1)l_i$$
$$- (p_2 + \tau)(\phi q_i - w_i - v_i) - 2\beta_i g(v_i) \qquad (4-6)$$

由一阶最优条件可得：

$$q_i^* = \frac{p - (p_2 + \tau)\phi}{2c}, 2\beta_i g'(v_i) = p_2 + \tau \qquad (4-7)$$

企业既有可能选择自愿守法排污，也有可能选择违法排污，因此，以下将分两种情况进行讨论。

4.2.1　排污企业选择自愿守法排污

当排污企业选择自愿守法排污，有 $v_i = 0$ 成立，政府应实施的监管水平为：$\beta_i = \dfrac{p_2 + \tau}{2g'(0)}$。为方便求解和分析，令 $g(x) = \dfrac{1}{2}\mu x$，μ（$\mu > 0$）为惩罚力度，监管水平可以进一步表示为：

$$\beta_i = \frac{p_2 + \tau}{\mu} \qquad (4-8)$$

由式（4-8）可知，当 $\beta = 0$ 时，不存在正的交易价格水平，排污权交易市场失灵。该结论表明，当存在谎报时，政府如果不进行监管，将使得排污企业没有动力减排，导致排污权交易市场失灵。因此，政府必须设置合理的监管机制，消除排污信息非对称的影响。监管机制设置，见以下命题。

命题 4-2　为了使得排污企业如实上报污染物排放量，政府至少将监管水平设为 $\beta_i^*(\gamma_i) = \dfrac{p_2 + \tau}{\mu}$，否则，当 $\beta_i^*(\gamma_i) < \dfrac{p_2 + \tau}{\mu}$ 时，排污企业将存在谎报行为。

上述结论表明，当政府监管水平较高时，排污税与排污权二级交易市场交易价格之和小于等于企业谎报惩罚成本，排污企业谎报惩罚成本大于等于排污权购买成本，此时，企业的最优选择为守法排污；相反，当政府监管水平较低时，表示排污税与排污权二级交易市场交易价格之和大于企业谎报的惩罚成本，排污企业谎报惩罚成本小于排污权购买成本。此时，企业的最优选择为违法排污。此外，由式（4-8）可知，最优监管水平与排污权二级交易市场交易价格、排污税及排污企业谎报被惩罚力度有关。排污税及排污权二级交易市场交易价格越高，监管水平越高；惩罚力度越大，监管水平越低。排污税及排污权二级交易市场交易价格越大，排污成本越大，违法动机越大。此时，应加强对排污企业的监管。惩罚政策和监管政策是相互替代的，惩罚力度越大，企业违法排污动机越下降，此时，应降低监管水平。

当排污企业选择自愿守法排放时，$v_i = 0$，将式（4-7）、式（4-8）

分别代入式（4-5）中，可得利润函数为：

$$\pi_i = \frac{[p - (p_2 + \tau)\phi]^2}{4c} - \frac{\gamma_i(1-s)w_i^2}{2} + (p_2 - p_1)l_i + (p_2 + \tau)w_i$$

$$(4-9)$$

第一阶段，政府的目标是，在给定的污染物总量控制目标下，选择最优排污权交易机制 $\{l(\gamma_i), p_1(\gamma_i), T(\gamma_i), p_2(\gamma_i)\}$、最优监管机制 $\{\beta(\gamma_i)\}$ 及最优减排机制 $\{w(\gamma_i)\}$，最大化社会福利水平。

在非对称减排成本信息下，排污企业存在谎报减排成本类型行为，从而使得污染物总量控制目标无法实现。为保证排污企业能够如实上报减排成本类型，排污企业除了满足参与约束条件，还需要满足激励相容约束条件。激励相容约束条件要求，排污企业如实上报减排成本类型能够给自身带来最大利润。因此，在非对称减排成本信息下，排污企业激励相容约束条件可表述为：

$$\max_{\gamma_i' \in \Theta}\left\{\frac{[p - (p_2 + \tau)\phi]^2}{4c} - \frac{\gamma_i(1-s)w_i^2}{2} + (p_2 - p_1)l_i + (p_2 + \tau)w_i\right\}$$

$$(4-10)$$

命题 4-3 激励相容约束条件可以等价于一个局部激励相容约束条件和一个单调性约束条件：

$$[-\gamma_i(1-s)w_i(\gamma_i) + p_2 + \tau]w_i'(\gamma_i) + [p_2(\gamma_i) - p_1(\gamma_i)]l_i'(\gamma_i)$$

$$+ p_2'(\gamma_i)\left[-\frac{p\phi - (p_2 + \tau)\phi^2}{2c} + l_i(\gamma_i) + w_i(\gamma_i)\right] - p_1'(\gamma_i)l_i(\gamma_i) = 0$$

$$(4-11)$$

$$w_i'(\gamma_i) \leqslant 0 \qquad (4-12)$$

证明过程，同命题 3-3。

排污企业参与约束条件可表示为：

$$\frac{[p - (p_2(\gamma_i) + \tau)\phi]^2}{4c} - \frac{\gamma_i(1-s)w_i(\gamma_i)^2}{2}$$

$$+ [p_2(\gamma_i) - p_1(\gamma_i)]l_i(\gamma_i) + [p_2(\gamma_i) + \tau]w_i(\gamma_i) \geqslant \overline{\pi}$$

命题 4-4 参与约束条件等价于以下条件：

$$\pi_i(b_i) = \frac{[p - (p_2(b_i) + \tau)\phi]^2}{4c} - \frac{b_i(1-s)w_i(b_i)^2}{2}$$

$$+ [p_2(b_i) - p_1(b_i)] l_i(b_i) + [p_2(b_i) + \tau] w_i(b_i) = \overline{\pi} \quad (4-13)$$

证明过程，同命题 3 - 4。

利润函数两边对 γ_i 求偏导得：

$$\pi_i{}'(\gamma_i) = [-\gamma_i(1-s)w_i(\gamma_i) + p_2 + \tau]w_i{}'(\gamma_i) + [p_2(\gamma_i) - p_1(\gamma_i)]l_i{}'(\gamma_i) + p_2{}'(\gamma_i)$$

$$\left[-\frac{p\phi - (p_2 + \tau)\phi^2}{2c} + l_i(\gamma_i) + w_i(\gamma_i) \right] - p_1{}'(\gamma_i)l_i(\gamma_i) - \frac{(1-s)}{2}w_i^2(\gamma_i) = 0$$

$$(4-14)$$

将式（4 - 11）代入式（4 - 14）中得：

$$\pi_i{}'(\gamma_i) = -\frac{(1-s)}{2}w_i^2(\gamma_i) \quad (4-15)$$

式（4 - 15）两边同时积分得：

$$\pi_i(b_i) - \pi_i(\gamma_i) = -\int_{\gamma_i}^{b_i} \frac{(1-s)}{2}w_i^2(x)dx \quad (4-16)$$

将式（4 - 13）代入式（4 - 16）中得：

$$\pi_i(\gamma_i) = \int_{\gamma_i}^{b_i} \frac{(1-s)}{2}w_i^2(x)dx + \overline{\pi} \quad (4-17)$$

由 $\pi_i(\gamma_i) = \int_{\gamma_i}^{b_i} \frac{(1-s)}{2}w_i^2(x)dx + \overline{\pi}$ 可知，排污权一级交易市场分配量为：

$$l_i = \frac{-\dfrac{[p - (p_2 + \tau)\phi]^2}{4c} + \dfrac{\gamma_i(1-s)w_i^2}{2} - (p_2 + \tau)w_i + \int_{\gamma_i}^{b_i} \dfrac{(1-s)}{2}w_i^2(x)dx + \overline{\pi}}{p_2(\gamma_i) - p_1(\gamma_i)}$$

$$(4-18)$$

结合排污权一级交易市场分配条件 $\sum_{i=1}^{n} l_i = L = \overline{E}$ 可得：

$$\sum_{i=1}^{n} \frac{-\dfrac{[p - (p_2 + \tau)\phi]^2}{4c} + \dfrac{\gamma_i(1-s)w_i^2}{2} - (p_2 + \tau)w_i + \int_{\gamma_i}^{b_i} \dfrac{(1-s)}{2}w_i^2(x)dx + \overline{\pi}}{p_2(\gamma_i) - p_1(\gamma_i)} = \overline{E}$$

$$(4-19)$$

整理式（4 - 19）可得，排污权一级交易市场分配价格为：

$$p_1(\gamma_i) = p_2(\gamma_i) - \sum_{i=1}^{n}$$

$$\dfrac{-\dfrac{\left[\,p-(p_2+\tau)\phi\,\right]^2}{4c}+\dfrac{\gamma_i(1-s)w_i^2}{2}-(p_2+\tau)w_i+\displaystyle\int_{\gamma_i}^{b_i}\dfrac{(1-s)}{2}w_i^2(x)\,dx+\overline{\pi}}{\overline{E}}$$

$$(4-20)$$

将式（4-7）、式（4-8）、式（4-17）、式（4-20）及 $e_i^a = r_i$ 分别代入式（4-3）中，可得第一阶段政府的最优化问题为：

$$\max W = \int_\Theta \left\{ \begin{aligned} &\dfrac{n(1-p)\left[\,p-(p_2+\tau)\phi\,\right]}{2c}+\overline{E}p_2(\gamma_i)-\dfrac{n(1-2c)\left[\,p-(p_2+\tau)\phi\,\right]^2}{8c^2}-\sum_{i=1}^{n}\dfrac{\gamma_i w_i^2}{2} \\ &+\sum_{i=1}^{n}\left[(p_2+\tau)w_i\right]+(\tau-dk)\sum_{i=1}^{n}\left[\dfrac{p\phi-(p_2+\tau)\phi^2}{2c}-w_i\right]-\dfrac{\eta n(p_2+\tau)}{\mu} \end{aligned} \right\} f(\gamma)\,d\gamma$$

$$(4-21)$$

$$\text{s. t.} \quad w_i{}'(\gamma_i)\leqslant 0,\ \sum_{i=1}^{n}e_i^a=\overline{E}$$

$$\text{横截条件为：}\lambda(a_i)=\lambda(b_i)=0$$

求解政府最优化问题可得：

命题 4-5 排污企业选择守法排污时，最优结果如下：

（1）最优减排机制为：

$$w_i^*(\gamma_i)=\dfrac{p_2^*-\dfrac{\left[\,p-(\tau+p_2^*)\phi\,\right]}{2c\phi}+\dfrac{1-p}{\phi}+\dfrac{2c\eta}{\mu\phi^2}+\tau}{\gamma_i} \qquad (4-22)$$

（2）最优监管机制为：

$$\beta_i^*(\gamma_i)=\dfrac{p_2^*+\tau}{\mu} \qquad (4-23)$$

（3）最优交易机制为：

$$p_1^*(\gamma_i)=p_2(\gamma_i)-\sum_{i=1}^{n}$$

$$\dfrac{-\dfrac{\left[\,p-(p_2+\tau)\phi\,\right]^2}{4c}+\dfrac{\gamma_i(1-s)w_i^2}{2}-(p_2+\tau)w_i+\displaystyle\int_{\gamma_i}^{b_i}\dfrac{(1-s)}{2}w_i^2(x)\,dx+\overline{\pi}}{\overline{E}}$$

$$(4-24)$$

$$l_i^*(\gamma_i) = \dfrac{\overline{E}\left\{-\dfrac{[p-(p_2+\tau)\phi]^2}{4c} + \dfrac{\gamma_i(1-s)w_i^2}{2} - (p_2+\tau)w_i + \displaystyle\int_{\gamma_i}^{b_i}\dfrac{(1-s)}{2}w_i^2(x)dx + \overline{\pi}\right\}}{\displaystyle\sum_{i=1}^{n}\left\{-\dfrac{[p-(p_2+\tau)\phi]^2}{4c} + \dfrac{\gamma_i(1-s)w_i^2}{2} - (p_2+\tau)w_i + \displaystyle\int_{\gamma_i}^{b_i}\dfrac{(1-s)}{2}w_i^2(x)dx + \overline{\pi}\right\}}$$

$$(4-25)$$

$$p_2^*(\gamma_i) = \dfrac{\dfrac{n\phi(p-\tau\phi)}{2c} - \overline{E} + \displaystyle\sum_{i=1}^{n}\dfrac{\dfrac{(p-\tau\phi)}{2c\phi} - \dfrac{(1-p)}{\phi} - \tau - \dfrac{2c\eta}{\mu\phi^2}}{\gamma_i}}{\left(1+\dfrac{1}{2c}\right)\displaystyle\sum_{i=1}^{n}\dfrac{1}{\gamma_i} + \dfrac{\phi^2 n}{2c}}$$

$$(4-26)$$

$$t_i^*(\gamma_i) = \phi q_i^* - w_i^* - l_i^*(\gamma_i) \qquad (4-27)$$

（4）均衡时的排污企业利润和社会福利水平分别为：

$$\pi_i^* = \int_{\gamma_i}^{b_i}\dfrac{(1-s)}{2}[w_i^*(x)]^2 dx + \overline{\pi} \qquad (4-28)$$

$$W^* = Q - \dfrac{1}{2}\sum_{i=1}^{n}(q_i^*)^2 - pQ + \sum_{i=1}^{n}\int_{\gamma_i}^{b_i}\dfrac{(1-s)}{2}[w_i^*(x)]^2 dx$$

$$+ \overline{\pi} - kd\sum_{i=1}^{n}(e_i^a)^* - \eta\sum_{i=1}^{n}\beta_i \qquad (4-29)$$

证明过程，见附录2。

由式（4-26）可知，相较于第3章的无监管情形，存在监管时最优的排污权二级交易市场交易价格低于无监管情形。但总体来看，交易价格下降并不一定使得排污企业的减排成本下降，原因在于，监管情形下的减排量不仅受交易价格影响，而且，受监管相关因素影响。此外，可以看出，在监管情形下，惩罚力度越大，交易价格越高；单位监管成本越大，交易价格越低。

4.2.2　排污企业选择违法排污

当 $\beta_i < \dfrac{p_2^* + \tau}{\mu}$ 时，政府监管能力不足，企业存在谎报行为，即 $v_i > 0$，此时，政府需要重新选择监管机制配合最优排污权交易机制，迫使排污企业守法排污，实现污染物总量控制目标。

$$\max\pi_i = pq_i - cq_i^2 - \frac{\gamma_i(1-s)}{2}w_i^2 + (p_2 - p_1)l_i \qquad (4-30)$$
$$- (p_2 + \tau)(\phi q_i - w_i - v_i) - 2\beta_i g(v_i)$$

由一阶最优条件可得：

$$q_i^{**} = \frac{p - (p_2 + \tau)\phi}{2c}, 2\beta_i g'(v_i) = p_2 + \tau \qquad (4-31)$$

由式（4-31）可得，最优监管水平为：

$$\beta_i = \frac{p_2 + \tau}{2g'(v_i)} \qquad (4-32)$$

由式（4-32）可以得出，当排污企业违法排污时，最优监管水平不仅受交易价格、排污税及惩罚力度影响，也受违法排污量影响。将式（4-32）代入式（4-5）中，可得利润函数为：

$$\pi_i = \frac{[p - (p_2 + \tau)\phi]^2}{4c} - \frac{\gamma_i(1-s)w_i^2}{2} + (p_2 - p_1)l_i$$
$$+ (p_2 + \tau)(w_i + v_i) - \frac{g(v_i)(p_2 + \tau)}{g'(v_i)} \qquad (4-33)$$

同4.1节，在非对称减排成本信息下，排污企业激励相容约束条件可表述为：

$$\max_{\gamma_i' \in \Theta}\left\{\frac{[p - (p_2 + \tau)\phi]^2}{4c} - \frac{\gamma_i(1-s)w_i^2}{2} + (p_2 - p_1)l_i\right.$$
$$\left. + (p_2 + \tau)(w_i + v_i) - \frac{g(v_i)(p_2 + \tau)}{g'(v_i)}\right\} \qquad (4-34)$$

命题 4-6　激励相容约束条件可以等价于一个局部激励相容约束条件和一个单调性约束条件：

$$[-\gamma_i(1-s)w_i(\gamma_i) + p_2 + \tau]w_i'(\gamma_i) + [p_2(\gamma_i) - p_1(\gamma_i)]l_i'(\gamma_i)$$
$$+ p_2'(\gamma_i)\left[-\frac{p\phi - (p_2 + \tau)\phi^2}{2c} + l_i(\gamma_i) + w_i(\gamma_i) + v_i(\gamma_i) - \frac{g(v_i)}{g'(v_i)}\right]$$
$$- p_1'(\gamma_i)l_i(\gamma_i) + v_i'(\gamma_i)\left\{p_2(\gamma_i) - \left[\frac{g(v_i)}{g'(v_i)}\right]'p_2(\gamma_i)\right\} = 0 \quad (4-35)$$
$$w_i'(\gamma_i) \leq 0 \qquad (4-36)$$

证明过程，同命题3-3。

命题 4 – 7　参与约束条件等价于以下条件：

$$\pi_i(b_i) = \frac{[p - (p_2 + \tau)\phi]^2}{4c} - \frac{b_i(1-s)w_i^2}{2} + (p_2 - p_1)l_i$$

$$+ (p_2 + \tau)(w_i + v_i) - \frac{g(v_i)(p_2 + \tau)}{g'(v_i)} = \overline{\pi} \qquad (4 - 37)$$

证明过程，同命题 3 – 4。

利润函数两边对 γ_i 求偏导得：

$$\pi_i'(\gamma_i) = [-\gamma_i(1-s)w_i(\gamma_i) + p_2 + \tau]w_i'(\gamma_i) + p_2'(\gamma_i)$$

$$\left[-\frac{p\phi - (p_2 + \tau)\phi^2}{2c} + l_i(\gamma_i) + w_i(\gamma_i) + v_i(\gamma_i) - \frac{g(v_i)}{g'(v_i)}\right]$$

$$-p_1'(\gamma_i)l_i(\gamma_i) + v_i'(\gamma_i)\left\{p_2(\gamma_i) - \left[\frac{g(v_i)}{g'(v_i)}\right]'p_2(\gamma_i)\right\} - \frac{(1-s)}{2}w_i^2(\gamma_i) = 0$$

$$(4 - 38)$$

将式（4 – 35）代入式（4 – 38）中得：

$$\pi_i'(\gamma_i) = -\frac{(1-s)}{2}w_i^2(\gamma_i) \qquad (4 - 39)$$

式（4 – 39）两边同时积分得：

$$\pi_i(b_i) - \pi_i(\gamma_i) = -\int_{\gamma_i}^{b_i} \frac{(1-s)}{2}w_i^2(\gamma_i)\,\mathrm{d}x \qquad (4 - 40)$$

将式（4 – 37）代入式（4 – 40）中得：

$$\pi_i(\gamma_i) = \int_{\gamma_i}^{b_i} \frac{(1-s)}{2}w_i^2(\gamma_i)\,\mathrm{d}x + \overline{\pi} \qquad (4 - 41)$$

由 $\pi_i(\gamma_i) = \int_{\gamma_i}^{b_i} \frac{(1-s)}{2}w_i^2(\gamma_i)\,\mathrm{d}x + \overline{\pi}$ 可知，排污权一级交易市场排污权分配量为：

$$l_i = \frac{-\dfrac{[p - (p_2 + \tau)\phi]^2}{4c} + \dfrac{\gamma_i(1-s)w_i^2}{2} - (p_2 + \tau)(w_i + v_i)}{p_2(\gamma_i) - p_1(\gamma_i)} \frac{+ \displaystyle\int_{\gamma_i}^{b_i} \frac{(1-s)}{2}w_i^2(x)\,\mathrm{d}x + \overline{\pi} + \dfrac{g(v_i)(p_2 + \tau)}{g'(v_i)}}{}$$

$$(4 - 42)$$

结合排污权一级交易市场分配条件 $\sum_{i=1}^{n} l_i = L = \overline{E}$ 可得：

$$\sum_{i=1}^{n} \frac{-\dfrac{[p-(p_2+\tau)\phi]^2}{4c} + \dfrac{\gamma_i(1-s)w_i^2}{2} - (p_2+\tau)(w_i+v_i) + \displaystyle\int_{\gamma_i}^{b_i} \dfrac{(1-s)}{2}w_i^2(x)dx + \overline{\pi} + \dfrac{g(v_i)(p_2+\tau)}{g'(v_i)}}{p_2(\gamma_i)-p_1(\gamma_i)} = \overline{E}$$

$$(4-43)$$

整理式（4-43）可得排污权一级交易市场分配价格为：

$$p_1(\gamma_i) = p_2(\gamma_i) - \sum_{i=1}^{n}$$

$$\frac{-\dfrac{[p-(p_2+\tau)\phi]^2}{4c} + \dfrac{\gamma_i(1-s)w_i^2}{2} - (p_2+\tau)(w_i+v_i)}{\overline{E}}$$

$$+ \frac{\displaystyle\int_{\gamma_i}^{b_i}\dfrac{(1-s)}{2}w_i^2(x)dx + \overline{\pi} + \dfrac{g(v_i)(p_2+\tau)}{g'(v_i)}}{\overline{E}}$$

$$(4-44)$$

虽然超排决策是排污企业对监管机制做出的反应，但是，政府仍然可以通过提高监管水平、加重惩罚措施等对其进行调节，因此，企业超排量可以看作政府的决策变量。

将式（4-7）、式（4-32）、式（4-41）、式（4-44）分别代入式（4-3）中，并利用 $g(x) = \dfrac{1}{2}\mu x$，可得第一阶段政府的最优化问题为：

$$\max W = \int_{\Theta} \left\{ \sum_{i=1}^{n}\frac{(1-p)[p-\mu\beta_i\phi]}{2c} + \overline{E}[\mu\beta_i - \tau] \right. \\ - \sum_{i=1}^{n}\frac{(1-2c)[p-\mu\beta_i\phi]^2}{8c^2} - \sum_{i=1}^{n}\frac{\gamma_i w_i^2}{2} \\ + \sum_{i=1}^{n}[\mu\beta_i(w_i+v_i)] + (\tau-dk)\sum_{i=1}^{n}\left[\frac{p\phi-\mu\beta_i\phi^2}{2c}-w_i\right] \\ \left. - \left[\eta\sum_{i=1}^{n}\beta_i + \psi\sum_{i=1}^{n}\mu\beta_i v_i\right] \right\} f(\gamma)d\gamma$$

$$(4-45)$$

$$\text{s. t.} \quad w_i{}'(\gamma_i) \leqslant 0, \ \sum_{i=1}^{n} r_i = \overline{E}$$

横截条件为：$\lambda(a_i) = \lambda(b_i) = 0$

求解最优化问题，可得命题4-8。

命题 4 - 8　排污企业被迫守法排污时，最优结果如下：

（1）最优减排机制为：

$$w_i^{**}(\gamma_i) = \frac{\psi\mu\beta_i^{**} + dk - \tau}{\gamma_i} \tag{4-46}$$

（2）最优监管机制为：

$$\beta_i^{**}(\gamma_i) = \frac{\dfrac{n\phi p}{2c} - \sum_{i=1}^{n} \dfrac{dk - \tau}{\gamma_i} - \overline{E}}{\dfrac{\phi^2 n\mu}{2c} + \sum_{i=1}^{n} \dfrac{\mu\psi}{\gamma_i}} \tag{4-47}$$

（3）最优违法排污量为：

$$v_i^{**}(\gamma_i) =$$

$$\frac{-2c\mu\left[(dk-\tau)\phi^2 - (1-p)\phi\right] - 4c^2\mu\overline{E}\mu\phi(1-2c)\left[p - \mu\beta_i\phi\right] + 4c^2\eta + 2c\mu v\phi^2 - 4c^2\mu w_i}{4c^2\mu(1-\psi)} \tag{4-48}$$

其中，$v = \mu(1-\psi)\beta_i$。

（4）最优排污权交易机制为：

$$p_1^{**}(\gamma_i) = p_2(\gamma_i) - \sum_{i=1}^{n}$$

$$\frac{-\dfrac{[p - (p_2+\tau)\phi]^2}{4c} + \dfrac{\gamma_i(1-s)w_i^2}{2} - (p_2+\tau)w_i + \displaystyle\int_{\gamma_i}^{h_i} \dfrac{(1-s)}{2}w_i^2(x)dx + \overline{\pi} + v_i(p_2+\tau)}{\overline{E}} \tag{4-49}$$

$$l_i^{**}(\gamma_i) = \frac{\overline{E}\left\{ -\dfrac{[p - (p_2+\tau)\phi]^2}{4c} + \dfrac{\gamma_i(1-s)w_i^2}{2} - (p_2+\tau)w_i + \displaystyle\int_{\gamma_i}^{h_i} \dfrac{(1-s)}{2}w_i^2(x)dx + \overline{\pi} + v_i(p_2+\tau) \right\}}{\displaystyle\sum_{i=1}^{n}\left\{ -\dfrac{[p - (p_2+\tau)\phi]^2}{4c} + \dfrac{\gamma_i(1-s)w_i^2}{2} - (p_2+\tau)w_i + \displaystyle\int_{\gamma_i}^{h_i} \dfrac{(1-s)}{2}w_i^2(x)dx + \overline{\pi} + v_i(p_2+\tau) \right\}} \tag{4-50}$$

$$p_2^{**}(\gamma_i) = \frac{\dfrac{n\phi p}{2c} - \sum_{i=1}^{n} \dfrac{dk - \tau}{\gamma_i} - \overline{E}}{\dfrac{\phi^2 n}{2c} + \sum_{i=1}^{n} \dfrac{\psi}{\gamma_i}} - \tau \tag{4-51}$$

$$t_i(\gamma_i)^{**} = \phi q_i^{**} - w_i^{**} - l_i^{**}(\gamma_i) \tag{4-52}$$

（5）均衡时企业的利润水平和社会福利水平分别为式（4-53）和式

(4 - 54)：

$$\pi_i^{**} = \int_{\gamma_i}^{b_i} \frac{(1-s)}{2} [w_i^{**}(x)]^2 dx + \overline{\pi} \qquad (4-53)$$

$$W^{**} = Q - \frac{1}{2} \sum_{i=1}^n (q_i^{**})^2 - pQ + \sum_{i=1}^n \int_{\gamma_i}^{b_i} \frac{(1-s)}{2} [w_i^{**}(x)]^2 dx$$

$$+ \overline{\pi} - kd \sum_{i=1}^n (e_i^a)^{**} - \eta \sum_{i=1}^n \beta_i - \psi \sum_{i=1}^n \mu \beta_i v_i$$

$$(4-54)$$

证明过程，见附录 2。

命题 4 - 8 给出了排污企业违法排污时的最优交易机制及最优监管机制，与守法排污情形明显不同的是，在违法排污情形下，交易价格不受惩罚力度及单位监管成本的影响，而受政府惩罚成本的影响，政府惩罚成本越大，交易价格越低。此外，由式（4 - 48）可知，排污企业存在最优违法排污量，其取决于政府的污染物总量控制目标、排污税、监管成本及惩罚成本。对式（4 - 48）两边求导可得：

$$\frac{\partial v_i^{**}(\gamma_i)}{\partial \overline{E}} = \frac{-4c^2\mu - \dfrac{\mu\phi^2(1-2c\psi)}{\dfrac{n\phi^2}{2c} + \sum\limits_{i=1}^n \dfrac{\psi}{\gamma_i}} + \dfrac{4c^2\mu\psi}{\gamma_i\left(\dfrac{\phi^2 n}{2c} + \sum\limits_{i=1}^n \dfrac{\psi}{\gamma_i}\right)}}{4\mu c^2(1-\psi)},$$

$$\frac{\partial v_i^{**}(\gamma_i)}{\partial \eta} = \frac{1}{\mu(1-\psi)} > 0 \quad \frac{\partial v_i^{**}(\gamma_i)}{\partial \mu} = \frac{-\eta}{\mu^2(1-\psi)} < 0, \frac{\partial v_i^{**}(\gamma_i)}{\partial \tau} =$$

$$\frac{2c\phi^2\mu + \dfrac{\phi^2\mu(1-2c\psi)\sum\limits_{i=1}^n \dfrac{1}{\gamma_i}}{\dfrac{\phi^2 n}{2c} + \sum\limits_{i=1}^n \dfrac{\psi}{\gamma_i}} - 4c^2\mu\left[\dfrac{\psi\sum\limits_{i=1}^n \dfrac{1}{\gamma_i}}{\gamma_i\left(\dfrac{\phi^2 n}{2c} + \sum\limits_{i=1}^n \dfrac{\psi}{\gamma_i}\right)} - \dfrac{1}{\gamma_i}\right]}{4\mu c^2(1-\psi)}$$

上述结论表明，随着单位监管成本不断增大，违法排污量不断增大；随着政府惩罚力度增大，违法排污量不断下降。受到执法成本的影响，污染物总量控制目标及排污税对违法排污量的影响不确定。

4.3　结果分析

4.3.1　排污权最优交易机制选择

由命题 4 – 2 可知，为了使排污企业如实上报污染物排污量，政府至少将监管水平设为 $\beta_i(\gamma_i) = \dfrac{p_2 + \tau}{\mu}$，否则，当 $\beta_i(\gamma_i) < \dfrac{p_2 + \tau}{\mu}$ 时，排污企业存在谎报行为。排污企业守法排污时的交易机制设计结果即为最优的，排污企业违法排污时最优排污权交易机制应该如何设计？这将是本节重点讨论的问题。从 4.2.2 小节的求解结果来看，存在两类交易机制可以实现污染物总量控制目标。第一类交易机制，迫使企业守法排污，此时，$v_i^{**}(\gamma_i) = 0$，$\sum_{i=1}^{n} e_i^a = \overline{E}$；第二类交易机制，允许企业违法排污，此时，$v_i^{**}(\gamma_i) > 0$，$\sum_{i=1}^{n} r_i = \overline{E}$。假定两类交易机制在相同的监管力度下实施，可以得到命题 4 – 9。

命题 4 – 9　排污企业被迫守法排污时的机制设计结果是最优的。

证明：由社会福利函数可知，当两类交易机制在相同的监管水平和监管力度下实施时，迫使企业守法排污情形下的社会福利水平和允许企业违法排污情形下的社会福利水平差异，取决于 $\psi \sum_{i=1}^{n} \mu \beta_i v_i$，因为 $\psi > 0$，所以，排污企业被迫守法排污时的机制设计结果是最优的。

上述结论表明，只要存在正的单位惩罚成本，排污企业被迫守法排污应该是政府的最优选择。斯特拉隆德·J.（Stranlund J.）讨论了允许排污企业违法排污和迫使排污企业守法排污的成本差异，结果表明，惩罚函数为线性时，迫使排污企业守法排污成本是最低的。但其模型基于外生排污权假设，最优监管策略不会对排污权市场交易产生影响。本书中无论选择哪类机制，都不会影响政府监管水平和排污权二级交易市场交易价格，由 $e_i^a = \phi q_i - w_i = v_i + r_i$ 可知，上报相同的排污量时，不同机制下真实排污量存在差异。假设允许排污企业违法排污时排污权一级交易市场分配量等于迫使排污企业守法时的分配量，则允许排污企业违法排污时排污企业交易量小于迫使排污企业守法排污时的交易量。上述结论表明，允许排污企业违法排污时，市场交易积极性下降，从而损失了部分效率。

4.2.2 小节分析了影响排污企业排污谎报的主要因素，这些因素给出了迫使排污企业守法排污的政策选择。首先，选择一个合适的总量控制目标或排污税使得排污企业守法排污，由 $v_i^{**}(\gamma_i) = 0$ 可以得到临界的污染物总量控制目标 $\overline{E}$ 或 τ，但是，如果污染物总量控制目标及排污税对违法排污量的影响不确定，那么，污染物总量控制目标和排污税很难确定，因此，上述手段是无效的；其次，降低单位监管成本，具体来说，即建立全方位的、有效的、全覆盖的立体型污染物排放监测网络，实现对排污企业污染物排放的在线实时监测；最后，设置最优惩罚力度，也能迫使排污企业守法排污，最优惩罚力度见命题 4 - 10。

命题 4 - 10 排污企业被迫守法排污时，政府需要配套最优惩罚力度，最优惩罚力度由式（4 - 55）给定：

$$-2c\mu\big[(dk-\tau)\phi^2 - (1-p)\phi\big] - 4c^2\mu\,\overline{E} - \mu\phi(1-2c)\big[p-\mu\beta_i\phi\big]$$
$$+ 4c^2\eta + 2c\mu\nu\phi^2 - 4c^2\mu w_i = 0 \qquad (4-55)$$

证明： 令 $v_i^{**}(\gamma_i) = 0$，可得上述命题。

由式（4 - 55）可知，当政府监管水平较低时，为迫使排污企业守法排污，政府还需要选择合适的违法排污惩罚力度与监管水平相结合。而在排污企业守法排污的情形下，$0 < \beta_i^*(\gamma_i) = \dfrac{p_2 + \tau}{\mu} < 1$，惩罚力度在一个区间内取值。在中国，环境保护责任及投资主要由政府承担，地方政府多专注于经济发展，缺乏对排污监管能力有效、持续的投入，导致环保监测设备紧张、经费不足、技术人员缺乏等现象普遍存在。面对中国环保部门监管能力不足的情况，排污企业大多选择违法排污，该结论的启示是，政府在选择监管政策的同时，必须配套相应惩罚措施。只有对超排污企业进行惩罚，才能保证排污企业积极地提升减排技术、减少排污，并向排污权交易市场提供更多排污权。在实际使用时，对排

污企业的惩罚政策不局限于罚款，还包括停产整改、吊销执照等多种形式。除了本书介绍的迫使企业守法排污的手段，还可采用消费者参与形式及产量税。目前，针对工业污染源和点污染源的监测，中国已经建立了初步监测体系，但对于农业污染源和生活污染源的监测还有不足。另外，许多乡镇企业和"三小"企业（人员规模、资产规模、经营规模比较小的生产型企业）的排污情况还没有得到有效监管，采用消费者参与方式对排污企业进行监督能使当前的监管政策和惩罚政策发挥更多作用。此外，虽然对排污企业产出征税能够减少排污谎报现象，但同时减少了企业利润，导致社会福利减少。因此，这种政策在现实中不常用。

4.3.2　最优减排补贴政策设计

相较于对称信息下的机制设计，双重信息非对称时排污权交易机制设计需要借助补贴政策达到帕累托最优。基于中国国情，本节采用数值模拟方法分析排污企业被迫守法排污时，污染物总量控制目标变动、排污税变动、单位监管成本变动及单位惩罚成本变动对最优减排补贴水平的影响。根据式（3－25）、式（4－54），设基准参数为 $\phi=2, p=2, c=\dfrac{1}{2}, d=2, k=\dfrac{1}{2}, \tau=\dfrac{1}{3}, \eta=30, n=2, \psi=\dfrac{1}{2}, \gamma_i=1, \gamma_j=1.1, i \neq j, \overline{\pi}=10, \overline{E}=2, [a_i, b_i]=[1,2]$。污染物总量控制目标、排污税、单位监管成本及单位惩罚成本的取值范围分别为 $\overline{E} \in (2,6)$，$\tau \in (\dfrac{1}{6}, \dfrac{1}{2})$，$\eta \in (30,30.4)$，$\psi \in (0.5,0.9)$。污染物总量控制目标变动对减排补贴水平的影响，见表4－1；排污税变动对减排补贴水平的影响，见表4－2；单位监管成本变动对减排补贴水平的影响，见表4－3；单位惩罚成本变动对减排补贴水平的影响，见表4－4。

表4－1　　　　污染物总量控制目标变动对减排补贴水平的影响

污染物总量控制目标 $\overline{E}$	双重信息下的减排补贴水平 s^*
$\overline{E}=2$	0.46
$\overline{E}=3$	0.11

续表

污染物总量控制目标 $\overline{E}$	双重信息下的减排补贴水平 s^*
$\overline{E} = 4$	0.06
$\overline{E} = 5$	0.08
$\overline{E} = 6$	0.09

注：$*$ 表示政府与排污企业之间减排成本与排污双重信息非对称时的最优解。
资料来源：笔者根据本节数据计算整理而得。

表 4 - 2　　　　　　排污税变动对减排补贴水平的影响

排污税 τ	双重信息下的减排补贴水平 s^*
$\tau = \dfrac{1}{6}$	0.08
$\tau = \dfrac{1}{5}$	0.10
$\tau = \dfrac{1}{4}$	0.16
$\tau = \dfrac{1}{3}$	0.46
$\tau = \dfrac{1}{2}$	0.67

注：$*$ 表示政府与排污企业之间减排成本与排污双重信息非对称时的最优解。
资料来源：笔者根据本节数据计算整理而得。

表 4 - 3　　　　　单位监管成本变动对减排补贴水平的影响

单位监管成本 η	双重信息下的减排补贴水平 s^*
$\eta = 30.0$	0.46
$\eta = 30.1$	0.50
$\eta = 30.2$	0.55
$\eta = 30.3$	0.59
$\eta = 30.4$	0.65

注：$*$ 表示政府与排污企业之间减排成本与排污双重信息非对称时的最优解。
资料来源：笔者根据本节数据计算整理而得。

表 4 - 4　　　　　单位惩罚成本变动对减排补贴水平的影响

单位惩罚成本 ψ	双重信息下的减排补贴水平 s^*
$\psi = 0.5$	0.09
$\psi = 0.6$	0.13
$\psi = 0.7$	0.18

单位惩罚成本 ψ	双重信息下的减排补贴水平 s*
ψ = 0.8	0.31
ψ = 0.9	0.41

注: * 表示政府与排污企业之间减排成本与排污双重信息非对称时的最优解。
资料来源: 笔者根据本节数据计算整理而得。

由表4－1、表4－2、表4－3、表4－4得出以下命题。

命题4－11　随着污染物总量控制目标增大，减排补贴水平不断降低；随着排污税增大，减排补贴水平应不断提高；随着单位监管成本、单位惩罚成本增大，减排补贴水平应不断提高。

污染物总量控制目标降低对减排补贴水平存在两方面影响，一方面，污染物总量控制目标越小，减排量越大，政府应降低减排补贴水平，这是正面效应；另一方面，污染物总量控制目标越小，排污权市场交易价格越高，企业排污成本越高，政府应提高减排补贴水平，这是负面效应。由表4－1可以看出，污染物总量控制目标较小时，正面效应占主导；污染物总量控制目标较大时，负面效应占主导。由表4－2可以看出，随着排污税不断提高，企业谎报动机增大，减排量下降，政府应提高减排补贴水平。由表4－3可以看出，单位监管成本提高，监管水平下降，减排量下降，政府应提高减排补贴水平。由表4－4可以看出，单位惩罚成本增大，政府应提高减排补贴水平。原因在于，单位惩罚成本增大导致监管水平下降，使得减排量下降，政府应提高减排补贴水平。

4.3.3　污染物总量控制目标变化对监管机制和排污权二级交易市场交易价格的影响

本小节采用数值模拟方法分析排污企业被迫守法排污时，污染物总量控制目标变化对惩罚力度、监管水平及排污权二级交易市场交易价格的影响，基准参数同前，污染物总量控制目标变化对惩罚力度、监管水平及排污权二级交易市场交易价格的影响，见表4－5。

表 4 - 5　污染物总量控制目标变化对惩罚力度、监管水平及排污权二级交易
市场交易价格的影响

污染物总量控制目标 $\overline{E}$	惩罚力度 μ	监管水平 β_i	排污权二级交易市场交易价格 p_2
$\overline{E} = 2$	2.54	0.21	3.10
$\overline{E} = 3$	2.18	0.19	2.35
$\overline{E} = 4$	1.90	0.15	0.92
$\overline{E} = 5$	1.66	0.12	0.33
$\overline{E} = 6$	1.52	0.05	- 0.08

资料来源：笔者根据本节数据计算整理而得。

由表 4 - 5 得到以下命题。

命题 4 - 12　随着污染物总量控制目标变大，惩罚力度、监管水平及排污权二级交易市场交易价格不断下降。

污染物总量控制目标变大，排污企业违法排污动机下降，政府需要降低惩罚力度并降低排污监管，从而保证污染物总量控制目标实现。污染物总量控制目标变大，意味着环境资源更加稀缺，可分配初始排污权减少，排污权需求增加，供给减少，排污权二级交易市场交易价格将上升。

4.3.4　排污税变化对监管机制及排污权二级交易市场交易价格的影响

本节采用数值模拟方法分析排污企业被迫守法排污时，排污税变化对惩罚力度、监管水平及排污权二级交易市场交易价格的影响，基准参数同前，排污税变化对惩罚力度、监管水平及排污权二级交易市场交易价格的影响，见表 4 - 6。

表 4 - 6 排污税变化对惩罚力度、监管水平及排污权二级交易市场交易价格的影响

排污税 τ	惩罚力度 μ	监管水平 β_i	排污权二级交易市场交易价格 p_2
$\tau = \dfrac{1}{6}$	2.20	0.224	2.21
$\tau = \dfrac{1}{5}$	2.25	0.222	2.34

排污税 τ	惩罚力度 μ	监管水平 β_i	排污权二级交易市场交易价格 p_2
$\tau = \dfrac{1}{4}$	2.35	0.217	2.60
$\tau = \dfrac{1}{3}$	2.54	0.207	3.10
$\tau = \dfrac{1}{2}$	3.03	0.186	4.73

资料来源：笔者根据本节数据计算整理而得。

由表 4-6 得出以下命题。

命题 4-13　随着排污税不断提高，惩罚力度不断提升，政府监管水平不断下降，排污权二级交易市场交易价格不断提高。

随着排污税提高，排污企业因谎报获得的收益增大，谎报的排污量将增大，政府应提高惩罚力度。排污税加大，一方面，会直接提高排污监管水平，这是正面效应；另一方面，会提高惩罚力度，降低监管水平，这是负面效应。从表 4-6 来看，排污税提高降低了监管水平，负面效应占主导。排污税提高，一方面，会导致排污企业谎报收益增加，排污企业谎报程度提高，排污权需求减少；另一方面，会导致惩罚力度增大，排污谎报程度降低，排污权需求提高。从表 4-6 来看，排污税提高带来的排污权需求提高效应更大。此时，应提高排污权二级交易市场交易价格。

4.3.5　单位监管、惩罚成本变化对监管机制及排污权二级交易市场交易价格的影响

本小节采用数值模拟方法分析排污企业被迫守法排污时，单位监管成本、单位惩罚成本对惩罚力度、监管水平及排污权二级交易市场交易价格的影响，基准参数同前，单位监管成本对惩罚力度、监管水平及排污权二级交易市场交易价格的影响，见表 4-7。单位惩罚成本对惩罚力度、监管水平及排污权二级交易市场交易价格的影响，见表 4-8。

表 4 - 7　　　　　　　　　　单位监管成本对惩罚力度、
监管水平及排污权二级交易市场交易价格的影响

单位监管成本 η	惩罚力度 μ	监管水平 β_i	排污权二级交易市场交易价格 p_2
$\eta = 30$	2.54	0.208	3.11
$\eta = 30.1$	2.55	0.207	3.13
$\eta = 30.2$	2.56	0.206	3.15
$\eta = 30.3$	2.57	0.205	3.17
$\eta = 30.4$	2.58	0.204	3.19

资料来源：笔者根据本节数据计算整理而得。

表 4 - 8　　　　　　单位惩罚成本对惩罚力度、监管水平及排污权
二级交易市场交易价格的影响

单位惩罚成本 ψ	惩罚力度 μ	监管水平 β_i	排污权二级交易市场交易价格 p_2
$\psi = 0.5$	2.54	0.21	3.10
$\psi = 0.6$	2.61	0.20	2.93
$\psi = 0.7$	2.68	0.19	2.56
$\psi = 0.8$	2.74	0.18	2.33
$\psi = 0.9$	2.82	0.17	2.14

资料来源：笔者根据本节数据计算整理而得。

由表 4 - 7、表 4 - 8 得到以下命题。

命题 4 - 14　随着单位监管成本增大，单位惩罚力度不断上升，监管水平不断下降，排污权二级交易市场交易价格不断上升。随着单位惩罚成本增大，惩罚力度不断上升，监管水平不断下降，排污权二级交易市场交易价格不断下降。

从表 4 - 7 可以看出，单位监管成本增大导致惩罚力度增大，排污企业谎报水平下降，排污权需求增加，排污权二级交易市场交易价格上升。单位惩罚成本增大，一方面，导致惩罚力度增大，排污企业谎报下降，排污权需求增加，排污权二级交易市场交易价格上升，是间接效应；另一方面，直接降低排污权二级交易市场交易价格，是直接效应。从表 4 - 8 可以看出，单位惩罚成本增大带来的直接效应大于间接效应，排污权二级交易市场交易价格不断下降。从表 4 - 7、表 4 - 8 可以看出，单位

监管成本、单位惩罚成本增大，监管水平下降，排污企业谎报动机提高，政府应配套更高的惩罚力度。

4.4　本章小结

本章在第 3 章的基础上，进一步引入排污信息非对称，构建了减排成本信息与排污双重信息非对称时排污权交易机制设计模型，根据模型求解的结果，讨论双重信息非对称时最优排污权交易机制设计；分析消除减排成本信息非对称的减排补贴政策设计以及污染物总量控制目标变动、排污税政策变动、单位监管成本变动及单位惩罚成本变动对排污权交易机制设计和监管机制设计的影响。创新性结论有以下四点。

第一，为避免持有排污权不足而遭到政府惩罚，排污企业上报的排污量始终等于其交易后持有的排污权数量。

第二，当排污权二级交易市场交易价格与排污税之和小于等于排污企业谎报惩罚成本时，排污企业谎报被发现所需支付的惩罚成本大于等于排污权购买成本，排污企业自愿守法排污时的机制设计结果是最优的。当排污权二级交易市场交易价格与排污税之和大于排污企业谎报惩罚成本时，排污企业谎报被发现所需支付的惩罚成本小于排污权购买成本，政府迫使排污企业守法时的机制设计结果是最优的。排污企业选择违法排污时，仅依赖政府监管并不能让排污企业守法排污，政府需选择合适的违法排污惩罚力度与监管相结合。此外，政府还可通过降低单位监管成本实现排污企业守法排污。

第三，为消除信息非对称的影响，政府应设置合理的减排补贴水平。当排污企业被迫守法排污时，污染物总量控制目标较小时，排污企业违法动机较大，随着污染物总量控制目标增大，减排补贴水平应不断降低；污染物总量控制目标较大时，排污企业违法动机较小，随着污染物总量控制目标更严格，政府必须提高减排补贴水平。随着排污税不断增大，企业谎报动机增大，政府应提高减排补贴水平。单位监管成本增大，监管水平下降，减排量下降，政府应提高减排补贴水平。单位惩罚成本增大，政府应提高减排补贴水平。

第四，最优惩罚力度、最优监管水平及最优排污权二级交易市场交易价格受到相关政策因素影响。排污企业被迫守法排污时，随着污染物总量控制目标变小，惩罚力度、最优监管水平及排污权二级交易市场交易价格不断上升。随着排污税不断提高，惩罚力度不断上升，监管水平不断下降，排污权二级交易市场交易价格不断上升。随着单位监管成本增大，惩罚力度不断上升，监管水平不断下降，排污权二级交易市场交易价格不断上升。随着单位惩罚成本增大，惩罚力度不断上升，监管水平不断下降，排污权二级交易市场交易价格不断下降。

第 5 章

政府与排污企业之间、排污企业之间减排成本信息非对称时的排污权交易机制设计

在第 3 章的研究中，排污企业之间只能通过政府给定的价格进行交易，而不能通过竞价进行交易。当政府允许排污企业之间通过竞价进行交易时，除了考虑政府与排污企业之间的信息非对称，还必须考虑排污企业之间的信息非对称，满足上述条件的交易机制实际上就是拍卖机制。在现实交易中，已有部分地方试点采用拍卖机制进行排污权交易，并取得了一定效果，但也有很多问题尚未解决。在排污权一级交易市场上，新进入排污企业的减排成本信息及历史排污量信息无法获得，就无法通过直接定价出售方式获得排污权，只能通过排污权二级交易市场交易获取排污权。在这种情况下，新进入排污企业很难作为排污权二级交易市场卖方参与排污权二级交易市场交易，降低了排污权二级交易市场排污企业交易的活跃程度。而排污权一级交易市场采用拍卖方式，能够确保排污权的可获得性，使得新进入排污企业能通过购买排污权进入市场，降低了排污权交易市场的进入障碍，减少了排污权分配争端，合理平衡了各方利益。此外，通过拍卖，新进入排污企业可以成为排污权二级交易市场卖方，从而对活跃排污权二级交易市场的交易起到一定作用。因此，排污权一级交易市场拍卖机制是政府定价出售机制的一个很好的补充。

　　如何有效地设计排污权一级交易市场拍卖机制，是当前政府需要迫切考虑的问题。在排污权二级交易市场上，根据买卖双方交易人数的差异，交易模式可分为协议出让机制和公开拍卖竞价机制。从中国当前协议出让交易机制来看，排污权成交价格多数使用政府指导价（如山西省），并采用"拉郎配"方式进行交易，协议出让交易机制并非真正意义上的自由询价。事实上，双边减排成本的信息非对称使得政府指导价不一定适合协议出让交易，何种交易机制最有效率，需要进一步探讨。从中国当前的公开拍卖竞价交易机制来看，多数试点地区公开拍卖竞价的具体交易模式为单人多单位现场成交机制，即排污权采用现场交易机制，一个卖方和多个买方参与交易，每次交易只能有一个买方成交，成交的买方能够获得其所需要的任意单位排污权。如果排污权没有被分配完，则进行下一轮拍卖，直至拍卖完所有排污权。现有的拍卖形式忽略了不同买方需求对排污权定价的影响，交易效率较低。近几年，网上交易开始流行，虽然有部分试点地区采用网上电子竞价模式，但电子竞价模式还是采用传统一对多拍卖竞价形式，无法满足多个买卖方同时进行交易。在排污权二级交易市场上，选择何种现场拍卖机制或网上拍卖机制也是政府需要考虑的问题。

　　2.3.3 小节对本章的相关文献进行了回顾，发现相关排污权拍卖既有研究仅考虑排污企业之间的信息非对称，忽略政府与排污企业之间的信息非对称，并且，仅把排污权当作一种物品，而未将企业污染排放、污染削减、生产投入及政府部门纳入拍卖。此外，互联网交易盛行使得包括排污权在内的许多物品开始采用双边交易形式，政府如何构建基于机制设计理论的排污权双边拍卖机制尚未给出讨论。基于上述不足，本章借鉴迈尔森·R.[①]对单物品最优拍卖机制的设计进行研究，在第 3 章基础上进一步引入排污企业之间减排成本信息非对称，讨论排污权一级交易市场、排污权二级交易市场的拍卖机制设计问题。首先，引入无私人信息的新进入排污企业，构建一个以社会福利最大化为机制设计目标的排污权一级交易市场最优拍卖机制设计模型，讨论排污权一级交易市场

---

　　① Myerson R. Optimal auction design [J]. Mathematics of Operations Research, 1983, 6 (1): 58 – 73.

拍卖机制设计；其次，构建排污权二级交易市场单边拍卖机制设计模型，研究排污企业采用末端减排技术和清洁减排技术时最优拍卖机制的选择及其差异，并进一步比较最优拍卖机制和现有单物品拍卖机制的交易效率差异；最后，允许买卖双方同时报价，将排污权二级交易市场单边排污权拍卖机制设计拓展到双边排污权拍卖机制设计，并进一步分析双边排污权拍卖机制与政府指导价出清机制的交易效率差异。借助模型求解结果，探讨六个问题：为保证排污权一级交易市场分配的公平性，排污权拍卖应选用何种机制？可分配的排污权数量及平均社会减排系数，对新进入排污企业的排污权分配结果有何影响？为提高排污权二级交易市场排污企业的交易积极性，排污权单边拍卖应选用何种机制，与现有试点地区采用的单物品排污权拍卖机制交易效率有何差异？排污企业采用不同减排技术时，排污权二级交易市场拍卖机制选择有何差异？排污权二级交易市场双边拍卖应选择何种机制？政府指导价出清机制和双边拍卖机制的交易效率差异如何？

5.1　排污权一级交易市场拍卖机制设计

5.1.1　基本假设

（1）经济环境

①参与人，假设经济体中有 1 个新进入排污企业及 n 个现有排污企业申请参与拍卖，它们是排污权一级拍卖市场上的参与者；

②待拍卖物品，政府有 L 单位的排污权待拍卖，L 可以理解为政府在直接定价出售之外储备的一部分排污权；

③参与人的经济特征，现有排污企业的经济特征同第 3 章，新进入排污企业的经济特征可用下标 R 代表；

④信息结构，现有排污企业依据边际减排成本 $\gamma_i w_i(\gamma_i)$ 对单位排污权进行估价，现有排污企业减排成本系数 $\gamma_i(\gamma_i \geq 0)$ 为私人信息。政府及其他排污企业不知道该排污企业的减排成本信息，只知道 γ_i 在 $[a_i, b_i]$

区间服从独立同分布，分布函数和密度函数分别为 $F(\gamma_i)$、$f(\gamma_i)$，$\dfrac{f(\gamma_i)}{1-F(\gamma_i)}$ 是关于 γ_i 的递增函数。

新进入排污企业没有关于减排成本系数的私人信息，将社会平均减排成本系数 $\bar{\gamma}$ 当作减排成本系数 γ_R，$\bar{\gamma}$ 为公共知识。

（2）机制

①信息空间。直接显示在排污权交易机制下，现有排污企业报告的私人减排成本信息集合构成信息空间。信息空间可表示为：$\Theta = \Theta_1 \times \cdots \times \Theta_n = [a_1, b_1] \times \cdots \times [a_n, b_n]$。

②结果函数。与迈尔森·R. 研究中单个不可分物品拍卖不同，[①] 排污权拍卖属于多单位物品拍卖，因此，考虑现有排污企业支付函数为 $Y_i = (p_1)_i l_i$，新进入排污企业支付函数为 $Y_R = (p_1)_R l_R$。$(p_1)_i$ 表示现有排污企业排污权支付价格，l_i 表示现有排污企业获得的排污权数量，$(p_1)_R$ 表示新进入排污企业的排污权支付价格，l_R 表示新进入排污企业获得的排污权数量。结果函数为：

$$p_1 = [(p_1)_1, \cdots, (p_1)_n] : \Theta \to R^n, (p_1)_R : \Theta \to R,$$
$$l = (l_1, \cdots, l_n) : \Theta \to R^n, l_R : \Theta \to R$$

结合信息空间和结果函数，排污权一级交易市场拍卖机制可以被定义为：

$$\{p_1(\gamma_i), p_R(\gamma_i), l(\gamma_i), l_R(\gamma_i)\}$$

（3）排污企业目标

现有排污企业目标是，在给定的交易机制下，选择最优产量、最大化利润。与第 3 章不同，本章不考虑减排补贴政策和排污税政策，只考虑一级交易市场时，$t_i = 0$，现有排污企业 i 的利润函数可表示为：

$$\pi_i = pq_i - cq_i^2 - \frac{\gamma_i}{2} w_i^2(\gamma_i) - p_1(\gamma_i) l_i(\gamma_i) \tag{5-1}$$

新进入排污企业的利润函数可表示为：

$$\pi_R = pq_R - cq_R^2 - \frac{\gamma_R}{2} w_R^2(\gamma_R) - p_1(\gamma_R) l_R(\gamma_R) \tag{5-2}$$

————————

①　Myerson R. Optimal auction design [J]. Mathematics of Operations Research，1983，6（1）：58-73.

（4）环境质量目标

根据第 3 章的分析，污染物总量控制目标可以分解为一级交易市场分配条件和二级交易市场出清条件，因此为保证环境质量目标的实现，排污权一级交易市场分配量满足：$l_R + \sum\limits_{i=1}^{n} l_i = L$。

（5）社会福利目标

政府的社会福利目标是，选择最优排污权一级交易市场拍卖机制，使得社会福利最大化。社会福利函数可表示为：

$$W = E_\Theta \left\{ \sum_{i=1}^{n} q_i + q_R - \left(\frac{1}{2} + c\right) \sum_{i=1}^{n} q_i^2 - \left(\frac{1}{2} + c\right) q_R^2 \right.$$
$$\left. - \sum_{i=1}^{n} \frac{\gamma_i}{2}(w_i)^2 - \frac{\gamma_R}{2} w_R^2 - kd \sum_{i=1}^{n} e_i^a - kd \sum_{i=1}^{n} e_R^a \right\} \qquad (5-3)$$

E_Θ 为期望算子。

（6）可行机制

最优拍卖机制设计需要满足贝叶斯激励相容约束条件和参与约束条件。令其他排污企业按真实减排成本系数 γ_j（$i \neq j$）进行报价，排污企业 i 按真实减排成本系数 γ_i 报价时的期望收益函数为：

$$U_i(p_1, l_i, \gamma_i) = E_{\Theta_{-i}}[\gamma_i w_i(\gamma_i) l_i(\gamma_i) - p_1(\gamma_i) l_i(\gamma_i)] \qquad (5-4)$$

在式（5-4）中，下标 -i 表示除排污企业 i 之外的其他排污企业，令其他排污企业 -i 按真实减排成本系数 $\gamma_j(i \neq j)$ 进行报价，排污企业 -i 不如实报价时的期望收益函数为：

$$U_i[(p_1)_i, l_i, \gamma_i, \gamma_i'] = E_{\Theta_{-i}}[\gamma_i w_i(\gamma_i', \gamma_{-i}) l_i(\gamma_i', \gamma_{-i})$$
$$- p_1(\gamma_i', \gamma_{-i}) l_i(\gamma_i', \gamma_{-i})] \qquad (5-5)$$

结合式（5-4）、式（5-5），排污企业 i 的贝叶斯激励相容约束条件可以表示为：$U_i[(p_1)_i, l_i, \gamma_i] \geqslant U_i[(p_1)_i, l_i, \gamma_i, \gamma_i']$，即保证当其他竞标企业都真实报告减排成本类型时，排污企业 i 说真话比说假话所获得的期望收益大。参与约束条件为 $U_i[(p_1)_i, l_i, \gamma_i] \geqslant 0$，即保证其他排污企业参与投标并能获得非负的期望收益。

新进入排污企业期望收益函数为：

$$U_R = E_{\Theta_i}[\bar{\gamma}(\phi q_R - l_R) l_R - (p_1)_R l_R] \qquad (5-6)$$

缺乏减排成本私人信息，因此新进入排污企业只需要满足参与约束

条件 $U_R \geq 0$。

5.1.2 排污权一级交易市场最优拍卖机制

参照迈尔森·R. (1983)，非对称减排成本信息下有如下贝叶斯激励相容条件成立，得出以下命题。

命题 5 - 1 现有排污企业贝叶斯激励相容约束和参与约束条件可变为：

$$U_i[(p_1)_i, l_i, \gamma_i] = U_i[(p_1)_i, l_i, a_i] + E_{\Theta_{-i}} \int_{a_i}^{\gamma_i} [\phi q_i - l_i(x, \gamma_{-i})] l_i(x, \gamma_{-i}) dx \tag{5-7}$$

$$[\phi q_i(\gamma_i) - l_i(\gamma_i)] l_i(\gamma_i) \geqslant [\phi q_i(\gamma_i', \gamma_{-i}) - l_i(\gamma_i', \gamma_{-i})] l_i(\gamma_i', \gamma_{-i}) \tag{5-8}$$

$$U_i[(p_1)_i, l_i, a_i] = 0 \tag{5-9}$$

命题 5 - 1 证明，见附录 3。

由式 (5 - 7) 及式 (5 - 9) 得出以下命题。

命题 5 - 2 低减排成本系数排污企业参与竞标的收益为 0，高减排成本系数排污企业能够获得正的收益 $E_{\Theta_{-i}} \int_{a_i}^{\gamma_i} [\phi q_i - l_i(x, \gamma_{-i})] l_i(x, \gamma_{-i}) dx$。

证明： 将式 (5 - 9) 代入式 (5 - 7) 中可得：

命题 5 - 2 表明，高减排成本排污企业参与初始排污权拍卖，能够获得比低减排成本排污企业更高的收益。这部分收益，来自政府为甄别私人信息付出的成本。

将式 (5 - 7)、式 (5 - 9) 分别代入式 (5 - 5) 中可得：

$$E_{\Theta_{-i}}[(p_1)_i l_i(\gamma_i)] = E_{\Theta_{-i}} \{\gamma_i [\phi q_i - l_i(\gamma_i)] l_i(\gamma_i)\}$$

$$- E_{\Theta_{-i}} \int_{a_i}^{\gamma_i} [\phi q_i - l_i(x, \gamma_{-i})] l_i(x, \gamma_{-i}) dx \tag{5-10}$$

对式 $\iint_{a_i a_i}^{b_i \gamma_i} [\phi q_i - l_i(x, \gamma_{-i})] l_i(x, \gamma_{-i}) f(\gamma_i) dx d\gamma_i$ 分部积分可知：

$$\iint\limits_{a_i a_i}^{b_i \gamma_i} [\phi q_i - l_i(x, \gamma_{-i})] l_i(x, \gamma_{-i}) f(\gamma_i) dx d\gamma_i = \{(F(\gamma_i) \int\limits_{a_i}^{\gamma_i} [\phi q_i - l_i(x, \gamma_{-i})] l_i(x, \gamma_{-i}) dx\}_{a_i}^{b_i}$$

$$- \int\limits_{a_i}^{b_i} F(\gamma_i) [\phi q_i - l_i(\gamma_i)] l_i(\gamma_i) d\gamma_i = \int \frac{[1 - F(\gamma_i)]}{f(\gamma_i)} [\phi q_i - l_i(\gamma_i)] l_i(\gamma_i) f(\gamma_i) d\gamma_i$$

结合式（5-10）及分部积分结果可得：

$$E_{\Theta_{-i}} \{ (p_1)_i l_i(\gamma_i) \} = E_{\Theta_{-i}} \left\{ \left[\gamma_i - \frac{1 - F(\gamma_i)}{f(\gamma_i)} \right] [\phi q_i - l_i(\gamma_i)] l_i(\gamma_i) \right\}$$

$$(5-11)$$

考虑最优拍卖机制中常用的正则条件，令 $\left[\gamma_i - \frac{1 - F(\gamma_i)}{f(\gamma_i)} \right] [\phi q_i -$

$l_i(\gamma_i)] l_i(\gamma_i)$，是关于 γ_i 的递增函数。$\frac{f(\gamma_i)}{1 - F(\gamma_i)}$ 是关于 γ_i 的递增函数，单调性约束条件满足，因此，该条件表明减排成本系数越大的排污企业购买排污权的总成本越大。

模型分为两个阶段。第二阶段，排污企业在给定的交易机制下，选择最优产量最大化利润：

$$\max \pi_i = pq_i - cq_i^2 - \frac{\gamma_i w_i^2}{2} - (p_1)_i(\phi q_i - w_i) \qquad (5-12)$$

由一阶条件可得：

$$q_i^* = \frac{p - (p_1)_i \phi}{2c} \qquad (5-13)$$

同理可得，$q_R^* = \frac{p - (p_1)_R \phi}{2c}$。

第一阶段，政府的目标是，选择最优的 $\{p_1(\gamma_i), p_R(\gamma_i), l_i(\gamma_i),$ $l_R(\gamma_i)\}$，使得社会福利水平最大化。结合式（5-11）、式（5-13）及 $q_R^* = \frac{p - (p_1)_R \phi}{2c}$ 可得，第一阶段，政府最优化问题为：

$$\max W = E_{\Theta} \left\{ \sum_{i=1}^{n} q_i + q_R - \left(\frac{1}{2} + c \right) \sum_{i=1}^{n} q_i^2 - \left(\frac{1}{2} + c \right) q_R^2 - \sum_{i=1}^{n} \frac{\gamma_i}{2} \left[\frac{(p_1)_i(\gamma_i)}{\gamma_i - \frac{1 - F(\gamma_i)}{f(\gamma_i)}} \right]^2 \right.$$

$$-\frac{\bar{\gamma}}{2}(w_R)2 - dk\left\{\sum_{i=1}^{n}\left[\frac{p\phi - (p_1)_i(\gamma_i)\phi^2}{2c} - \frac{(p_1)_i(\gamma_i)}{\gamma_i - \frac{1-F(\gamma_i)}{f(\gamma_i)}}\right] + \frac{p\phi - (p_1)_R\phi^2}{2c} - w_R\right\}\right\}$$

$$(5-14)$$

$$\text{s. t.} \qquad U_R \geqslant 0, \ \sum_{i=1}^{n}l_i + l_R = L$$

求解政府最优化问题可得以下命题。

命题 5 - 3 排污权一级交易市场最优拍卖机制如下:

定价机制,当 $p_1(\gamma_i) = (p_1)_R$ 时,最优排污权拍卖机制可由统一价格拍卖机制实现;当 $p_1(\gamma_i) \neq (p_1)_R$ 时,最优排污权拍卖机制可由不完全歧视价格拍卖机制实现;当 $(p_1)_i(\gamma_i) \neq (p_1)_j(\gamma_j) \neq (p_1)_R$ 时,最优排污权拍卖机制,可由完全歧视价格拍卖机制实现。

分配机制,现有排污企业初始排污权最优分配量为 $l_i^*(\gamma_i) = \dfrac{p\phi - p_1^*\phi^2}{2c} -$

$\dfrac{p_1^*}{\gamma_i - \dfrac{1-F(\gamma_i)}{f(\gamma_i)}}$;新进入排污企业最优分配量为 $l_R^* = L - \sum_{i=1}^{n}l_i^*$。

证明过程,见附录3。

5.1.3　结果分析

5.1.3.1　最优拍卖机制

命题 5-3 给出了政府与排污企业之间、排污企业之间信息非对称时的排污权一级交易市场最优拍卖机制,在排污权一级交易市场上,排污权拍卖的主要目标,是保证分配结果公平。在歧视价格拍卖中,实力较强的排污企业可以出高价获得更多排污权,造成市场垄断。而在统一价格拍卖中,不同减排成本的排污企业支付相同价格水平,弱势竞买人有机会在统一定价中赢得拍卖品,从而提高排污企业的竞买积极性。因此,统一价格拍卖更适合初始排污权分配。在统一价格拍卖下,大于出清价格的排污企业获得排污权,排污企业获得的排污权数量为 $l_i^*(\gamma_i) = \phi q_i^* -$

$\dfrac{p_1^*}{\gamma_i - \dfrac{1 - F(\gamma_i)}{f(\gamma_i)}}$。本书所设计的统一价格拍卖和既有文献中的统一价格拍

卖，存在一定差异。既有文献，如威尔逊·R.认为，统一价格拍卖中会出现低价均衡问题，即买者可以通过"需求隐蔽"策略在一个较低的价格上成交拍卖品。[①] 本书设计的统一价格拍卖机制中，竞标排污企业是根据真实边际减排成本进行报价的，报价高的人最终获得排污权，拍卖的结果相较于既有文献的结果更有效。原因在于，本书考虑了减排成本等多类因素，当排污企业谎报减排成本类型，降低统一成交价格时，会对减排量造成两方面影响，一方面，直接降低减排量，这是正面效应；另一方面，减排成本系数降低提高了减排量，这是负面效应。当负面效应大于正面效应时，排污企业谎报减排成本类型带来的收益可能会被减排量提高带来的减排成本所抵消。

命题 5 - 4　随着政府可拍卖排污权数量下降，排污权一级交易市场分配价格不断上升，排污企业分配量不断下降；随着平均减排成本系数增大，排污权一级交易市场分配价格不断上升，现有排污企业分配量下降，新进入排污企业分配量不断上升。

证明：令 $F(\gamma_i) = \dfrac{1}{2}\gamma_i$，最优的统一价格为 $p_1^*(\gamma_i) =$

$\dfrac{\dfrac{\phi p(n+1)}{2c} - L}{\displaystyle\sum_{i=1}^{n} \dfrac{1}{2\gamma_i - 2} + \dfrac{1}{\overline{\gamma}} + \dfrac{(n+1)\phi^2}{2c}}$，现有排污企业及新进入排污企业的分配

量分别为 $l_i^*(\gamma_i) = \dfrac{\phi(p - p_1^*\phi)}{2c} - \dfrac{p_1^*}{2\gamma_i - 2}$、$l_R^* = \dfrac{\phi(p - p_1^*\phi)}{2c} - \dfrac{p_1^*}{\overline{\gamma}}$。对

$p_1^*(\gamma_i)$、$l_i^*(\gamma_i)$求偏导：

$$\dfrac{\partial p_1^*(\gamma_i)}{\partial L} = \dfrac{-1}{\displaystyle\sum_{i=1}^{n} \dfrac{1}{2\gamma_i - 2} + \dfrac{1}{\overline{\gamma}} + \dfrac{(n+1)\phi^2}{2c}} < 0,$$

① Wilson R. Auctions of share [J]. The Quarterly Journal of Economics，1979，93（4）：675 - 689.

$$\frac{\partial p_1^*(\gamma_i)}{\partial \bar{\gamma}} = \frac{\left[\frac{\phi p(n+1)}{2c} - L\right]\frac{1}{\bar{\gamma}^2}}{\left[\sum_{i=1}^{n} \frac{1}{2\gamma_i - 2} + \frac{1}{\bar{\gamma}} + \frac{(n+1)\phi^2}{2c}\right]^2} > 0$$

$$\frac{\partial l_i^*(\gamma_i)}{\partial L} = \frac{\left(\frac{\phi^2}{2c} + \frac{1}{2\gamma_i - 2}\right)}{\sum_{i=1}^{n} \frac{1}{2\gamma_i - 2} + \frac{1}{\bar{\gamma}} + \frac{(n+1)\phi^2}{2c}} > 0,$$

$$\frac{\partial l_i^*(\gamma_i)}{\partial \bar{\gamma}} = \frac{-\left(\frac{\phi^2}{2c} + \frac{1}{2\gamma_i - 2}\right)\left[\frac{\phi p(n+1)}{2c} - L\right]\frac{1}{\bar{\gamma}^2}}{\left[\sum_{i=1}^{n} \frac{1}{2\gamma_i - 2} + \frac{1}{\bar{\gamma}} + \frac{(n+1)\phi^2}{2c}\right]^2} < 0$$

$$\frac{\partial l_R^*(\gamma_i)}{\partial L} = \frac{\frac{\phi^2}{2c} + \frac{1}{\bar{\gamma}}}{\sum_{i=1}^{n} \frac{1}{2\gamma_i - 2} + \frac{1}{\bar{\gamma}} + \frac{(n+1)\phi^2}{2c}} > 0$$

命题 5 - 4 给出了污染物总量控制目标及平均减排成本系数对最优定价机制和最优分配机制的影响。政府可拍卖排污权数量下降，表示排污权资源稀缺，排污权一级交易市场分配价格必然上升。政府可拍卖排污权数量下降，将导致可分配的排污权数量下降，因此，无论是现有排污企业还是新进入排污企业获得的排污权数量都将下降。平均减排成本系数较大，意味着排污企业整体减排能力较弱，排污权的需求较大，因此，价格水平较高。此外，平均减排成本系数较大时，现有排污企业获得的排污权减少，将有利于新进入排污企业获得更多排污权。参照第 3 章，我们进一步分析排污权一级交易市场分配机制的有效性。设基准参数为 $\phi = 1$，$p = 2$，$c = \frac{1}{2}$，$d = 2$，$k = \frac{1}{2}$，$n = 2$，$\gamma_j = 1.1$，$L = 2$，令 $F(\gamma_i) = \frac{1}{2}\gamma_i$，$[a_i, b_i] = [1, 2]$，统一价格下减排成本系数对初始排污权分配量的影响，如图 5 - 1 所示。

由图 5 - 1 可得以下命题。

命题 5 - 5　在最优的初始排污权拍卖机制中，减排成本系数越大的竞标企业能够得到的初始排污权分配量越多；减排成本系数越小的竞标企业，能够得到的初始排污权分配量越少。

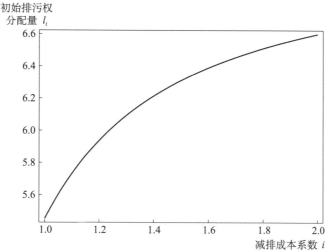

图 5 - 1 统一价格下减排成本系数对初始排污权分配量的影响

资料来源：笔者根据本节数据，利用 Mathematica 13.0 软件整理绘制而得。

在排污权初始分配拍卖中，减排成本系数越大的企业，减排能力越弱，对排污权的需求越大，获得的排污权分配数量越大；减排成本系数越小的企业，边际减排成本越低，对排污权的需求越小，获得的排污权分配数量越小。上述结论表明，在统一价格拍卖机制下，排污权市场具有公平和效率两个特征，既能够很好地在不同类型企业中进行分配，又能够取得社会福利最大化。

（2）算例分析

下面，通过一个算例说明统一价格拍卖机制在排污权一级交易市场中的应用。假设排污权一级交易市场中有 7 个买方，减排成本系数为 $\gamma_1 = \gamma_2 = \gamma_3 = 1.5, \gamma_4 = 1.75, \gamma_5 = \gamma_6 = \gamma_7 = 2$，买方 4 为新进入排污企业。令基准参数为 $\phi = \dfrac{1}{2}, p = 12, c = \dfrac{1}{2}, F(\gamma_i) = \dfrac{1}{2}\gamma_i, L = 4$，根据最优分配机制，通过计算可得：

$$l_1 = l_2 = l_3 = 6 - \frac{5}{4}p_1, \ l_4 = 6 - \frac{p_1}{1.75} - \frac{p_1}{4}, \ l_5 = l_6 = l_7 = 6 - \frac{3p_1}{4}。$$

排污权交易买方的报价信息和数据信息，见表 5 - 1。

表 5 – 1   排污权交易买方的报价信息和数量信息

买方编号	报价	数量
1	4	1
2	3	2
3	2	3
4	6	1
5	7	1
6	5	2
7	3	3

资料来源：笔者根据本书数据计算整理而得。

将所有买方上报的价格按照由高到低的顺序排列，排序后的买方报价信息和数量信息，见表 5 – 2。

表 5 – 2   排序后的买方报价信息和数量信息

买方编号	报价	数量
5	7	1
4	6	1
6	5	2
1	4	1
7	3	3
2	3	2
3	2	3

资料来源：笔者根据本书数据计算整理而得。

根据表 5 – 2，绘制图 5 – 2。排污权一级交易市场统一分配价格拍卖机制，见图 5 – 2。由图 5 – 2 可知，统一的市场出清价格为 5，报价大于等于该价格的排污企业获胜，买方 4 获得 1 个单位排污权，买方 6 获得 2 个单位排污权，买方 5 获得 1 个单位排污权。根据定价机制，在统一价格拍卖下，买方 6 的支付都为 10，买方 4 和买方 5 的支付为 5。买方 4、买方 5 和买方 6 获得的收益为 0。作为新进入排污企业的买方 4 获得全部需求的 1 个单位排污权，可以说明统一价格拍卖能够有效地对新进入排污企业进行初始分配。

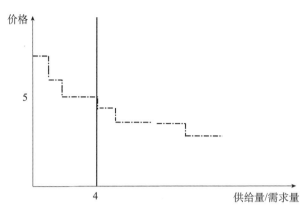

图5-2 排污权一级交易市场统一分配价格拍卖机制

资料来源：笔者绘制。

5.2 排污权二级交易市场单边拍卖机制设计

5.1节介绍了排污权一级交易市场的拍卖机制设计模型，本节在前文基础上进一步构建排污权二级交易市场单边拍卖机制设计模型。单边拍卖是指，一个卖方和多个买方的交易情形，在实际交易中，现场竞价通常采用这种形式。与前文不同的是，我们将环境创新技术进一步细分为末端治理减排技术和清洁工艺减排技术。末端治理减排技术是指，在排污后进行污染治理。瑞卡特·T.（Requate T.）考虑了两种类型的环境技术创新，讨论了排污税及排污许可的创新激励效果。结果表明，不同市场环境下环境政策的效果不同。[①] 弗隆德尔·M. 等（Frondel M. et al.）通过经验研究分析了经济合作与发展组织（OECD）国家对清洁工艺技术和末端治理减排技术的选择，结果表明，更多的国家倾向于选择清洁工艺减排技术。[②] 安杰拉·T. 等（Angela T. et al.）通过对27个OECD国家

① Requate T. Dynamic incentives by environmental policy instruments-a survey [J]. Ecological E-conomics, 2005, 54: 175-195.

② Frondel M., Horbach J., Rennings K. End-of-Pipe or cleaner production? An empirical comparison of environmental innovation decisions [J]. Business Strategy and the Environment, 2007, 16: 571-584.

中小企业的经验研究发现，采用哪种治污技术取决于供给、需求及环境管制等多方面因素。[①] 安杰拉·T. 等通过经验研究进一步分析了小型企业和中型企业治污技术采用决策的差异，结果表明，补贴对小型企业采用清洁工艺减排技术的决策起到关键作用，而环境管制对中型企业采用清洁工艺减排技术的决策作用较为关键。[②] 克蕾曼丝·C. 等（Clémence C. et al.）研究了清洁工艺技术和末端治理技术对排污权初始分配的影响，结果表明，采用清洁工艺排污企业的初始排污权分配应该采用无偿形式。[③] 国内学者周华等将环境技术创新严格区分为清洁工艺减排技术和末端治理减排技术，对排污标准、排污税、排污许可证和排污补贴四种主要环境政策工具的创新激励效果进行研究，结果表明，企业可以在不同的环境激励政策工具下，灵活选择清洁工艺技术或者末端治理减排技术两种技术创新方式。[④]

然而，上述研究并未考虑非对称减排成本信息。本节将考虑非对称减排成本信息，进一步将环境技术细分为清洁工艺减排技术和末端治理减排技术，分析不同减排技术类型下排污权二级交易市场单边排污权拍卖机制设计的差异。

5.2.1　基本假设

（1）经济环境

①参与人。假设一场拍卖中存在 n 个具有私人信息的买方排污企业和 1 个卖方排污企业，参与拍卖的卖方必须完成政府规定的减排任务。

②待拍卖物品。卖方排污企业将 L_0 单位的排污权委托给排污权交易

① Angela T. , Lourdes Moreno M. , María A. Davia. Drivers of different types of eco-innovation in European SMEs ［J］. Ecological Economics, 2013, 92: 25 – 33.

② Angela T. , Moreno M. , María A. Eco-innovation by small and medium-sized firms in Europe: From end-of-pipe to cleaner technologies ［J］. Innovation: Management, Policy & Practice, 2015, 17 (1): 24 – 40.

③ Clémence C. , Jean-Philippe Nicolai, Jerome Pouyet. The role of abatement technologies for allocating free allowances ［J］. DICE discuss paper NO. 34, 2011, 1 – 32.

④ 周华，郑雪姣，崔秋勇. 基于中小企业技术创新激励的环境工具设计 ［J］. 科研管理，2012, 33 (5): 8 – 18.

中心进行现场拍卖。

③参与人的经济特征。排污企业的经济特征包括三方面。

一是企业的生产行为、排污行为及减排行为。假设 q_i 为排污企业 i 的产品产量，$\sum_{i=1}^{n} q_i = Q$。排污企业 i 的生产成本为 cq_i^2，$c(c>0)$ 为外生的生产成本系数。排污企业 i 在生产过程中产生污染物排放，令 $e_i^b = \phi q_i$，表示所产生的污染物排放总量，$\phi(\phi>0)$ 为单位产出的污染排放量。排污企业可以通过减排降低污染排放，设排污企业 i 的减排成本为 $\frac{\gamma_i}{2} w_i^2$，其中，$\gamma_i(\gamma_i \geqslant 0)$ 为减排成本系数，w_i 为排污企业 i 的减排量。

二是排污企业的禀赋。排污企业 i 通过排污权一级交易市场分配到的排污权数量为给定的 $\bar{l}_i$。

三是排污结果。本节在信息非对称条件下，将环境技术进一步细分为末端治理减排技术和清洁工艺减排技术。设末端治理减排技术下排污企业 i 真实的排污水平为 $e_i^a = \phi q_i - w_i$；参照克蕾曼丝·C. 等①的研究，设清洁工艺减排技术下排污企业 i 真实的排污水平为 $e_i^a = (\phi - w_i) q_i$。

④信息结构。排污企业依据边际减排成本 $\gamma_i w_i(\gamma_i)$ 对单位排污权进行估价。排污企业减排成本系数 $\gamma_i(\gamma_i \geqslant 0)$，为私人信息。政府及其他排污企业不知道该排污企业的减排成本信息，只知道 γ_i 在 $[a_i, b_i]$ 区间服从独立同分布。分布函数和密度函数分别为 $F(\gamma_i)$、$f(\gamma_i)$。令 $f(\gamma) = \prod_{i=1}^{n} f(\gamma_i)$，$\frac{f(\gamma_i)}{1-F(\gamma_i)}$ 是关于 γ_i 的递增函数。

（2）机制

①信息空间。在直接显示的排污权交易机制下，排污企业报告的私人减排成本信息集合构成了信息空间。信息空间可表示为：$\Theta = \Theta_1 \times ... \times \Theta_n = [a_1, b_1] \times ... \times [a_n, b_n]$。

②结果函数。排污权二级交易市场单边拍卖结果函数，包括市场交

---

① Clémence Christin，Jean-Philippe Nicolai，Jerome Pouyet. The role of abatement technologies for allocating free allowances［J］. DICE Discuss Paper，2011，34：1 – 32.

易价格集合、市场交易量集合：

$$p_2 = [(p_2)_1, \ldots, (p_2)_n] : \Theta \rightarrow R^n, \quad T = (t_1, \ldots, t_n) : \Theta \rightarrow R^n$$

结合信息空间和结果函数，排污权二级交易市场单边拍卖机制可以被定义为：$\{p_2(\gamma_i), T(\gamma_i)\}$。

（3）排污企业目标

排污企业 i 的目标是，在给定拍卖机制下，选择最优产量最大化利润，排污企业 i 的利润函数可表示为：

$$\pi_i = pq_i - cq_i^2 - \frac{\gamma_i}{2}w_i^2 - p_1(\gamma_i)\bar{l}_i - (p_2)_i(\gamma_i)t_i \qquad (5-15)$$

（4）环境质量目标

为保证环境质量目标的实现，排污权二级交易市场必须出清，参与竞标的排污企业交易量满足 $\sum_{i=1}^{n} t_i(\gamma_i) = L_0$，该条件暗含的假定，是排污权可以一次出售完。

（5）社会福利目标

社会福利目标，是选择最优排污权交易机制 $\{p_2(\gamma_i), T(\gamma_i)\}$，使得社会福利水平最大化。社会福利函数可表示为：

$$W = E_\Theta\{(Q - \frac{1}{2}\sum_{i=1}^{n}q_i^2) + \sum_{i=1}^{n}[-cq_i^2 - \frac{\gamma_i}{2}(w_i)^2 - p_1(\gamma_i)\bar{l}_i - (p_2)_i(\gamma_i)t_i]$$

$$- kd\sum_{i=1}^{n}e_i^a + p_1(\gamma_i)\sum_{i=1}^{n}\bar{l}_i\} \qquad (5-16)$$

（6）可行机制

最优拍卖机制设计，需要满足贝叶斯激励相容约束条件和参与约束条件。令其他排污企业按真实减排成本系数 $\gamma_j(i \neq j)$ 进行报价，排污企业 i 按真实减排成本 γ_i 报价时的期望收益函数为：

$$U_i[(p_2)_i, t_i, \gamma_i] = E_{\Theta_{-i}}\{\gamma_i w_i(\gamma_i)t_i(\gamma_i) - (p_2)_i(\gamma_i)t_i(\gamma_i)\}$$

$$(5-17)$$

令其他排污企业按真实减排成本系数 $\gamma_j(i \neq j)$ 进行报价，排污企业 i 谎报自己的减排成本类型时的期望收益函数为：

$$U_i[(p_2)_i, t_i, \gamma_i, \gamma_i'] = E_{\Theta_{-i}}[\gamma_i w_i(\gamma_i', \gamma_{-i}) t_i(\gamma_i', \gamma_{-i})$$
$$- (p_2)_i(\gamma_i', \gamma_{-i}) t_i(\gamma_i', \gamma_{-i})] \qquad (5-18)$$

结合式（5-17）、式（5-18），排污企业的贝叶斯激励相容约束条件可以表示为：$U_i[(p_2)_i, t_i, \gamma_i] \geq U_i[(p_2)_i, t_i, \gamma_i, \gamma_i']$，即保证当其他竞标排污企业都真实报告自己的减排成本类型时，排污企业 i 说真话比说假话所获得的期望收益大；参与约束条件为 $U_i[(p_2)_i, t_i, \gamma_i] \geq 0$，即保证排污企业参与投标并能获得非负的期望收益。

5.2.2 排污权二级交易市场最优单边拍卖机制

5.2.2.1 末端治理减排技术下的机制设计

参照命题 5-1，在末端治理减排技术下，排污企业需要满足的激励相容条件及参与约束条件可转换为：

$$U_i[(p_2)_i, t_i, \gamma_i] = U_i[(p_2)_i, t_i, a_i] + E_{\Theta_{-i}} \int_{a_i}^{\gamma_i} [\phi q_i - \bar{l}_i - t_i(x)] t_i(x) dx$$

$$(5-19)$$

$$[\phi q_i - \bar{l}_i - t_i(\gamma_i)] t_i(\gamma_i) \geq [\phi q_i - \bar{l}_i - t_i(\gamma_i', \gamma_{-i})] t_i(\gamma_i', \gamma_{-i})$$

$$(5-20)$$

$$U_i[(p_2)_i, l_i, a_i] = 0 \qquad (5-21)$$

将式（5-19）、式（5-21）分别代入式（5-18）中可得：

$$U_i[(p_2)_i t_i(\gamma_i)] = E_{\Theta_{-i}}\{\gamma_i[\phi q_i - \bar{l}_i - t_i(\gamma_i)]\}$$

$$- E_{\Theta_{-i}} \int_{a_i}^{\gamma_i} [\phi q_i - \bar{l}_i - t_i(x, \gamma_{-i})] t_i(x, \gamma_{-i}) dx \qquad (5-22)$$

分部积分可知：

$$\int_{a_i}^{b_i} \int_{a_i}^{\gamma_i} [\phi q_i - \bar{l}_i - t_i(x, \gamma_{-i})] t_i(x, \gamma_{-i}) f(\gamma_i) dx d\gamma_i$$

$$= \int_{a_i}^{b_i} \frac{[1 - F(x)]}{f(\gamma_i)} [\phi q_i - \bar{l}_i - t_i(x, \gamma_{-i})] t_i(x, \gamma_{-i}) f(\gamma_i) d\gamma_i$$

结合式（5-22）及分部积分结果可得：

$$E_{\Theta_{-i}}[(p_2)_i t_i(\gamma_i)] = E_{\Theta_{-i}}\left\{\left(\gamma_i - \frac{1-F(\gamma_i)}{f(\gamma_i)}\right)[\phi q_i - \bar{l}_i - t_i(\gamma_i)]t_i(\gamma_i)\right\}$$

$$(5-23)$$

在排污权的同级交易市场，考虑一个类似的正则条件，$\left[\gamma_i - \frac{1-F(\gamma_i)}{f(\gamma_i)}\right]$ $[\phi q_i - \bar{l}_i - t_i(\gamma_i)]t_i(\gamma_i)$ 是关于 γ_i 的递增函数。$\frac{f(\gamma_i)}{1-F(\gamma_i)}$ 是关于 γ_i 的递增函数。因此，单调性约束条件满足。

第二阶段，末端治理减排技术企业在给定的交易机制下，选择自身产量最大化时的利润：

$$\max\pi_i = pq_i - cq_i^2 - \frac{\gamma_i w_i^2}{2} + [(p_2)_i - p_1]\bar{l}_i - (p_2)_i(\phi q_i - w_i)$$

$$(5-24)$$

由一阶条件可得：

$$q_i^* = \frac{p - (p_2)_i\phi}{2c} \qquad (5-25)$$

第一阶段，政府选择最优排污权交易机制 $\{p_2(\gamma_i), T(\gamma_i)\}$，使得社会福利水平最大化。结合式（5-23）、式（5-25），最优化问题为：

$$\max W = E_{\Theta}\left\{\sum_{i=1}^{n} \frac{p - p_2(\gamma_i)\phi}{2c} - \left(\frac{1}{2} + c\right)\sum_{i=1}^{n}\left[\frac{p - p_2(\gamma_i)\phi}{2c}\right]^2 - \sum_{i=1}^{n}\frac{\gamma_i}{2}\left[\frac{p_2(\gamma_i)}{\left(\gamma_i - \frac{1-F(\gamma_i)}{f(\gamma_i)}\right)}\right]^2\right.$$

$$\left. - \sum_{i=1}^{n}p_2(\gamma_i)\left[\phi q_i - \frac{p_2(\gamma_i)}{\left(\gamma_i - \frac{1-F(\gamma_i)}{f(\gamma_i)}\right)} - \bar{l}_i\right] - dk\sum_{i=1}^{n}\left[\phi q_i - \frac{p_2(\gamma_i)}{\left(\gamma_i - \frac{1-F(\gamma_i)}{f(\gamma_i)}\right)}\right]\right\}$$

$$(5-26)$$

$$\text{s.t.} \quad \sum_{i=1}^{n} t_i(\gamma_i) = L_0$$

命题5-6 当排污企业采用末端治理减排技术时，排污权二级交易市场最优拍卖机制如下：

定价机制：当 $(p_2)_i(\gamma_i) = (p_2)_j(\gamma_j)$ 时，最优排污权拍卖机制可由统一价格拍卖实现；当 $(p_2)_i(\gamma_i) \neq (p_2)_j(\gamma_j)$ 时，最优排污权拍卖机制可由

歧视价格拍卖实现。

分配机制：排污权最优分配量为：$t_i^*(\gamma_i) = \dfrac{p\phi - p_2^*\phi^2}{2c} - \dfrac{p_2^*}{\gamma_i - \dfrac{1 - F(\gamma_i)}{f(\gamma_i)}}$

$- \bar{l}_i$。

证明过程，见附录3。

5.2.2.2 清洁工艺减排技术下的机制设计

参照命题 5-1，在清洁工艺减排技术下，排污企业需要满足的贝叶斯激励相容条件及参与约束条件变为：

$$U_i[(p_2)_i, t_i, \gamma_i] = U_i[(p_2)_i, t_i, a_i] + E_{\Theta_{-i}} \int_{a_i}^{\gamma_i} \left[\phi - \frac{\bar{l}_i + t_i(x)}{q_i} \right] t_i(x) dx$$

$$(5-27)$$

$$\left[\phi - \frac{\bar{l}_i + t_i(\gamma_i)}{q_i} \right] t_i(\gamma_i) \geqslant \left[\phi - \frac{\bar{l}_i + t_i(\gamma_i', \gamma_{-i})}{q_i} \right] t_i(\gamma_i', \gamma_{-i})$$

$$(5-28)$$

$$U_i[(p_2)_i, \bar{l}_i, a_i] = 0 \qquad (5-29)$$

将式（5-27）、式（5-29）分别代入收益函数中，并通过分部积分可得：

$$E_{\Theta_{-i}}[p_2(\gamma_i)t_i(\gamma_i)] = E_{\Theta_{-i}}\left\{ \left[\gamma_i - \frac{1 - F(\gamma_i)}{f(\gamma_i)} \right] \left[\phi - \frac{\bar{l}_i + t_i(\gamma_i)}{q_i} \right] t_i(\gamma_i) \right\}$$

$$(5-30)$$

同样，令 $\left[\gamma_i - \dfrac{1 - F(\gamma_i)}{f(\gamma_i)} \right] \left[\phi - \dfrac{\bar{l}_i + t_i(\gamma_i)}{q_i} \right] t_i(\gamma_i)$ 是关于 γ_i 的递增函数。$\dfrac{f(\gamma_i)}{1 - F(\gamma_i)}$ 是关于 γ_i 的递增函数，因此，单调性约束条件满足。

第二阶段，排污企业在给定的拍卖机制下，选择产量最大化利润为：

$$\max \pi_i = pq_i - cq_i^2 - \frac{\gamma_i w_i^2}{2} - (p_2)_i[(\phi - w_i)q_i - \bar{l}_i] - p_1\bar{l}_i \quad (5-31)$$

由一阶条件可得：

$$q_i^* = \frac{p - (p_2)_i(\phi - w_i)}{2c} \qquad (5-32)$$

与末端治理减排技术不同，由式（5-32）可以看出，在清洁工艺减排技术下排污企业产量受减排投资影响，减排投资量越大，产量将越大。

在清洁工艺减排技术下，第一阶段政府最优化问题变为：

$$\max W = E_\Theta \left\{ \sum_{i=1}^n \frac{p - (p_2)_i(\gamma_i)\left[\phi - \dfrac{(p_2)_i(\gamma_i)}{\gamma_i - \dfrac{1-F(\gamma_i)}{f(\gamma_i)}}\right]}{2c} \right.$$

$$- \frac{1}{2}\sum_{i=1}^n \left\{\frac{p - (p_2)_i(\gamma_i)\left[\phi - \dfrac{(p_2)_i(\gamma_i)}{\left(\gamma_i - \dfrac{1-F(\gamma_i)}{f(\gamma_i)}\right)}\right]}{2c}\right\}^2$$

$$- \sum_{i=1}^n \frac{\gamma_i}{2}\left[\frac{(p_2)_i(\gamma_i)}{\left(\gamma_i - \dfrac{1-F(\gamma_i)}{f(\gamma_i)}\right)}\right]^2 - \sum_{i=1}^n p_2(\gamma_i)$$

$$\left\{\frac{p\left[\phi - \dfrac{(p_2)_i(\gamma_i)}{\gamma_i - \dfrac{1-F(\gamma_i)}{f(\gamma_i)}}\right] - (p_2)_i(\gamma_i)\left[\phi - \dfrac{(p_2)_i(\gamma_i)}{\gamma_i - \dfrac{1-F(\gamma_i)}{f(\gamma_i)}}\right]^2}{2c} - \bar{l}_i\right\}$$

$$\left. - dk\sum_{i=1}^n \frac{p\left[\phi - \dfrac{(p_2)_i(\gamma_i)}{\gamma_i - \dfrac{1-F(\gamma_i)}{f(\gamma_i)}}\right] - (p_2)_i(\gamma_i)\left[\phi - \dfrac{(p_2)_i(\gamma_i)}{\gamma_i - \dfrac{1-F(\gamma_i)}{f(\gamma_i)}}\right]^2}{2c}\right\}$$

$$\qquad (5-33)$$

$$\text{s. t.} \quad \sum_{i=1}^n t_i(\gamma_i) = L_0$$

命题 5-7　当排污企业采用清洁工艺减排技术时，排污权二级交易市场最优拍卖机制如下：

定价机制：当 $(p_2)_i(\gamma_i) = (p_2)_j(\gamma_j)$ 时，最优排污权拍卖机制可由统一价格拍卖实现；当 $(p_2)_i(\gamma_i) \neq (p_2)_j(\gamma_j)$ 时，最优排污权拍卖机制可由

歧视价格拍卖实现。

分配机制：排污权最优分配量为：

$$t_i^*(\gamma_i) = \frac{p\left[\phi - \dfrac{(p_2)^*_i(\gamma_i)}{\gamma_i - \dfrac{1-F(\gamma_i)}{f(\gamma_i)}}\right] - (p_2)^*_i(\gamma_i)\left[\phi - \dfrac{(p_2)_i(\gamma_i)}{\gamma_i - \dfrac{1-F(\gamma_i)}{f(\gamma_i)}}\right]^2}{2c} - \bar{l}_i$$

证明过程，见附录3。

5.2.3　结果分析

虽然统一价格拍卖及歧视价格拍卖都能够实现最优拍卖机制，但在实际使用中二者存在一定差异。政府基于福利最大化视角构建的排污权交易机制，并不一定能够保证卖方企业收益最大，从而导致卖方企业能够提供的排污权减少，市场活跃程度下降。因此，政府在选择最优排污权二级交易市场拍卖机制时，不仅要考虑社会福利最大化，还应保证卖方收益最大化。在歧视价格拍卖与统一价格拍卖下排污权卖方企业收益表达式存在非线性，因此，利用数值模拟方法分析歧视价格拍卖与统一价格拍卖下排污权卖方企业收益。

5.2.3.1　末端治理减排技术下的最优拍卖机制

根据附录3中命题5-6的求解结果，设基准参数为：$\phi = 2, p = 2, c = \frac{1}{2}, d = 2, k = \frac{1}{2}, n = 5, \gamma_1 = 1, \gamma_2 = 1.1, \gamma_3 = 1.2, \gamma_4 = 1.3, \gamma_5 = 1.4$。初始分配量为：$\bar{l}_1(1) = 0.11, \bar{l}_2(1.1) = 0.12, \bar{l}_3(1.2) = 0.13, \bar{l}_4(1.3) = 0.14, \bar{l}_5(1.2) = 0.15, L_0 \in (1,7)$。分布函数为：$F(\gamma_i) = \frac{1}{2}\gamma_i$，末端治理减排技术下统一价格拍卖及歧视价格拍卖中的卖方排污企业收益，见表5-3。

表5-3　末端治理减排技术下统一价格拍卖及歧视价格拍卖中的卖方排污企业收益

L_0	统一价格拍卖	歧视价格拍卖
	$\sum\limits_{i=1}^{n} p_2(\gamma_i)t_i(\gamma_i)$	$\sum\limits_{i=1}^{n}(p_2)_i(\gamma_i)t_i(\gamma_i)$
$L_0 = 1$	0.70	1.57

续表

L_0	统一价格拍卖	歧视价格拍卖
	$\sum_{i=1}^{n} p_2(\gamma_i) t_i(\gamma_i)$	$\sum_{i=1}^{n} (p_2)_i(\gamma_i) t_i(\gamma_i)$
$L_0 = 2$	1.33	1.81
$L_0 = 3$	1.89	2.03
$L_0 = 4$	2.37	2.88
$L_0 = 5$	2.78	3.01
$L_0 = 6$	3.11	3.45
$L_0 = 7$	3.37	3.98

资料来源：笔者根据本书数据计算整理而得。

从表 5-3 中可以看出，歧视价格拍卖下卖方排污企业拍卖收益大于统一价格拍卖下卖方排污企业拍卖收益。因此，政府选择歧视价格拍卖作为排污权二级交易市场交易机制，不仅能够实现社会福利最大化，还能够保证卖方积极地参与排污权交易。相关学者也得出了类似结论。威尔逊·R. 认为，统一价格拍卖中会出现低价均衡问题，即买者可以通过"需求隐蔽"策略在一个较低的价格上成交拍卖品，因此，歧视价格拍卖更有效率。[1] 奥苏贝尔·L. 和巴拉诺夫·O.（Ausubel L. and Baranov O.）发现，一般情况下，统一价格拍卖和歧视价格拍卖难以进行比较，而在对称信息、边际效用递减及线性均衡情况下，歧视价格拍卖更胜一筹。[2] 但是，上述研究基于博弈分析框架进行分析，而本书基于最优机制设计角度比较、分析两类拍卖机制，进一步验证了前人的研究成果。

5.2.3.2　清洁工艺减排技术下的最优拍卖机制

基准参数同末端治理减排技术情形，清洁工艺减排技术下统一价格拍卖及歧视价格拍卖中的卖方排污企业收益，见表 5-4。

---

① Wilson R. Auctions of share [J]. The Quarterly Journal of Economics, 1979, 93 (4): 675 – 689.

② Ausubel L., Baranov O. Market design and the evolution of the combinatorial clock auction [J]. American Economic Review, 2014, 104 (5): 446 – 451.

表5－4　清洁工艺减排技术下统一价格拍卖及歧视价格拍卖中的卖方排污企业收益

L_0	统一价格拍卖 $\sum_{i=1}^{n} p_2(\gamma_i) t_i(\gamma_i)$	歧视价格拍卖 $\sum_{i=1}^{n} (p_2)_i(\gamma_i) t_i(\gamma_i)$
$L_0 = 1$	3.22	2.86
$L_0 = 2$	3.39	3.11
$L_0 = 3$	3.55	3.32
$L_0 = 4$	3.67	3.50
$L_0 = 5$	3.79	3.63
$L_0 = 6$	3.90	3.70
$L_0 = 7$	4.01	3.75

资料来源：笔者根据本书数据计算整理而得。

从表5－4中可以看出，歧视价格拍卖下卖方排污企业的拍卖收益小于统一价格拍卖下卖方排污企业的拍卖收益。上述结论表明，在清洁工艺减排技术下，政府选择统一价格拍卖机制，能够同时使得社会福利和卖方企业收益最大化。这与末端治理减排技术下的结果存在差异。在末端治理减排技术下，减排技术对产出水平没有影响，排污企业需要承担相应减排支出。而在清洁工艺减排技术下，排污企业产量受减排投资影响，减排量越大产量越大，通过产出收益可以抵消部分减排投资支出。因此，在清洁工艺减排技术下，企业减排积极性比在末端治理减排技术条件下高，能够产生更多剩余排污权，市场竞争不是十分激烈，在歧视价格拍卖下卖方排污企业拍卖收益小于在统一价格拍卖下卖方排污企业拍卖收益。上述结论给当前中国排污权交易的启示是：现阶段，排污权二级交易市场应选择歧视价格拍卖，调动市场积极性，而随着减排技术不断更新，政府应选择统一价格拍卖。

综合末端治理减排技术和清洁工艺减排技术下的分析，可得以下命题。

命题5－8　为调动卖方企业积极性，当排污企业使用末端治理减排技术时，排污权二级交易市场单边拍卖应采用歧视价格拍卖机制；当排污企业使用清洁工艺减排技术时，排污权二级交易市场单边拍卖应采用统一价格拍卖机制。

（3）算例分析

在中国排污权二级交易市场现场竞价交易中，当只有一个卖方且存在多个符合条件的意向买方时，需要通过交易中心组织买方进行公开竞价来进行交易。具体的竞价规则为：排污权交易意向买方对排污权卖方提供的排污权进行竞价，在竞价过程中买方进行密封报价，叫价最高的买方获得其需求的所有数量的排污权，获胜者按最高报价支付。上述排污权交易应用的是单物品第一价格拍卖机制。本节将讨论现有单物品拍卖机制和多物品拍卖机制的交易效率差异。本节将拍卖交易效率分为两部分，第一部分是成交双方总收益；第二部分是成交量占总需求数量和总供给数量的比例。成交双方总收益越大、成交量占总需求数量和总供给数量的比例越大，交易效率越高。

假设排污权交易市场中包含 1 个排污权卖方和 8 个排污权买方进行交易。排污权卖方有 4 个单位排污权待出售。8 个买方减排成本系数分别为：$\gamma_1 = \gamma_2 = \gamma_3 = 1.5, \gamma_4 = \gamma_5 = \gamma_6 = 2, \gamma_7 = \gamma_8 = 1.5$，令基准参数为：$\phi = \frac{1}{2}, p = 16, c = \frac{1}{2}, \bar{l}_1 = \bar{l}_2 = \bar{l}_3 = \bar{l}_7 = \bar{l}_8 = 1, \bar{l}_4 = \bar{l}_5 = \bar{l}_6 = 2, F(\gamma_i) = \frac{1}{2}\gamma_i$。以下分为末端治理减排技术和清洁工艺减排技术两种情况进行讨论。

①末端治理减排技术。当排污企业采用末端治理减排技术时，通过计算可得：

$$t_1 = t_2 = t_3 = t_7 = t_8 = 7 - \frac{5p_2}{4}; t_4 = t_5 = t_6 = 6 - \frac{3p_2}{4}$$

根据上述等式计算，第一价格拍卖中买方报价信息和买方需求信息，如表 5 - 5 所示。

表 5 - 5　　　　　第一价格拍卖中买方报价信息与买方需求信息

参与者	买方 1	买方 2	买方 3	买方 4	买方 5	买方 6	买方 7	买方 8
数量	1	2	3	1	2	3	4	2
报价	5	4	3	6	5	3	4	4

资料来源：笔者根据本书数据计算整理而得。

由表 5 - 5 可知，买方最高报价为 6，买方 4 获得全部 1 单位物品，并支付 6 单位成本给卖方排污企业。根据真实估值，买方 4 获得的收益为

0，买卖双方总收益为6。

在多物品拍卖中，将所有买方上报的价格按照由高到低的顺序进行排列，排序后的买方报价信息与买方需求信息，见表5-6。

表5-6 排序后的买方报价信息与买方需求信息

编号	报价信息	需求信息
4	6	1
5	5	2
1	5	1
7	4	2
2	4	2
8	4	2
3	3	3
6	3	3

资料来源：笔者根据本书数据计算整理而得。

根据表5-6，绘制图5-3。多物品歧视价格拍卖机制，见图5-3。由图5-3和表5-6可知，统一的市场出清价格为5，报价大于等于该价格的排污企业获胜，买方4获得全部1个单位排污权，买方5获得全部2个单位排污权，买方1获得1个单位排污权，对卖方排污企业的总支付为21。买方4、买方5的收益为0，买方1的收益为2.5，买卖双方总收益为23.5。对比单物品第一价格拍卖和多物品歧视价格拍卖可以看出，单物品拍卖下的成交价格大于多物品拍卖下的成交价格，多物品拍卖下买卖双方总收益大于单物品第一价格拍卖下买卖双方总收益。此外，多物品拍卖下能够一次性成交的数量大于单物品拍卖，成交量占总需求量和总供给数量的比例更大。总体来看，多物品拍卖机制交易效率更高。

②清洁工艺减排技术。当排污企业采用清洁工艺减排技术，排污权卖方共有10个单位排污权待出售，$\phi = 6$，$p = 10$，其他参数设置和末端减排技术一致，通过计算可得：

$$t_1 = t_2 = t_3 = t_7 = t_8 = (6 - p_2)(10 - 6p_2 + p_2{}^2)$$

$$t_4 = t_5 = t_6 = (6 - \frac{p_2}{2})(10 - 6p_2 + \frac{p_2{}^2}{2})$$

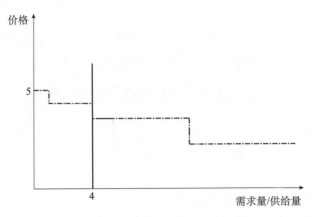

图 5 - 3　多物品歧视价格拍卖机制

资料来源：笔者根据表 5 - 6 中的数据，利用 Mathematica 13.0 软件计算整理绘制而得。

根据上述等式计算得出，第一价格拍卖中买方报价信息与买方需求信息，如表 5 - 7 所示。

表 5 - 7　　　　　　第一价格拍卖中买方报价信息与买方需求信息

参与者	买方1	买方2	买方3	买方4	买方5	买方6	买方7	买方8
数量	9	13	16	7	3	12	9	17
报价	1	0.5	0.25	2	3	1	1	0.2

资料来源：笔者根据本节数据计算整理而得。

由表 5 - 7 可知，买方最高报价为 3，买方 5 获得需要的全部 3 单位物品，并支付 9 单位成本给卖方排污企业。根据真实估值，买方 5 获得的收益为 0，买卖双方总收益为 9。

在多物品拍卖中，将所有买方上报的价格按照由高到低的顺序进行排列，可以得到排序后的买方报价信息与买方需求信息，见表 5 - 8。

表 5 - 8　　　　　　排序后的买方报价信息与买方需求信息

编号	报价信息	需求信息
5	3.00	3
4	2.00	7
1	1.00	9
7	1.00	9

续表

编号	报价信息	需求信息
6	1.00	12
2	0.50	13
3	0.25	16
8	0.20	17

资料来源：笔者根据本节数据计算整理而得。

根据表5-8，绘制图5-4。多物品统一价格拍卖机制，见图5-4。由图可知，统一的市场出清价格为2，报价大于等于该价格的排污企业获胜，买方4获得所需全部7个单位排污权，买方5获得3个单位排污权，支付卖方排污企业价格为20，买方排污企业的收益为0，买卖双方总收益为20。对比单物品第一价格拍卖和多物品歧视价格拍卖可以看出，多物品歧视价格拍卖下买卖双方总收益大于单物品第一价格拍卖下买卖双方总收益。此外，多物品拍卖中能够一次性成交的数量大于单物品第一价格拍卖，成交量占总需求数量和总供给数量的比例更大。上述结论说明，排污权交易中使用多物品拍卖机制更有效率。

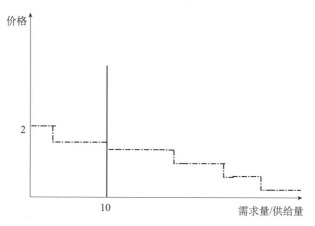

图5-4　多物品统一价格拍卖机制

资料来源：笔者根据表5-8中的数据绘制而得。

结合不同减排技术下的分析结果可知，无论采用哪种减排技术，排污权交易中使用多物品歧视价格拍卖的效率总是高于单物品第一价格拍卖的效率。

5.3 排污权二级交易市场双边拍卖机制设计

传统的拍卖机制从本质上说结构是一样的，都是"一对多"的市场结构。随着网络拍卖兴起，双边拍卖得到了更多关注，它是"多对多"市场结构下常用的一种交易机制。从中国当前的排污权交易发展来看，排污权网上拍卖将成为今后排污权二级交易市场的主要交易模式。此外，排污权协议出让交易模式是双边拍卖的特殊形式，研究双边拍卖对协议出让机制的设计具有重要意义。因此，本节进一步将单边拍卖拓展到双边拍卖，研究双边排污权、双边拍卖机制设计问题。

5.3.1 基本假设

（1）经济环境

①参与方。假设排污权二级交易市场上存在 $m(m \geqslant 1)$ 个排污权卖方和 $n(n \geqslant 1)$ 个排污权买方，共同构成一个排污权双边拍卖市场。

②参与方的经济特征。排污买方企业的经济特征，包括三方面。

一是企业的生产行为、排污行为及减排行为。假设 q_i 为排污企业 i 的产品产量，$\sum_{i=1}^{n} q_i = Q$。排污企业 i 的生产成本为 cq_i^2，$c(c > 0)$ 为外生的生产成本系数。排污企业 i 在生产过程中产生污染物排放，令 $e_i^b = \phi q_i$，表示所产生的污染物排放量，$\phi(\phi > 0)$ 为单位产出的污染物排放量。排污企业可以通过减排降低污染物排放量，设排污企业 i 的减排成本为 $\frac{\gamma_i}{2} w_i^2$，其中，$\gamma_i(\gamma_i \geqslant 0)$ 为减排成本系数，w_i 为排污企业 i 的减排量。

二是排污企业的禀赋。排污企业 i 通过排污权一级交易市场分配到的排污权数量为给定的 $\bar{l}_i$。

三是排污结果。排污结果为减排后排污企业 i 的真实排污水平 $e_i^a = e^{b_i} - w_i$。

卖方排污企业的经济特征同样包括以上三方面内容，卖方排污企业的经济特征用下标 j(j = 1, …, m) 表示。

③信息结构。对于任意一个卖方 j(j = 1, …, m)，减排成本系数 γ_j 是私人信息，其他排污企业及政府只知道该系数的概率分布。所有卖方成本是独立同分布的，即对所有的 j，γ_j 在 $[c_j, d_j]$ 上服从分布函数 $G(\gamma_j)$，概率密度函数为 $g(\gamma_j)$，$\dfrac{G(\gamma_j)}{g(\gamma_j)}$ 是关于 γ_j 的递增函数。对于任意一个买方 i(i = 1, …, n)，减排成本系数 γ_i 是私人信息，其他排污企业及政府只知道该系数的概率分布。所有买方的成本是独立同分布的，即对所有的 i，γ_i 在 $[a_i, b_i]$ 区间都服从分布 $F(\gamma_i)$，概率密度为 $f(\gamma_i)$，$\dfrac{f(\gamma_i)}{1 - F(\gamma_i)}$ 是关于 γ 的递增函数。

（2）机制

①信息空间。在直接显示的排污权交易机制下，排污企业报告的私人减排成本信息集合构成了信息空间。买方的信息空间为 $N = [a_1, b_1] \times \cdots \times [a_n, b_n]$，卖方的信息空间为 $M = [c_1, d_1] \times \cdots \times [c_m, d_m]$。

②结果函数。排污权二级交易市场双边拍卖结果函数，包括市场交易价格、卖方交易量集合及买方交易量集合：

$$p_2 : M \times N \to R, \ T_j^s = (t_1^s, \ldots, t_m^s) : M \to R^m, \ T_i^b = (t_1^b, \ldots, t_n^b) : N \to R^n$$

结合信息空间和结果函数，排污权二级交易市场的双边拍卖机制可以被定义为：

$$\{p_2(\gamma_i, \gamma_j), T_j^s(\gamma_j), T_i^b(\gamma_i)\}$$

（3）排污企业目标

排污企业目标是，在给定的拍卖机制下，选择一个最优产量最大化利润。排污企业 i 和排污企业 j 的利润函数可分别表示为：

$$\pi_i = pq_i - cq_i^2 - \frac{\gamma_i}{2}w_i^2 - p_1\bar{l}_i - p_2t_i, \ \pi_j = pq_j - cq_j^2 - \frac{\gamma_j}{2}\bar{w}_j^2 - p_1\bar{l}_j - p_2t_j$$

$$(5 - 34)$$

（4）环境质量目标

为保证环境质量目标的实现，排污权二级交易市场交易量满足：$\sum\limits_{j=1}^{m} t_j^s +$

$\sum\limits_{i=1}^{n} t_i^b = 0$。

（5）社会福利目标

政府的社会福利目标是，选择一个最优排污权交易机制$\{p_2(\gamma_i,\gamma_j),$ $T_j^s(\gamma_j),T_i^b(\gamma_i)\}$，使得社会福利水平最大化。社会福利函数可表示为：

$$W = E_{M\times N}\left\{\left(\sum_{i=1}^{n}q_i - \frac{1}{2}\sum_{i=1}^{n}q_i^2\right) + \sum_{i=1}^{n}\left[-cq_i^2 - \frac{\gamma_i}{2}(\phi_i q_i - e_i^a)^2 - p_1\bar{l}_i - p_2 t_i\right] - kd\sum_{i=1}^{n}e_i^a\right.$$

$$+ p_1\sum_{i=1}^{n}\bar{l}_i + \left(\sum_{j=1}^{m}q_j - \frac{1}{2}\sum_{j=1}^{m}q_j{}^2\right) + \sum_{j=1}^{m}\left[-cq_j{}^2 - \frac{\gamma_j}{2}(\phi q_j - e_j{}^a)^2 - p_1\bar{l}_j - p_2 t_j\right]$$

$$\left. - kd\sum_{j=1}^{m}e_j{}^a + p_1\sum_{j=1}^{m}\bar{l}_j\right\} \qquad (5-35)$$

（6）可行机制

最优拍卖机制设计需要买卖双方都满足贝叶斯激励相容约束条件和参与约束条件：

$$\max_{\gamma_i'\in N}U_i(p_2,t_i^b,\gamma_i) = E_{M\times N_{-i}}\{\gamma_i w_i(\gamma_i',\gamma_{-i})t_i^b(\gamma_i',\gamma_{-i})$$

$$- p_2(\gamma_i',\gamma_{-i},\gamma_j)t_i^b(\gamma_i',\gamma_{-i})\} \qquad (5-36)$$

$$\max_{\gamma_j'\in M}U_j(p_2,t_j^s,\gamma_j) = E_{M_{-i}\times N}\{p_2(\gamma_j',\gamma_{-j},\gamma_i)t_j^s(\gamma_j',\gamma_{-j})$$

$$- \gamma_j w_j(\gamma_j',\gamma_{-j})t_j^s(\gamma_j',\gamma_{-j})\} \qquad (5-37)$$

$$U_i(p_2,t_i^b,\gamma_i)\geqslant 0, U_j(p_2,t_j^s,\gamma_j)\geqslant 0 \qquad (5-38)$$

此外，还要满足预算约束条件：

$$\sum_{j=1}^{m}p_2(\gamma_i,\gamma_j)t_j^s + \sum_{i=1}^{n}p_2(\gamma_i,\gamma_j)t_i^b = 0 \qquad (5-39)$$

5.3.2 排污权二级交易市场最优双边拍卖机制

参照命题5-1，买方的激励相容约束条件及参与约束条件可以转换为：

$$U_i(p_2, t_i^b, \gamma_i) = U_i(p_2, t_i^b, a_i) + E_{M \times N_{-i}}$$

$$\int_{a_i}^{\gamma_i} [\phi q_i - \bar{l}_i - t_i^b(\gamma_i', \gamma_{-i})] t_i^b(\gamma_i', \gamma_{-i}) dx \qquad (5-40)$$

$$[\phi q_i - \bar{l}_i - t_i^b(\gamma_i)] t_i^b(\gamma_i) \geqslant [\phi q_i - \bar{l}_i - t_i^b(\gamma_i', \gamma_{-i})] t_i^b(\gamma_i', \gamma_{-i}) \tag{5-41}$$

$$U_i(p_2, t_i^b, a_i) = 0 \tag{5-42}$$

将式 (5-40)、式 (5-42) 代入买方收益函数中可得:

$$E_{M \times N_{-i}} \{ p_2(\gamma_i, \gamma_j) t_i^b(\gamma_i) \} = E_{M \times N_{-i}} \{ \gamma_i [\phi q_i - \bar{l}_i - t_i^b(\gamma_i)] \}$$

$$- E_{M \times N_{-i}} \int_{a_i}^{\gamma_i} [\phi q_i - \bar{l}_i - t_i^b(x, \gamma_{-i})] t_i^b(x, \gamma_{-i}) dx \qquad (5-43)$$

对 $E_{M \times N_{-i}} \int_{a_i}^{\gamma_i} (\phi q_i - \bar{l}_i - t_i^b(x, \gamma_{-i})) t_i^b(x, \gamma_{-i}) dx$ 进行分部积分, 并结合

式 (5-43) 有:

$$E_{M \times N_{-i}} \{ (p_2)_i(\gamma_i) t_i^b(\gamma_i) \} = E_{M \times N_{-i}} \left\{ \left[\gamma_i - \frac{1 - F(\gamma_i)}{f(\gamma_i)} \right] [\phi q_i - \bar{l}_i - t_i^b(\gamma_i)] t_i^b(\gamma_i) \right\}$$

$$(5-44)$$

令 $\left(\gamma_i - \dfrac{1 - F(\gamma_i)}{f(\gamma_i)} \right) (\phi q_i - \bar{l}_i - t_i^b(\gamma_i)) t_i^b(\gamma_i)$ 是关于 γ_i 的递增函数,

因为 $\dfrac{f(\gamma_i)}{1 - F(\gamma_i)}$ 是关于 γ_i 的递增函数, 所以, 单调性约束条件能够满足。

卖方的激励相容约束条件及参与约束条件可以转换为:

$$U_j(p_2, t_j^s, \gamma_j) = U_j(p_2, t_j^s, d_j) + E_{M_{-i} \times N}$$

$$\int_{\gamma_j}^{d_j} [\phi q_j - \bar{l}_j - t_j^s(\gamma_j', \gamma_{-j})] t_j^s(\gamma_j', \gamma_{-j}) dx \qquad (5-45)$$

$$[\phi q_j - \bar{l}_j - t_j^s(\gamma_j)] t_j^s(\gamma_j) \geqslant [\phi q_j - \bar{l}_j - t_j^s(\gamma_j', \gamma_{-j})] t_j^s(\gamma_j', \gamma_{-j}) \tag{5-46}$$

$$U_j(p_2, t_j^s, d_j) = 0 \tag{5-47}$$

将式 (5-45)、式 (5-47) 代入卖方收益函数中可得:

$$E_{M_{-i} \times N} \{ p_2(\gamma_j, \gamma_i) t_j^s(\gamma_j) \} = E_{M_{-i} \times N} \{ \gamma_j w(\gamma_j) t_j^s(\gamma_j)$$
$$+ \int_{\gamma_j}^{d_j} [\phi q_j - \bar{l}_j - t_j^s(x, \gamma_{-j})] t_j^s(x, \gamma_{-j}) dx \} \qquad (5-48)$$

对 $\iint_{c_j \gamma_j}^{d_j d_j} [\phi q_j - \bar{l}_j - t_j^s(x, \gamma_{-j})] t_j^s(x, \gamma_{-j}) g(\gamma_j) dx d\gamma_j$ 进行分部积分可得：

$$\iint_{c_j \gamma_j}^{d_j d_j} [\phi q_j - \bar{l}_j - t_j^s(x, \gamma_{-j})] t_j^s(x, \gamma_{-j}) g(\gamma_j) dx d\gamma_j$$

$$= \left[G(\gamma_j) \int_{\gamma_j}^{d_j} [\phi q_j - \bar{l}_j - t_j^s(x, \gamma_{-j})] t_j^s(x, \gamma_{-j}) dx \right]_{c_j}^{d_j}$$

$$+ \int_{c_j}^{d_j} G(\gamma_j) [\phi q_j - \bar{l}_j - t_j^s(x, \gamma_{-j})] t_j^s(x, \gamma_{-j}) d\gamma_j$$

$$= \int_{c_i}^{d_j} \frac{G(\gamma_j)}{g(\gamma_j)} [\phi q_j - \bar{l}_j - t_j^s(\gamma_j)] t_j^s(\gamma_j) g(\gamma_j) d\gamma_j$$

将分部积分的结果代入式（5-48）中可得：

$$E_{M_{-i} \times N} \{ p_2(\gamma_j, \gamma_i) t_j^s(\gamma_j) \} = E_{M_{-i} \times N} \left\{ \left(\gamma_j + \frac{G(\gamma_j)}{g(\gamma_j)} \right) \right.$$
$$\left. [\phi q_j - \bar{l}_j - t_j^s(\gamma_j)] t_j^s(\gamma_j) \right\} \qquad (5-49)$$

令 $\left(\gamma_j + \dfrac{G(\gamma_j)}{g(\gamma_j)} \right) (\phi q_j - \bar{l}_j - t_j^s(\gamma_j)) t_j^s(\gamma_j)$ 是关于 γ_j 的递增函数，

$\dfrac{G(\gamma_j)}{g(\gamma_j)}$ 是关于 γ_j 的递增函数，因此，单调性约束条件满足。

排污企业在给定的交易机制下选择产量最大化利润：

$$\max \pi_i^b = p q_i - c q_i^2 - \frac{\gamma_i w_i^2}{2} + (p_2 - p_1) \bar{l}_i - p_2(\phi q_i - w_i) \qquad (5-50)$$

由一阶条件可得：

$$q_i = \frac{p - p_2 \phi}{2c} \qquad (5-51)$$

同理，可得卖方的产出为：

$$q_j = \frac{p - p_2 \phi}{2c} \qquad (5-52)$$

结合式（5-44）、式（5-49）、式（5-51）、式（5-52）以及预算均衡条件，政府的最优化问题为：

$$
\max W = E_{M \times N} \left\{ \frac{n(p - p_2 \phi) + m(p - p_2 \phi)}{2c} - \left(\frac{1}{2} + c \right) \sum_{i=1}^{n} \left(\frac{p - p_2 \phi}{2c} \right)^2 \right.
$$

$$
- \left(\frac{1}{2} + c \right) \sum_{i=1}^{m} \left(\frac{p - p_2 \phi}{2c} \right)^2 - \sum_{i=1}^{n} \frac{\gamma_i}{2} \left[\frac{p_2}{\gamma_i - \dfrac{1 - F(\gamma_i)}{f(\gamma_i)}} \right]^2
$$

$$
- \sum_{j=1}^{m} \frac{\gamma_j}{2} \left[\frac{p_2}{\gamma_j + \dfrac{G(\gamma_j)}{g(\gamma_j)}} \right]^2 - dk \left\{ \sum_{i=1}^{n} \left[\phi q_i - \frac{p_2}{\gamma_i - \dfrac{1 - F(\gamma_i)}{f(\gamma_i)}} \right] \right.
$$

$$
\left. \left. + \sum_{j=1}^{m} \left[\phi q_j - \frac{p_2}{\gamma_j + \dfrac{G(\gamma_j)}{g(\gamma_j)}} \right] \right\} \right\} \tag{5-53}
$$

$$
\sum_{j=1}^{m} t_j^s + \sum_{i=1}^{n} t_i^b = 0
$$

5.3.3 结果分析

（1）最优双边拍卖机制

命题5-9 当 m>1，n>1 时，排污权二级交易市场最优双边拍卖机制可由以下定价机制和分配机制表示为：

定价机制：

$$
p_2^* = \frac{\dfrac{(n+m)\phi p}{2c} - \sum_{i=1}^{n} \bar{l}_i - \sum_{j=1}^{m} \bar{l}_j}{\displaystyle\sum_{i=1}^{n} \frac{1}{\gamma_i - \dfrac{1 - F(\gamma_i)}{f(\gamma_i)}} + \sum_{j=1}^{m} \frac{1}{\gamma_j + \dfrac{G(\gamma_j)}{g(\gamma_j)}} + \dfrac{(n+m)\phi^2}{2c}}
$$

$$
\tag{5-54}
$$

报价为 $p_2(\gamma_i) > p_2^*(\gamma_i, \gamma_j)$ 的买方及报价为 $p_2(\gamma_j) < p_2^*(\gamma_i, \gamma_j)$ 的卖方，进入市场进行交易；报价为 $p_2(\gamma_i) < p_2^*(\gamma_i, \gamma_j)$ 的买方及报价为 $p_2(\gamma_i) > p_2^*(\gamma_i, \gamma_j)$ 的卖方，无法参与交易。

分配机制：

买卖双方获得的排污权数量分别为：

$$t_i^b(\gamma_i) = -\frac{p_2^*(\gamma_i,\gamma_j)}{\left(\gamma_i - \dfrac{1-F(\gamma_i)}{f(\gamma_i)}\right)} + \phi q_i - \bar{l}_i \qquad (5-55)$$

$$t_j^s(\gamma_j) = -\frac{p_2^*(\gamma_i,\gamma_j)}{\gamma_j + \dfrac{G(\gamma_j)}{g(\gamma_j)}} + \phi q_j - \bar{l}_j \qquad (5-56)$$

证明过程，见附录 3。

由命题 5-9 中的定价机制和分配机制可以看出，当存在一个统一出清价格时，最优双边拍卖机制可由几个机制实现：在拍卖周期内，低治污成本企业（卖方）和高治污成本企业（买方）根据各自的边际减排成本，向拍卖组织者提交一组有效报价，以及在每个报价下排污权卖（买）数量。拍卖组织者根据双方报价情况，将买方所有报价由高到低排序，卖方所有要价由低到高排序，将价格相同部分的数量进行加总，得到买方的价格与数量组合，卖方的价格与数量组合，这样，形成了总的需求曲线和总的供给曲线，在总供给曲线与总需求曲线交汇点处形成一个市场出清价格 $p_2(\gamma_i,\gamma_j) = p_2^*(\gamma_i,\gamma_j)$。所有出价高于或等于出清价的买方、所有出价低于或等于出清价的卖方可进行匹配交易，直至市场出清。

关于排污权双边拍卖的研究，如王先甲等建立了一个带有多个买卖方的排污权交易市场，设计出一个激励相容的排污权交易机制。该机制在实现激励相容的同时，实现了社会排污成本最小。[①] 任玉珑等通过高低匹配模型，实现排污权交易成本下降。[②] 与上述研究不同，本章所设计的机制是满足个人理性、参与约束、预算均衡及市场出清等特性的一类最优机制，而王先甲等（2010）设计的机制只是其中一个特殊机制，任玉珑等（2011）设计的机制是基于博弈框架，不考虑政府与排污

[①] 王先甲，黄彬彬，胡振鹏，等. 排污权交易市场中具有激励相容性的双边拍卖机制 [J]. 中国环境科学，2010，30（6）：845-851.

[②] 任玉珑，罗晓燕，孙睿. 基于高低匹配的排污权交易市场机制设计 [J]. 统计与决策，2011（5）：60-61.

企业间的信息非对称。虽然有部分国内外学者对双边拍卖机制的设计展开研究，但不足之处在于，他们大多基于单位需求和收入最大化假设，并且，无法找到个人理性、激励相容、市场出清与预算均衡同时满足的最优机制，而在本书设计的机制中，上述条件都能够得到满足。

命题 5 – 10　当 n = 1，m = 1 时，双边拍卖机制即为协议出让机制。

显而易见，此命题在协议出让交易模式下，当买方报价大于出清价，同时，卖方报价小于出清价时，交易成交；否则，交易不成交。

除了本书提到的单边拍卖、高低匹配及协议出让机制，国内学者罗国宏和谢永珍认为，可以借用做市商制度推动市场交易，提升市场流动性，激活市场交易。[①] 从而，政府能够专注于行政审批、法规建设、交易监管等行政职能，避免政府职能不清以及监管失灵等现象。

（2）算例分析

下面，通过一个算例来说明上述交易机制在排污权二级交易市场中的应用。假设在排污权二级交易市场中有 6 个买方和 6 个卖方参与交易，6 个买方减排成本系数分别为 $\gamma_1 = \gamma_2 = \gamma_3 = 1.5$，$\gamma_4 = \gamma_5 = \gamma_6 = 2$；6 个卖方减排成本系数分别为 $\gamma_1 = \gamma_2 = \gamma_3 = 0.5$，$\gamma_4 = \gamma_5 = \gamma_6 = 1$。基准参数为 $\phi = \frac{1}{2}$，$p = 16$，$c = \frac{1}{2}$，$\bar{l}_1^b = \bar{l}_2^b = \bar{l}_3^b = \bar{l}_4^b = \bar{l}_5^b = \bar{l}_6^b = 1$，$\bar{l}_1^s = \bar{l}_2^s = \bar{l}_3^s = 5$，$\bar{l}_4^s = \bar{l}_5^s = \bar{l}_6^s = 6$。买卖双方的分布函数为 $F(\gamma_i) = \frac{1}{2}\gamma_i$，$G(\gamma_j) = \gamma_j$。通过计算可得：

$$买方：t_1 = t_2 = t_3 = 7 - \frac{5p_2}{4}，t_4 = t_5 = t_6 = 6 - \frac{3p_2}{4}$$

$$卖方：t_1 = t_2 = t_3 = 3 - p_2 - \frac{1}{4}p_2，t_4 = t_5 = t_6 = 2 - \frac{p_2}{2} - \frac{1}{4}p_2$$

根据上述计算结果，所有买方排污权需求数量、愿意支付的价格以及所有卖方的排污权供给数量、可接受的价格，排污权交易买卖双方的报价信息和需求信息，见表 5 – 9。

---

① 罗国宏，谢永珍. 基于做市商制度的排污权市场交易研究［J］. 山东大学学报（哲学社会科学版），2014（4）：62 – 73.

表 5 - 9   排污权交易买卖双方的报价信息和需求信息

买方			卖方		
编号	报价信息	需求信息	编号	报价信息	需求信息
1	5	1	1	3	1
2	4	2	2	4	2
3	3	3	3	5	3
4	7	1	4	4	1
5	6	1	5	6	2
6	3	3	6	7	3

资料来源：笔者根据本书数据计算整理而得。

将所有买方上报的价格按照由高到低的顺序排列，卖方上报的要价按照由低到高的顺序排列，排序后的买卖双方报价信息和需求信息，见表 5 - 10。

表 5 - 10   排序后的买卖双方报价信息和需求信息

买方			卖方		
编号	报价信息	需求信息	编号	报价信息	需求信息
4	7	1	6	3	1
5	6	1	5	4	2
1	5	1	3	4	1
2	4	2	4	5	3
3	3	3	2	6	2
6	3	3	1	7	3

资料来源：笔者根据本书数据计算整理而得。

根据表 5 - 10 绘制图 5 - 5。排污权双边拍卖机制，见图 5 - 5，由图可以看出，市场出清价格为 4，进入交易集的买方报价分别为 4、5、6、7；卖方报价为 3、4、4。此时，市场上可供出售的排污权总量为 5，需求量为 4。买方 4 和卖方 6 进行 1 个单位排污权匹配，买方 5 和卖方 5 进行 1 个单位排污权匹配，买方 1 和卖方 5 进行 1 个单位排污权匹配，买方 2 和卖方 3 进行 1 个单位排污权匹配，总成交量为 4，市场出清。可以算出，卖方 6 出售 1 个单位排污权的收益为 2.5，卖方 5 出售 2 个单位排污权的收益为 5，卖方 3 出售 1 个单位排污权的收益为 2.5。买方 4 购买 1 个单位排污权的收益为 0，买方 5 购买 2 个单位排污权的收益为 0，买方 1 和买方 2 购买 1 个单位排污权的收益均为 2.5。此次拍卖交易双方的总收益为 15，即通过本次排污权双向拍卖，总减排成本降低 15。通过上述拍卖交易，排污权由减排成本较低的卖方流向了减排成本较高的买方，排污权资源得到优化配置，降低了社会总减排成本，提高了社会福利。

协议出让是双边拍卖的一种特殊形式。中国的当前协议出让交易模式，排污权成交价格多由政府指导价给定（典型的如山西省），并采用"拉郎配"方式进行"一对一"交易，协议出让并非真正意义上的自由询价协议出让。事实上，双边减排成本信息非对称，政府指导价不一定合适，本节将分析政府指导价和带有自由询价的协议出让机制的交易效率差异。考虑一个买方和一个卖方，买方减排成本系数为 $\gamma_1 = 1.5$，买方的最大排污权需求数量为 3 个单位；卖方减排成本系数为 $\gamma_1 = 0.5$，卖方可提供的最大排污权数量为 3 个单位。基准参数与双边拍卖情形相同，排污权交易买卖双方的报价信息和单位需求信息，见表 5-11，协议出让机制，见图 5-6。

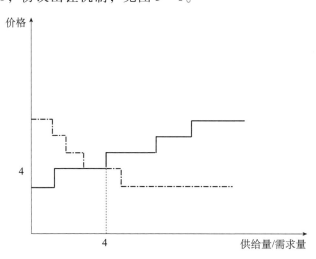

图 5-5　排污权双边拍卖机制

资料来源：笔者根据表 5-10 绘制。

表5-11　　　　　排污权交易买卖双方的报价信息和单位需求信息

买方			卖方		
编号	报价信息	需求信息	编号	报价信息	需求信息
1	5	1	1	3	1
2	4	2	2	4	2
3	3	3	3	5	3

资料来源：笔者根据本书数据计算整理而得。

由图5-6可以看出，市场出清价格为4，进入交易集的买方报价分别为4、5；卖方报价为3、4。此时，市场上可供出售的排污权总量为2，需求量为2，买方1和卖方1进行2个单位排污权交易。可以算出，卖方1出售2个单位排污权的收益为4，买方1购买2个单位排污权的收益为4。此次拍卖交易双方的总收益为8，即通过本次排污权双向拍卖，社会总减排成本降低了8。

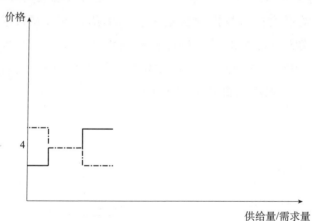

图5-6　协议出让机制

资料来源：笔者根据表5-11绘制。

使用政府指导价进行"一对一"交易时，买卖双方的总收益可以表示为 $\gamma_i w_i t_i^b - \gamma_j w_j t_j^s$，依据第3章的求解结果可知，最优减

排量分别为 $w_i(\gamma_i) = \dfrac{p_2 - \dfrac{[p-(\tau+p_2)\phi]}{2c\phi} + \dfrac{(1-p)}{\phi} + \tau}{\gamma_i}$、$w_j(\gamma_j) =$

$$\dfrac{p_2 - \dfrac{[p - (\tau + p_2)\phi](2c + 1)}{2c\phi} + \dfrac{(1 - p)}{\phi} + \tau}{\gamma_j},\ p_2\ 为政府指导价。将减排$$

量代入总收益中，可得 $\gamma_i w_i t_i^b - \gamma_j w_j t_j^s = 0$。可以看出，采用政府指导价交易时的买卖双方总收益为零，小于采用自由询价交易时的买卖双方总收益。因此，当交易相同数量物品时，政府指导价交易的效率低于协议出让价交易的效率。

上述结论表明，政府要想充分发挥排污权交易的政策作用，活跃排污权交易市场，促进资源优化配置，使社会总体效益水平最优，必须放开定价，让交易双方在双边信息非对称情况下，通过博弈作出各自的最优决策。这样，排污企业交易积极性和总体收益才会得到改善，有利于排污权交易市场健康、有序地发展。而政府指导价更多地用于政府与排污企业之间的交易，也可作为排污权二级交易市场交易的参考价。例如，在双边拍卖时，政府指导价可以作为起拍价；在协议出让时，双方出让价应不得低于政府指导价。

5.4　本章小结

本章在第 3 章基础上，引入排污企业之间减排成本信息非对称，分别构建了排污权一级交易市场拍卖机制设计模型、排污权二级交易市场单边拍卖机制设计模型以及排污权二级交易市场双边排污权拍卖机制设计模型，探讨不同情形下排污权最优拍卖机制的选择问题。创新性结论有以下五点。

（1）统一价格拍卖和歧视价格拍卖都能实现最优拍卖机制，但在实际应用中，为保证初始分配的公平性，排污权一级交易市场应采用统一价格拍卖。在统一价格拍卖机制下，随着政府可拍卖排污权数量的下降，排污权一级交易市场分配价格不断上升，排污企业分配量不断下降，新进入排污企业分配量不断下降；随着平均减排成本系数增大，排污权一级交易市场分配价格不断上升，现有排污企业排污权分配量下降，新进入排污企业排污权分配量不断上升。

（2）当排污权二级交易市场存在一个买方和一个卖方时，双边拍卖机制可由一个协议出让机制实现。在协议出让交易模式下，买方和卖方围绕1个单位排污权进行报价，买方报价大于出清价时，同时，卖方报价小于出清价时，交易成交；否则，交易不成立。

（3）当排污权二级交易市场存在一个卖方和多个买方时，如果排污企业采用末端减排技术，歧视价格拍卖下卖方排污企业的拍卖收益大于统一价格拍卖下卖方排污企业的拍卖收益；如果排污企业采用清洁减排技术，歧视价格拍卖下卖方排污企业拍卖收益小于统一价格拍卖下卖方排污企业的拍卖收益。因此，末端减排技术下歧视价格拍卖是政府的最优选择，清洁减排技术下统一价格拍卖是政府的最优选择。

（4）当排污权二级交易市场存在多个买卖方时，排污权二级交易市场双边拍卖机制可由一个高低匹配交易机制实现，具体的实现程序为：在拍卖周期内，低治污成本企业（卖方）和高治污成本企业（买方）根据各自的边际减排成本，向市场组织者提交一组有效的报价，以及在每个报价下的排污权卖（买）数量。拍卖组织者根据双方的报价形成一个市场出清价格，所有出价高于或等于出清价的买方、所有出价低于或等于出清价的卖方可进行高低匹配交易，直至市场出清。此外，通过算例分析可以看出，本书设计的排污权双边拍卖机制能够降低社会减排成本，因此，是有效的。

（5）在单边拍卖中，相较于单物品拍卖，排污权交易中使用多物品拍卖机制更有效率。买卖双方进行"一对一"交易时，应让排污企业自由询价，而不是选择政府指导价进行交易，政府指导价更多地用于政府与排污企业之间的交易，也可作为排污权二级交易市场交易的参考价。

第6章

政府与排污企业之间、排污企业之间减排成本信息与合谋双重信息非对称时的排污权交易机制设计

　　第 5 章假设拍卖过程中排污企业之间是不合作的。但事实上，排污企业之间可能存在合谋，即排污企业在正式拍卖之外达成某种私下协议，为其带来额外收益。排污企业通过合谋可以形成垄断势力，导致企业在生产市场中的垄断行为，结果减少了消费者剩余，使得社会福利产生损失。无法知道排污企业之间是否存在合谋使得政府需要设计合理的机制阻止合谋行为，以避免合谋产生的效率损失。在拍卖机制设计过程中，如何有效地设计防合谋机制是中国政府需要考虑的一个问题。

　　2.3.4 小节对本章相关文献进行了回顾，发现既有研究的不足之处在于，忽略了政府与排污企业之间的信息非对称，仅把排污权当成一种商品，而未将企业污染排放、企业污染削减、企业生产投入及政府部门纳入拍卖模型中，并且，没有讨论环境政策对最优防合谋机制设计的影响。基于上述不足，本章借鉴巴甫洛夫·G.（Pavlov G.）的一篇研究文献中单物品最优防合谋机制设计研究，引入合谋及排污企业之间非对称减排成本信息，讨论排污权一级交易市场交易机制、排污权二级交易市场交易机制设计问题。① 首先，构建排污权一级交易市场最优拍卖机制模型，

---

　　① Pavlov G. Auction design in the presence of collusion [J]. Theoretical Economics，2008（3）：383-429.

研究排污权一级交易市场最优合谋拍卖机制设计及排污权一级交易市场防合谋拍卖机制设计。其次，构建排污权二级交易市场单边拍卖机制设计模型，研究排污企业采用末端治理减排技术和清洁工艺减排技术时，最优合谋拍卖机制设计及防合谋机制设计。最后，引入减排补贴政策及排污税政策，研究减排补贴政策及排污税政策变动对最优防合谋机制设计的影响。借助模型求解结果，探讨六个重要问题：第一，合谋成本与减排成本为双重信息非对称时，排污权一级交易市场最优合谋拍卖机制是什么？第二，排污权二级交易市场最优合谋拍卖机制是什么？第三，排污企业采用不同减排技术时，最优合谋拍卖机制有何差异？第四，如何防止排污企业进行合谋？第五，在排污权一级交易市场中，新进入排污企业对防合谋机制设计有何影响？第六，在排污权二级交易市场中，减排补贴政策及排污税政策如何影响最优防合谋机制设计？

6.1 排污权一级交易市场防合谋拍卖机制设计

6.1.1 基本假设

（1）经济环境

①参与人。假设经济体中有 n 个现有排污企业和 1 个新进入排污企业，它们是排污权一级交易市场上的参与者。

②待拍卖物品。政府有 L 单位的排污权待拍卖。

③参与人的经济特征。同 5.1.1 小节。

④信息结构。现有排污企业依据边际减排成本 $\gamma_i w_i(\gamma_i)$ 对单位排污权进行估价。排污企业减排成本系数 $\gamma_i(\gamma_i \geqslant 0)$ 为私人信息。政府及其他排污企业不知道该排污企业的减排成本信息，只知道 γ_i 在 $[a_i, b_i]$ 区间服从独立同分布。分布函数和密度函数分别为 $F(\gamma_i)$、$f(\gamma_i)$，$\dfrac{f(\gamma_i)}{1-F(\gamma_i)}$ 是关于 γ_i 的递增函数。

新进入排污企业没有关于减排成本系数的私人信息，将社会平均减

排成本系数 $\bar{\gamma}$ 当作自身减排成本系数 γ_R，$\bar{\gamma}$ 为公共知识。

（2）机制

①信息空间。现有排污企业报告的减排成本信息集合构成信息空间，信息空间可表示为 $\Theta = [a_1, b_1] \times ... \times [a_n, b_n]$。

②结果函数。结合信息空间和结果函数，排污权拍卖机制可以定义为 $\{p_1(\gamma_i), p_R(\gamma_i), l(\gamma_i), l_R(\gamma_i)\}$。与第5章不同，为从卖方获取更多剩余，排污企业可能存在合谋拍卖行为。新进入排污企业无私人信息，竞标收益为零，不会产生合谋拍卖行为，仅现有排污企业存在合谋拍卖行为。当现有排污企业间存在合谋拍卖时，参与竞价的排污企业会形成具有垄断势力的卡特尔组织，卡特尔组织协调主拍卖（由政府举办的拍卖）中排污企业的竞标行为。在主拍卖之外，卡特尔组织和排污企业间存在一个内部拍卖机制。卡特尔组织和其他非合谋排污企业不能观察到卡特尔组织成员是否接受该内部拍卖机制。如果合谋企业接受内部拍卖机制，卡特尔组织将主拍卖机制 $\{l(\gamma_i), p_1(\gamma_i)\}$ 操纵成 $\{\hat{l}(\gamma_i), \hat{p}_1(\gamma_i)\}$，那么，操纵后的信息空间，可以进一步表示为 $\hat{\Theta} = [\hat{a}_1, \hat{b}_1] \times ... \times [\hat{a}_n, \hat{b}_n]$。定义一个操纵函数：$\phi(\gamma_i): \hat{\Theta} \to \Delta\Theta$，该操纵函数为信息空间 $\hat{\Theta}$ 映射到 Θ 上的概率分布空间 $\Delta\Theta$。

（3）排污企业目标

同5.1.1小节。

（4）环境质量目标

为保证环境质量目标的实现，排污权一级交易市场分配量满足的条件是：$l_R + \sum_{i=1}^{n} l_i = L$。

（5）社会福利目标

政府的社会福利目标，是选择一个最优排污权交易机制 $\{p_1(\gamma_i), p_R(\gamma_i), l(\gamma_i), l_R(\gamma_i)\}$，使得社会福利最大化。社会福利函数可表示为：

$$W = E_\Theta \left\{ \sum_{i=1}^{n} q_i + q_R - \left(\frac{1}{2} + c\right) \sum_{i=1}^{n} q_i^2 - \left(\frac{1}{2} + c\right) q_R^2 - \sum_{i=1}^{n} \frac{\gamma_i}{2}(w_i)^2 \right.$$
$$\left. - \frac{\bar{\gamma}}{2}(w_R)^2 - kd \sum_{i=1}^{n} e_i^a - kd \sum_{i=1}^{n} e_R^a \right\}$$

$$(6-1)$$

（6）卡特尔组织目标

卡特尔组织目标为，选择一个最优排污权交易机制 $\{\hat{l}(\gamma_i), \hat{p}_1(\gamma_i)\}$，最大化合谋排污企业的加权收益。加权期望收益函数为：

$$Z = E_{\hat{\Theta}_{-i}} \Big\{ \sum_{i=1}^{n} \int_{a_i}^{\hat{b}_i} [\gamma_i w(\gamma_i) \hat{l}_i(\gamma_i) - \hat{p}_1(\gamma_i) \hat{l}_i(\gamma_i)] d\omega_i(\gamma_i) \Big\} \quad (6-2)$$

排污企业 i 的权重为 $\omega_i(\gamma_i)$。

（7）可行机制

排污权最优拍卖机制，需要满足贝叶斯激励相容约束条件和参与约束条件：

$$U_i[(p_1)_i, l_i, \gamma_i] \geq U_i[(p_1)_i, l_i, \gamma_i, \gamma_i{}'] \quad (6-3)$$

$$U_i[(p_1)_i, l_i, \gamma_i] \geq 0, U_R \geq 0 \quad (6-4)$$

其中，$U_i((p_1)_i, l_i, \gamma_i) = E_{\Theta_{-i}}[\gamma_i w_i(\gamma_i) l_i(\gamma_i) - p_1(\gamma_i) l_i(\gamma_i)]$。

可行的合谋拍卖机制满足以下条件：

$$\hat{l}_i(\gamma_i) = E_{\phi(\gamma_i)}[l_i(\gamma_i)], \hat{p}_1(\gamma_i) = E_{\phi(\gamma_i)}[p_1(\gamma_i)] \quad (6-5)$$

$$\hat{U}_i(\gamma_i) = E_{\hat{\Theta}_{-i}}\{\gamma_i w(\gamma_i) \hat{l}_i(\gamma_i) - \hat{p}_1(\gamma_i) \hat{l}_i(\gamma_i)\} \geq \hat{U}_i(\gamma_i{}') \quad (6-6)$$

$$\hat{U}_i(\gamma_i) \geq U_i(\gamma_i) \quad (6-7)$$

式（6-6）为合谋情形下的激励相容约束条件。式（6-7）为合谋情形下的个人理性约束条件，该条件表明，排污企业在内部拍卖中获得的收益至少和在主拍卖机制中获得的收益一样大。除此之外，合谋机制应满足预算均衡条件：

$$E_{\hat{\Theta}}[\hat{p}_1(\gamma_i) \hat{l}_i(\gamma_i)] = E_{\phi(\gamma_i)}[p_1(\gamma_i) l_i(\gamma_i)] - y(\gamma_i) \quad (6-8)$$

内部支付函数 $y(\gamma_i): \hat{\Theta} \to R$ 表示报告类型为 γ_i 的排污企业从卡特尔组织获得的支付，内部支付函数满足 $\sum_{i=1}^{n} y(\gamma_i) = 0$。

6.1.2 排污权一级交易市场最优防合谋机制

排污权拍卖过程为：在内部拍卖中，所有参与合谋的排污企业提交价格和需求数量，卡特尔组织根据统一价格选出获胜的排污企业参加主拍卖，卡特尔组织内其他成员或者不参加投标，或者投标价小于保留价。

当主拍卖中获胜的排污企业出价大于最优保留价时，则成交，成交价为保留价；当排污企业出价小于最优保留价时，排污权仍归拍卖方所有。主拍卖中获胜的排污企业必须支付一定利润差用于卡特尔组织成员间的分配，该利润差等于排污企业在内部拍卖中的获利减去在主拍卖中的获利。根据上述拍卖过程，模型分为三个阶段。第一阶段，政府选择一个最优排污权交易机制 $\{p_1(\gamma_i), p_R(\gamma_i), l_i(\gamma_i), l_R(\gamma_i)\}$，使得社会福利水平最大化；第二阶段，卡特尔组织选择一个最优排污权交易机制 $\{\hat{l}(\gamma_i), \hat{p}_1(\gamma_i)\}$，最大化合谋排污企业的加权收益；第三阶段，排污企业在给定交易机制下，选择最优产量最大化利润。本书通过逆向归纳法求解。

（1）排污企业最优化问题

第三阶段，排污企业在给定交易机制下，选择最优产量最大化利润：

$$\max \pi_i = pq_i - cq_i^2 - \frac{\gamma_i w_i^2(\gamma_i)}{2} - p_1(\gamma_i)[\phi q_i - w_i(\gamma_i)] \quad (6-9)$$

由一阶最优条件可得：

$$q_i^* = \frac{p - p_1(\gamma_i)\phi}{2c} \quad (6-10)$$

同理可得，$q_R^* = \dfrac{p - (p_1)_R \phi}{2c}$。

（2）卡特尔组织最优化问题

第二阶段，卡特尔组织选择一个最优排污权交易机制 $\{\hat{l}(\gamma_i), \hat{p}_1(\gamma_i)\}$，最大化合谋排污企业的加权收益。卡特尔组织最优化问题为：

$$Z = E_{\hat{\Theta}_{-i}}\left\{\sum_{i=1}^{n} \int_{a_i}^{\hat{b}_i} [\gamma_i w(\gamma_i)\hat{l}_i(\gamma_i) - \hat{p}_1(\gamma_i)\hat{l}_i(\gamma_i)] d\omega_i(\gamma_i)\right\}$$

满足式（6-5）、式（6-6）、式（6-7）、式（6-8）及排污权一级交易市场分配条件。

上述问题求解难度较大，因此，参照巴甫洛夫·G.（Pavlov G., 2008）将式（6-5）和式（6-8）转化为以下两个条件：

$$B = \{\hat{p}_1(\gamma_i), \hat{l}_i(\gamma_i) \in R^n \mid \text{存在一个 } \gamma_i \in \hat{\Theta},$$

$$\text{使得 } \hat{p}_1(\gamma_i) = p_1(\gamma_i), \hat{l}_i(\gamma_i) = l_i(\gamma_i)\} \quad (6-11)$$

$$\sum_{i=1}^{n} \left[\hat{p}_1(\gamma_i) \hat{l}_i(\gamma_i) \right] \geq \left\{ C[\hat{p}_1(\gamma_i)] \right\} \quad (6-12)$$

卡特尔组织可以操纵卡特尔组织成员提交的原始报告信息，并在拍卖过程中向主拍卖机制设计者提交各种不同的信息集合，不同的信息集合将会导致不同配置，式（6-11）表示卡特尔组织通过提交不同信息集合在主拍卖中获得的配置。式（6-12）表示排污企业为获得特定数量排污权需支付的成本，必须大于等于最小成本 $C[\hat{l}_i(\gamma_i)]$。为方便分析，假设最小成本为 $C[\hat{l}_i(\gamma_i)] = R\,\hat{l}_i(\gamma_i)$，$R(R \geq 0)$ 为保留价格。

参照第5章分析，式（6-6）激励相容约束条件可转化为：

$$\hat{U}_i(\hat{p}_1, \hat{l}_i, \gamma_i) = \hat{U}_i(\hat{p}_1, \hat{l}_i, \hat{a}_i) + E_{\hat{\Theta}_{-i}} \int_{\hat{a}_i}^{\gamma_i} [\phi q_i - \hat{l}_i(x, \gamma_{-i})] \hat{l}_i(x, \gamma_{-i}) \, dx$$

$$(6-13)$$

$$[\phi q_i - \hat{l}_i(\gamma_i)] \hat{l}_i(\gamma_i) \geq [\phi q_i - \hat{l}_i(\gamma_i', \gamma_{-i})] \hat{l}_i(\gamma_i', \gamma_{-i}) \quad (6-14)$$

由式（6-7）可知，本章中个人理性约束是一个类型依赖型约束条件，因此，我们参照巴甫洛夫·G.（2008），借助超平面分离定理、里斯（Riesz）表示定理（具体见附录4）及式（6-13），将卡特尔组织最优化问题转化为：

$$\max \sum_{i=1}^{n} \left\{ E_{\hat{\Theta}_{-i}} \int_{\hat{a}_i}^{\hat{\gamma}_i} [\phi q_i - \hat{l}_i(x, \gamma_{-i})] \hat{l}_i(x, \gamma_{-i}) \, dx + U_i(\hat{p}_1, \hat{l}_i, \hat{a}_i) \right\} dW_i(\gamma_i)$$

$$(6-15)$$

$$\text{s. t. } \{\hat{l}_i, \hat{p}_1\} \in B, l_R + \sum_{i=1}^{n} \hat{l}_i = L \quad (6-16)$$

$$\sum_{i=1}^{n} [\hat{p}_1(\gamma_i) \hat{l}_i(\gamma_i)] \geq C[\hat{p}_1(\gamma_i)] \quad (6-17)$$

$$[\phi q_i - \hat{l}_i(\gamma_i)] \hat{l}_i(\gamma_i) \geq [\phi q_i - \hat{l}_i(\gamma_i', \gamma_{-i})] \hat{l}_i(\gamma_i', \gamma_{-i}) \quad (6-18)$$

在式（6-15）中，$W_i(\hat{b}_i) = 1, \int_{\hat{a}_i}^{\hat{b}_i} dW_i(\gamma_i) = \int_{\hat{a}_i}^{\hat{b}_i} d(\chi\omega_i + \Lambda_i) = 1$，$\chi$ 为常数，Λ_i 为非减右连续函数。

结合式（6-13）可知，$\dfrac{\partial \hat{U}_i[(\hat{p}_1)_i, \hat{l}_i, \gamma_i]}{\partial \gamma_i} \geq 0$，因此，有 $\hat{U}_i[(\hat{p}_1)_i,$

$\hat{l}_i$, $\hat{a}_i$] $=0$。对式（6-15）第一项进行分部积分可知：

$$\int_{a_i}^{\hat{b}_i}\int_{\hat{a}_i}^{\gamma_i}[\phi q_i - \hat{l}_i(x,\gamma_{-i})]\hat{l}_i(x,\gamma_{-i})dxdW_i(\gamma_i)$$

$$= \{(W_i(\gamma_i)\int_{a_i}^{\gamma_i}[(\phi q_i - \hat{l}_i(x,\gamma_{-i})]\hat{l}_i(x,\gamma_{-i})dx\}_{a_i}^{b_i}$$

$$- \int_{\hat{a}_i}^{\hat{b}_i}W_i(\gamma_i)[\phi q_i - \hat{l}_i(\gamma_i)]\hat{l}_i(\gamma_i)d\gamma_i \qquad (6-19)$$

$$= \int_{a_i}^{\hat{b}_i}\frac{[1-W_i(\gamma_i)]}{f(\gamma_i)}[\phi q_i - \hat{l}_i(\gamma_i)]\hat{l}_i(\gamma_i)f(\gamma_i)d\gamma_i$$

考虑一个类似的正则条件，$\dfrac{[1-W_i(\gamma_i)]}{f(\gamma_i)}[\phi q_i - \hat{l}_i(\gamma_i)]\hat{l}_i(\gamma_i)$ 是关于 γ_i 的递增函数。为保证单调性约束成立，设 $\dfrac{[1-W_i(\gamma_i)]}{f(\gamma_i)}$ 为关于 γ_i 的递增函数。将式（6-19）及参与约束条件 $\hat{U}_i[(\hat{p}_1)_i,\hat{l}_i,\hat{a}_i]=0$ 代入式（6-15）中，最优化问题变为：

$$\max E_{\hat{\Theta}_{-i}}\sum_{i=1}^{n}\left\{\frac{[1-W_i(\gamma_i)]}{f(\gamma_i)}\left[\frac{p\phi - \hat{p}_1(\gamma_i)\phi^2}{2c} - \hat{l}_i(\gamma_i)\right]\hat{l}_i(\gamma_i)\right\}$$

$$(6-20)$$

s. t. $\quad\displaystyle\sum_{i=1}^{n}[\hat{p}_1(\gamma_i)\hat{l}_i(\gamma_i)] = \sum_{i=1}^{n}[R\hat{l}_i(\gamma_i)], l_R + \sum_{i=1}^{n}\hat{l}_i = L$

$$(6-21)$$

为保证初始分配公平性，卡特尔组织最优的合谋拍卖机制为统一价格拍卖，由式（6-21）可知，$\hat{p}_1^*(\gamma_i)=R$。如果采用歧视价格机制，部分弱势排污企业获得排污权的机会下降，可能导致其退出卡特尔组织，使卡特尔组织的稳定性不够。将 $\hat{p}_1^*(\gamma_i)=R$ 代入式（6-20）中，建立拉格朗日函数，$\lambda(\gamma_i)$ 为拉格朗日乘数。

$$\tilde{L} = \sum_{i=1}^{n} \left\{ \frac{[1 - W_i(\gamma_i)]}{f(\gamma_i)} \left[\frac{p\phi - R\phi^2}{2c} - \hat{l}_i(\gamma_i) \right] \hat{l}_i(\gamma_i) \right\}$$

$$+ \lambda(\gamma_i) \left[l_R + \sum^{n} \hat{l}_i - L \right] \qquad (6-22)$$

由一阶最优条件可得最优的初始分配量为:

$$\hat{l}_i^*(\gamma_i) = \frac{\phi p - R\phi^2}{4c} + \frac{\lambda(\gamma_i) f(\gamma_i)}{2[1 - W_i(\gamma_i)]} \qquad (6-23)$$

在式 (6-23) 中,$\lambda(\gamma_i) = \dfrac{L - \dfrac{p\phi - R\phi^2}{2c} + \dfrac{R}{\bar{\gamma}} - \dfrac{n(\phi p - R\phi^2)}{4c}}{\displaystyle\sum_{i=1}^{n} \dfrac{f(\gamma_i)}{2[1 - W_i(\gamma_i)]}}$。

(3) 政府最优化问题

第一阶段,政府选择最优排污权交易机制 $\{p_1(\gamma_i), p_R(\gamma_i), l_i(\gamma_i), l_R(\gamma_i)\}$,使得社会福利最大化。政府的最优化问题为:

$$\max W = E_\Theta \left\{ \sum_{i=1}^{n} q_i + q_R - \left(\frac{1}{2} + c\right) \sum_{i=1}^{n} q_i^2 - \left(\frac{1}{2} + c\right) q_R^2 \right.$$

$$\left. - \sum_{i=1}^{n} \frac{\gamma_i}{2}(w_i)^2 - \frac{\bar{\gamma}}{2}(w_R)^2 - kd \sum_{i=1}^{n} e_i^a - kd \sum_{i=1}^{n} e_R^a \right\} \qquad (6-24)$$

$$\text{s. t.} \quad l_R + \sum_{i=1}^{n} l_i = L, U_i[(p_1)_i, l_i, \gamma_i] \geqslant U_i[(p_1)_i, l_i, \gamma_i, \gamma_i']$$

$$(6-25)$$

$$U_i[(p_1)_i, l_i, \gamma_i] \geqslant 0, U_R \geqslant 0 \qquad (6-26)$$

最优结果,同 5.1.1 小节。

6.1.3　结果分析

由 6.1.2 小节的求解结果可知,最优合谋拍卖机制为统一价格拍卖机制。在无任何防合谋机制的情况下,合谋排污企业间将按照上述拍卖机制进行内部拍卖,从而获得更多收益。陈德湖认为,排污企业可以通过合谋行为形成垄断势力,导致企业在生产市场中的垄断行为,减少了消费者剩余，致使社会福利损失。[①] 根据拍卖理论，卖方一般会设置保留价，减少合谋带来的效率损失。因此，本书也将分析如何通过设置合适的保留价格，以防止合谋。那么，保留价应如何设置？参照巴甫洛夫·G. （2008）给出的防合谋机制定义，如果卡特尔组织对拍卖机制的操纵，不能使得任何卡特尔组织中的成员都变得严格好，但却可以使机制设计者获得不存在合谋情形下的社会福利水平，则拍卖机制是防合谋的。相同的社会福利水平意味着卡特尔组织从合谋中获得的收益一定，当部分企业企图获得更多收益时，必然损害其他企业的利益，造成其他企业退出卡特尔组织。因此，在防合谋机制下，排污企业最优的合谋收益等于无合谋下的收益。当卡特尔组织面对上述防合谋机制时，相当于排污企业拒绝接受合谋协议并以非合作方式参与博弈。依据上述分析可得命题 6 - 1。

命题 6 - 1　根据政府最优化问题的结果，设无合谋下不包括新进入排污企业时的最优福利水平为 W^*，最优保留价由式（6 - 27）给定：

$$\sum_{i=1}^{n} \frac{p - R\phi}{2c} - \left(\frac{1}{2} + c \right) \sum_{i=1}^{n} \left(\frac{p - R\phi}{2c} \right)^2 - \sum_{i=1}^{n} \frac{\gamma_i}{2} \left[\frac{p\phi - R\phi^2}{2c} - \hat{l}_i^*(\gamma_i) \right]^2$$

$$- dk \sum_{i=1}^{n} \hat{l}_i^*(\gamma_i) = W^* \tag{6-27}$$

证明： 新进入排污企业是无私人信息的，竞标收益 $U_R = 0$，不会产生合谋行为。因此，新进入排污企业不会对保留价产生影响，最优保留价仅与现有企业有关。

上述结论表明，合谋与减排成本信息非对称时，政府最优拍卖机制为带有保留价的统一价格拍卖。在隐藏保留价时，参与合谋的卡特尔组织成员并不知道该保留价的高低，出价太低可能无法赢得物品，出价太高虽然能赢得物品，但获利太少。要想找到一个合理的出价，企业间必然相互交流信息，从而很容易被机制设计者发现合谋行为而定罪。此外，卡特尔合谋的策略主要是实现转移支付，即主要通过拍卖机制来实现。在本书中，主拍卖中获胜的排污企业必须支付的利润差，可用公式表达：$y_i = p_l l_i(\gamma_i) - R \hat{l}_i^*(\gamma_i)$。因此，为了防止卡特尔组织成员实现合谋，政

---

①　陈德湖. 总量控制下排污权拍卖理论与政策研究 [M]. 大连：大连理工大学，2014.

府可使用先进的监测手段实施对拍卖后买卖双方资金流向的监控，防止及破坏卡特尔组织成员之间的转移支付。

6.2　排污权二级交易市场防合谋拍卖机制设计

6.2.1　基本假设

（1）经济环境

①参与人。假设一场拍卖中存在 n 个具有私人信息的买方排污企业和 1 个排污权卖方。

②待拍卖物品。卖方排污企业将 L_0 单位的排污权委托给排污权交易中心进行拍卖。

③参与人的经济特征。排污企业有三个经济特征。

一是企业的生产行为、排污行为及减排行为。假设 q_i 为排污企业 i 的产品产量，$\sum_{i=1}^{n} q_i = Q$。排污企业 i 的生产成本为 cq_i^2，$c(c>0)$ 为外生的生产成本系数。排污企业 i 在生产过程中产生污染物排放，令 $e_i^b = \phi q_i$，表示所产生的污染物排放总量，$\phi(\phi>0)$ 为单位产出的污染物排放量。排污企业可以通过减排降低污染排放，设排污企业 i 的减排成本为 $\frac{\gamma_i}{2} w_i^2$，其中，$\gamma_i(\gamma_i \geq 0)$ 为减排成本系数，w_i 为排污企业 i 的减排量。

二是排污企业的禀赋。排污企业 i 通过排污权一级交易市场分配到的排污权数量，为给定的 $\bar{l}_i$。

三是排污结果。本节在信息非对称条件下，将环境技术进一步细分为清洁工艺减排技术和末端减排治理技术。清洁工艺减排技术是指，在生产过程中减少污染物排放量，从源头上改善污染物排放。末端减排治理技术是指，在排污后进行污染治理。设清洁工艺减排技术下排污企业 i 真实的排污水平为 $e_i^a = q_i(\phi - w_i)$；末端减排治理技术下排污企业 i 真实的排污水平为 $e_i^a = \phi q_i - w_i$。

④信息结构。排污企业依据边际减排成本 $\gamma_i w_i(\gamma_i)$ 对单位排污权进行估价。排污企业减排成本系数 $\gamma_i(\gamma_i \geq 0)$ 为私人信息。政府及其他排污企业不知道该排污企业的减排成本信息，只知道 γ_i 在 $[a_i, b_i]$ 区间服从独立同分布。分布函数和密度函数分别为 $F(\gamma_i)$、$f(\gamma_i)$，$\dfrac{f(\gamma_i)}{1 - F(\gamma_i)}$ 是关于 γ_i 的递增函数。

（2）机制

①信息空间。排污企业报告的减排成本信息集合构成信息空间，信息空间可以表示为 $\Theta = [a_1, b_1] \times \cdots \times [a_n, b_n]$。

②结果函数。结果函数可由交易价格集合 $P_2 = [(P_2)_1, \cdots, (P_2)_n]$：$\Theta \rightarrow R^n$、交易量集合 $T = (t_1, \cdots, t_n) : \Theta \rightarrow R^n$ 构成。结合信息空间和结果函数，排污权二级交易市场单边拍卖机制可以定义为：$\{T(\gamma_i), p_2(\gamma_i)\}$。

政府不能观察到卡特尔组织成员是否接受该内部拍卖机制。如果合谋企业接受内部拍卖机制，卡特尔将主拍卖机制 $\{p_2(\gamma_i), t_i(\gamma_i)\}$ 操纵成 $\{\hat{p}_2(\gamma_i), \hat{t}_i(\gamma_i)\}$，操纵后的信息空间 $\hat{\Theta} = [\hat{a}_1, \hat{b}_1] \times \cdots \times [\hat{a}_n, \hat{b}_n]$。定义一个操纵函数：$\phi(\gamma_i) : \hat{\Theta} \rightarrow \Delta\Theta$，该操纵函数为信息空间 $\hat{\Theta}$ 映射到 Θ 上的概率分布空间 $\Delta\Theta$。

（3）排污企业目标

排污企业 i 的目标是，选择一个最优产量以最大化利润。排污企业 i 的利润函数可表示为：

$$\pi_i = pq_i - cq_i^2 - \frac{\gamma_i}{2}w_i^2(\gamma_i) - p_1(\gamma_i)\bar{l}_i - p_2(\gamma_i)t_i(\gamma_i) \qquad (6-28)$$

（4）环境质量目标

为保证环境目标的实现，排污权二级交易市场必须出清，拍卖中参与竞标的排污企业交易量满足 $\sum\limits_{i=1}^{n} t_i(\gamma_i) = L_0$。

（5）社会福利目标

政府的社会福利目标是，选择一个最优排污权交易机制 $\{p_2(\gamma_i), T(\gamma_i)\}$，使得社会福利水平最大化。社会福利函数可表示为：

$$W = E_\Theta \left\{ \left(Q - \frac{1}{2}\sum_{i=1}^{n} q_i^2 \right) + \sum_{i=1}^{n} \left[-cq_i^2 - \frac{\gamma_i}{2}w_i^2 - p_1(\gamma_i)\bar{l}_i \right. \right.$$

$$- p_2(\gamma_i)t_i(\gamma_i)\,] - kd \sum_{i=1}^{n} e_i^a + p_1(\gamma_i) \sum_{i=1}^{n} \bar{l}_i(\gamma_i)\} \qquad (6-29)$$

(6) 卡特尔组织目标

卡特尔组织目标为最大化排污合谋企业加权收益，加权收益函数为：

$$Z = E_{\hat{\Theta}_{-i}}\{ \sum_{i=1}^{n} \int_{a_i}^{\hat{b}_i} [\gamma_i w(\gamma_i)\hat{t}_i(\gamma_i) - \hat{p}_2(\gamma_i)\hat{t}_i(\gamma_i)\,]d\omega_i(\gamma_i)\}$$

$$(6-30)$$

(7) 可行机制

最优机制需满足的激励相容条件和参与约束条件，同 5.2 节。可行的合谋拍卖机制满足以下条件：

$$\hat{t}_i(\gamma_i) = E_{\phi(\gamma_i)}[t_i(\gamma_i)\,], \hat{p}_2(\gamma_i) = E_{\phi(\gamma_i)}[p_2(\gamma_i)\,] \qquad (6-31)$$

$$\hat{U}_i(\gamma_i) = E_{\hat{\Theta}_{-i}}\{ \gamma_i w(\gamma_i)\hat{t}_i(\gamma_i) - \hat{p}_2(\gamma_i)\hat{t}_i(\gamma_i)\} \geqslant \hat{U}_i(\gamma_i') \qquad (6-32)$$

$$\hat{U}_i(\gamma_i) \geqslant U_i(\gamma_i) \qquad (6-33)$$

$$E_{\hat{\Theta}}[\hat{p}_2(\gamma_i)\hat{t}_i(\gamma_i)\,] = E_{\phi(\gamma_i)}[p_2(\gamma_i)t_i(\gamma_i)\,] - y(\gamma_i) \qquad (6-34)$$

内部支付函数满足 $\sum_{i=1}^{n} y(\gamma_i) = 0$。

6.2.2　排污权二级交易市场最优防合谋机制

(1) 末端治理减排技术情形

第三阶段，末端治理减排技术企业在给定的交易机制下，选择自身最优产量以最大化利润：

$$\max \pi_i = pq_i - cq_i^2 - \frac{\gamma_i w_i^2}{2} + [(p_2)_i - (p_1)_i]\bar{l}_i - (p_2)_i(\phi q_i - w_i)$$

$$(6-35)$$

由一阶条件可得：

$$q_i^* = \frac{p - (p_2)_i \phi}{2c} \qquad (6-36)$$

排污企业的期望收益函数为：

$$U_i(\hat{p}_2, \hat{t}_i, \gamma_i) = E_{\hat{\Theta}_{-i}}\{\gamma_i[\phi q_i - \bar{l}_i - \hat{t}_i(\gamma_i)]\hat{t}_i(\gamma_i) - (\hat{p}_2)_i(\gamma_i)\hat{t}_i(\gamma_i)\}$$

$$(6-37)$$

排污权二级交易市场排污企业的激励相容条件可转换为:

$$\hat{U}_i[(\hat{p}_2)_i(\gamma_i), \hat{t}_i, \gamma_i] = \hat{U}_i[(\hat{p}_2)_i(\gamma_i), \hat{t}_i, \hat{a}_i]$$

$$+ E_{\hat{\Theta}_{-i}}\int_{\hat{a}_i}^{\gamma_i}[\phi q_i - \bar{l}_i - \hat{t}_i(x)]\hat{t}_i(x)\,dx \qquad (6-38)$$

$$[\phi q_i - \bar{l}_i - \hat{t}_i(\gamma_i)]\hat{t}_i(\gamma_i) \geqslant [\phi q_i - \bar{l}_i - \hat{t}_i(\gamma_i', \gamma_{-i})]\hat{t}_i(\gamma_i', \gamma_{-i})$$

$$(6-39)$$

参与约束条件为 $\hat{U}_i[(\hat{p}_2)_i, \hat{t}_i, \hat{a}_i] = 0$。同样,结合式 (6-37)、式 (6-38) 进行分部积分可得:

$$E_{\hat{\Theta}}\{(\hat{p}_2)_i(\gamma_i)\hat{t}_i(\gamma_i)\} = E_{\hat{\Theta}}\left\{\left[\gamma_i - \frac{1 - F(\gamma_i)}{f(\gamma_i)}\right][\phi q_i - \bar{l}_i - \hat{t}_i(\gamma_i)]\hat{t}_i(\gamma_i)\right\}$$

$$(6-40)$$

令 $\left[\gamma_i - \dfrac{1 - F(\gamma_i)}{f(\gamma_i)}\right][\phi q_i - \bar{l}_i - \hat{t}_i(\gamma_i)]$ 是关于 γ_i 的递增函数。$\gamma_i - \dfrac{1 - F(\gamma_i)}{f(\gamma_i)}$ 是关于 γ_i 的递增函数。因此,单调性约束条件满足。

同 6.1 节,第二阶段,卡特尔组织最优化问题转化为:

$$\max E_{\hat{\Theta}_{-i}}\sum_{i=1}^{n}\left\{\frac{[1 - W_i(\gamma_i)]}{f(\gamma_i)}\left[\frac{p\phi - (\hat{p}_2)_i(\gamma_i)\phi^2}{2} - \bar{l}_i - \hat{t}_i(\gamma_i)\right]\hat{t}_i(\gamma_i)\right\}$$

$$(6-41)$$

$$\text{s. t. } \sum_{i=1}^{n}[(\hat{p}_2)_i(\gamma_i)\hat{t}_i(\gamma_i)] = \sum_{i=1}^{n}\{C[t_i(\hat{\gamma}_i)]\} \qquad (6-42)$$

$$\sum_{i=1}^{n}\hat{t}_i(\gamma_i) = L_0$$

命题 6-2 当排污企业采用末端治理减排技术时,排污权二级交易市场最优合谋拍卖机制如下。

定价机制:当 $(\hat{p}_2)_i(\gamma_i) = (\hat{p}_2)_j(\gamma_j) = R$ 时,排污权二级交易市场最优合谋拍卖机制可由统一价格拍卖实现;当 $(\hat{p}_2)_i(\gamma_i) \neq (\hat{p}_2)_j(\gamma_j)$ 时,排污权二级交易市场最优合谋拍卖机制可由歧视价格拍卖实现。

分配机制：最优分配量为：

$$\hat{t}_i^*(\gamma_i) = \frac{p\phi - \hat{p}_2^*\phi^2}{2c} - \frac{\hat{p}_2^*}{\gamma_i - \frac{1 - F(\gamma_i)}{f(\gamma_i)}} - \bar{l}_i。$$

证明过程，见附录4。

第一阶段，政府最优化问题为：

$$\max W = E_\Theta \left\{ \sum_{i=1}^n \frac{p - p_2(\gamma_i)\phi}{2c} - \left(\frac{1}{2} + c\right) \sum_{i=1}^n \left[\frac{p - p_2(\gamma_i)\phi}{2c}\right]^2 \right.$$

$$- \sum_{i=1}^n \frac{\gamma_i}{2} \left[\frac{p_2(\gamma_i)}{(\gamma_i - \frac{1 - F(\gamma_i)}{f(\gamma_i)})}\right]^2 - \sum_{i=1}^n p_2(\gamma_i) \left[\phi q_i - \frac{p_2(\gamma_i)}{(\gamma_i - \frac{1 - F(\gamma_i)}{f(\gamma_i)})} - \bar{l}_i\right]$$

$$\left. - dk \sum_{i=1}^n \left[\phi q_i - \frac{p_2(\gamma_i)}{(\gamma_i - \frac{1 - F(\gamma_i)}{f(\gamma_i)})}\right] \right\} \qquad (6-43)$$

$$\text{s. t.} \sum_{i=1}^n t_i(\gamma_i) = L_0$$

最优结果同第5章。

（2）清洁工艺减排技术情形

第三阶段，排污企业在给定的交易机制下，选择最优产量以最大化利润：

$$\max \pi_i = pq_i - cq_i^2 - \frac{\gamma_i w_i^2}{2} - (p_2)_i [(\phi - w_i)q_i - \bar{l}_i] - (p_1)_i \bar{l}_i$$

$$(6-44)$$

由一阶条件可得：

$$q_i^* = \frac{p - (p_2)_i(\phi - w_i)}{2c} \qquad (6-45)$$

排污权二级交易市场排污企业的激励相容条件可转换为：

$$\hat{U}_i[(\hat{p}_2)_i, \hat{t}_i, \gamma_i] = \hat{U}_i[(\hat{p}_2)_i, \hat{t}_i, \hat{a}_i] + E_{\hat{\Theta}_{-i}} \int_{\hat{a}_i}^{\gamma_i} \left(\phi - \frac{\bar{l}_i + \hat{t}_i(x)}{q_i}\right) \hat{t}_i(x) dx$$

$$(6-46)$$

$$\left[\phi - \frac{\bar{l}_i + \hat{t}_i(\gamma_i)}{q_i}\right]\hat{t}_i(\gamma_i) \geqslant \left[\phi - \frac{\bar{l}_i + \hat{t}_i(\gamma_i, \gamma_{-i})}{q_i}\right]\hat{t}_i(\gamma_i', \gamma_{-i})$$

$$(6-47)$$

参与约束条件为 $\hat{U}_i\left[(\hat{p}_2)_i, \hat{t}_i, \hat{a}_i\right] = 0$。将式（6-46）代入收益函数中，并结合分部积分结果可得：

$$E_{\hat{\Theta}_{-i}}\{(\hat{p}_2)_i(\gamma_i)\hat{t}_i(\gamma_i)\} = E_{\hat{\Theta}_{-i}}\left\{\left(\gamma_i - \frac{1 - F(\gamma_i)}{f(\gamma_i)}\right)\left(\phi - \frac{\bar{l}_i + \hat{t}_i(\gamma_i)}{q_i}\right)\hat{t}_i(\gamma_i)\right\}$$

$$(6-48)$$

令 $\left(\gamma_i - \dfrac{1 - F(\gamma_i)}{f(\gamma_i)}\right)\left(\phi - \dfrac{\bar{l}_i + \hat{t}_i(\gamma_i)}{q_i}\right)\hat{t}_i(\gamma_i)$ 是关于 γ_i 的递增函数。

$\gamma_i - \dfrac{1 - F(\gamma_i)}{f(\gamma_i)}$ 是关于 γ_i 的递增函数，因此，单调性约束条件满足。

结合式（6-48），第二阶段，卡特尔组织最优化问题转化为：

$$\max E_{\hat{\Theta}}\sum_{i=1}^{n}\frac{[1 - W_i(\gamma_i)]}{f(\gamma_i)}\left\{\phi - \frac{2c[\bar{l}_i + \hat{t}_i(\gamma_i)]}{p - (\hat{p}_2)_i(\gamma_i)\left[\phi - \frac{(\hat{p}_2)_i(\gamma_i)}{\left(\gamma_i - \frac{1 - F(\gamma_i)}{f(\gamma_i)}\right)}\right]}\right\}\hat{t}_i(\gamma_i)$$

$$(6-49)$$

$$\text{s. t.} \quad \sum_{i=1}^{n}[(\hat{p}_2)_i(\gamma_i)\hat{t}_i(\gamma_i)] = \sum_{i=1}^{n}\{C[\hat{t}_i(\gamma_i)]\} \qquad (6-50)$$

$$\sum_{i=1}^{n}\hat{t}_i(\gamma_i) = L_0$$

命题 6-3 当排污企业采用清洁工艺减排技术时，排污权二级交易市场最优合谋拍卖机制如下。

定价机制：当 $(\hat{p}_2)_i(\gamma_i) = (\hat{p}_2)_j(\gamma_j) = R$ 时，排污权二级交易市场最优合谋拍卖机制可由统一价格拍卖实现；当 $(\hat{p}_2)_i(\gamma_i) \neq (\hat{p}_2)_j(\gamma_j)$ 时，排污权二级交易市场最优排污权合谋拍卖机制可由歧视价格拍卖实现。

分配机制：排污权最优分配量为：$\hat{t}_i^*(\gamma_i) = \dfrac{p(\phi - w_i) - \hat{p}_2^*(\phi - w_i)^2}{2c} - \bar{l}_i$。

证明过程，见附录 4。

第一阶段，政府最优化问题为：

$$
\max W = E_\Theta \left\{ \sum_{i=1}^n q_i - \frac{1}{2} \sum_{i=1}^n q_i^2 - \sum_{i=1}^n \frac{\gamma_i}{2} \left[\frac{(p_2)_i(\gamma_i)}{\left(\gamma_i - \dfrac{1 - F(\gamma_i)}{f(\gamma_i)} \right)} \right]^2 \right.
$$

$$
- \sum_{i=1}^n p_2(\gamma_i) \left\{ \left[\phi - \frac{(p_2)_i(\gamma_i)}{\gamma_i - \dfrac{1 - F(\gamma_i)}{f(\gamma_i)}} \right] q_i - \bar{l}_i \right\} - dk \sum_{i=1}^n
$$

$$
\left. \frac{p \left[\phi - \dfrac{(p_2)_i(\gamma_i)}{\gamma_i - \dfrac{1 - F(\gamma_i)}{f(\gamma_i)}} \right] - (p_2)_i(\gamma_i) \left[\phi - \dfrac{(p_2)_i(\gamma_i)}{\gamma_i - \dfrac{1 - F(\gamma_i)}{f(\gamma_i)}} \right]^2}{2c} \right\}
$$

$$
(6-51)
$$

$$
\text{s. t.} \quad \sum_{i=1}^n t_i(\gamma_i) = L_0
$$

最优结果同第 5 章。

6.2.3　结果分析

（1）排污企业采用末端治理减排技术时，最优合谋拍卖机制设计及防合谋机制设计

本节将对合谋情形下排污权二级交易市场单边最优拍卖机制选择展开研究。在合谋情形下，最优机制选择取决于拍卖机制能否给卡特尔组织中的排污企业带来更多收益。排污企业竞标收益可表示为 $\left[\dfrac{\gamma_i}{\gamma_i - \dfrac{1 - F(\gamma_i)}{f(\gamma_i)}} - 1 \right] \hat{p}_2(\gamma_i)$

$\hat{t}_i(\gamma_i)$。结合附录 4 的求解，采用数值模拟方法分析不同拍卖机制下排污企业竞标收益，设基准参数为 $\phi = 2, p = 2, c = \dfrac{1}{2}, d = 2, k = \dfrac{1}{2}, \bar{l}_i = 0.1$，$R = 0.1, \gamma_i \in [0.6, 0.9], L_0 = 2$，分布函数为 $F(\gamma_i) = \gamma_i$，密度函数为 $f(\gamma_i) = 1$，末端治理减排技术下不同拍卖机制排污企业竞标收益，如图

6-1 所示。

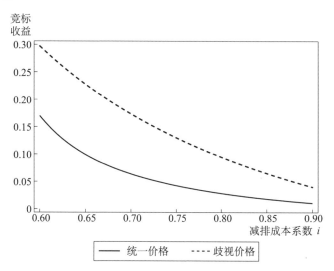

图6-1　末端治理减排技术下不同拍卖机制排污企业竞标收益

资料来源：笔者绘制。

由图6-1可以看出：

命题6-4　在末端治理减排技术下，排污权二级交易市场最优合谋拍卖机制为歧视价格拍卖。

歧视价格拍卖下排污企业竞标收益大于统一价格拍卖下排污企业竞标收益，因此，卡特尔组织会选择歧视价格拍卖方式进行拍卖，这与无合谋情形下政府所采用的拍卖机制结果一致。单一减排成本信息非对称下排污企业无合谋，交易机制选择标准是卖方收益最大化，而在合谋机制下，交易机制选择标准是卡特尔组织成员收益最大化，从而维护卡特尔组织稳定性。此外，可以看到，减排成本系数越大，排污企业获得的收益越小，本书的机制是一个非平分型合谋机制，能够保证卡特尔组织具备一定稳定性，得出的结论更为实际。

结合第5章政府最优化问题的求解结果，设无合谋下的最优福利水平为 W^*，为了防止合谋，最优保留价由式（6-52）给定。

$$W^* = \sum_{i=1}^{n} \frac{p - (\hat{p}_2)_i(\gamma_i)\phi}{2c} - \left(\frac{1}{2} + c\right) \sum_{i=1}^{n} \left[\frac{p - (\hat{p}_2)_i(\gamma_i)\phi}{2c}\right]^2 -$$

$$\sum_{i=1}^{n} \frac{\gamma_i}{2} \left[\frac{(\hat{p}_2)_i(\gamma_i)}{\left(\gamma_i - \frac{1 - F(\gamma_i)}{f(\gamma_i)} \right)} \right]^2 - \sum_{i=1}^{n} (\hat{p}_2)_i(\gamma_i) \left[\phi \bar{q}_i - \frac{(\hat{p}_2)_i(\gamma_i)}{\left(\gamma_i - \frac{1 - F(\gamma_i)}{f(\gamma_i)} \right)} - \bar{l}_i \right]$$

$$- dk \sum_{i=1}^{n} \left[\phi q_i - \frac{(\hat{p}_2)_i(\gamma_i)}{\left(\gamma_i - \frac{1 - F(\gamma_i)}{f(\gamma_i)} \right)} \right] \Bigg\} \qquad (6-52)$$

（2）排污企业采用清洁工艺减排技术时，最优合谋拍卖机制设计及防合谋机制设计

设基准参数为 $\phi = 2, p =\ , c = \frac{1}{2}, d = 2, k = \frac{1}{2}, \bar{l}_i = 0.1, R = 0.1, \gamma_i \in$

$[0.6, 0.9]$，$L_0 = 2$。排污企业竞标收益可表示为 $\left[\frac{\gamma_i}{\gamma_i - \frac{1 - F(\gamma_i)}{f(\gamma_i)}} - 1 \right] \hat{p}_2$

$(\gamma_i) \hat{t}_i(\gamma_i)$。$\dfrac{\gamma_i}{\gamma_i - \dfrac{1 - F(\gamma_i)}{f(\gamma_i)}} - 1 > 0$，只要比较 $\hat{p}_2(\gamma_i) \hat{t}_i(\gamma_i)$ 即可。设分布

函数为 $F(\gamma_i) = \gamma_i$，密度函数 $f(\gamma_i) = 1$，清洁工艺减排技术时不同拍卖机制下排污企业竞标收益，如表 6-1 所示。

表 6-1　　　　清洁工艺减排技术时不同拍卖机制下排污企业竞标收益

γ_i	统一价格拍卖	歧视价格拍卖
	$\hat{p}_2(\gamma_i) \hat{t}_i(\gamma_i)$	$(\hat{p}_2)_i(\gamma_i) \hat{t}_i(\gamma_i)$
$\gamma_i = 0.60$	0.267	0.10
$\gamma_i = 0.65$	0.295	0.14
$\gamma_i = 0.70$	0.309	0.18
$\gamma_i = 0.75$	0.317	0.21
$\gamma_i = 0.80$	0.323	0.25
$\gamma_i = 0.85$	0.327	0.29
$\gamma_i = 0.90$	0.330	0.32

资料来源：笔者根据本书数据计算整理而得。

由表 6-1 可以得到：

命题 6-5　在清洁工艺减排技术下，排污权二级交易市场最优合谋拍卖机制为统一价格拍卖机制。

由表 6 - 1 可以得出，歧视价格拍卖下排污企业竞标收益小于统一价格拍卖下排污企业竞标收益，这与第 5 章无合谋下政府选择的结果相同。

结合第 5 章的相关求解结果，为了防止合谋，最优保留价由下式给定：

$$W^* = \sum_{i=1}^{n} q_i - \frac{1}{2} \sum_{i=1}^{n} q_i^2 - \sum_{i=1}^{n} \frac{\gamma_i}{2} \left[\frac{(\hat{p}_2)_i(\gamma_i)}{\gamma_i - \frac{1 - F(\gamma_i)}{f(\gamma_i)}} \right]^2 - \sum_{i=1}^{n} (\hat{p}_2)_i(\gamma_i)$$

$$\left\{ \frac{p\left[\phi - \frac{(\hat{p}_2)_i(\gamma_i)}{\gamma_i - \frac{1 - F(\gamma_i)}{f(\gamma_i)}} \right] - (\hat{p}_2)_i(\gamma_i) \left[\phi - \frac{(\hat{p}_2)_i(\gamma_i)}{\gamma_i - \frac{1 - F(\gamma_i)}{f(\gamma_i)}} \right]^2}{2c} - \bar{l}_i \right\} -$$

$$dk \sum_{i=1}^{n} \frac{p\left[\phi - \frac{(\hat{p}_2)_i(\gamma_i)}{\gamma_i - \frac{1 - F(\gamma_i)}{f(\gamma_i)}} \right] - (\hat{p}_2)_i(\gamma_i) \left[\phi - \frac{(\hat{p}_2)_i(\gamma_i)}{\gamma_i - \frac{1 - F(\hat{\gamma}_i)}{f(\hat{\gamma}_i)}} \right]^2}{2c}$$

6.3 环境政策对最优防合谋拍卖机制设计的影响

既有文献，如陈德湖（2014）讨论了卡特尔成员数量对最优保留价的影响，但上述文献并未研究环境政策影响。在防合谋机制设计中，随着环境政策的变化，最优保留价也将发生变化。因此，本节将分析环境政策，如排污税、减排补贴变动对排污权二级交易市场最优保留价设计的影响。

（1）在末端治理减排技术下，减排补贴及排污税政策对最优保留价设计的影响分析

借鉴 6.2 节的求解方法，存在排污税及补贴政策时，最优交易量为：

$$\hat{t}_i^*(\gamma_i) = \frac{\dfrac{p\phi - \phi^2 R - \phi^2 \tau}{2} - \bar{l}_i + \dfrac{\left[3L_0 - \dfrac{np\phi - nR\phi^2 - n\phi^2\tau}{2} \right] f(\gamma_i)}{[1 - W_i(\gamma_i)](1-s)}}{\dfrac{\displaystyle\sum_{i=1}^{n} \dfrac{f(\gamma_i)}{[1 - W_i(\gamma_i)](1-s)}}{2}}$$

$$(6 - 53)$$

最优歧视价格为：

$$(\hat{p}_2)_i^*(\gamma_i) = \frac{\dfrac{p\phi n - n\phi^2\tau}{2c} - \bar{l}_i - \hat{t}_i^*(\gamma_i)}{\dfrac{\phi^2 n}{2c} + \dfrac{1}{\left(\gamma_i - \dfrac{1 - F(\gamma_i)}{f(\gamma_i)}\right)(1 - s)}} \tag{6-54}$$

最优保留价由式（6-55）给定：

$$W^* = \sum_{i=1}^{n} \frac{p - [(\hat{p}_2)_i(\gamma_i) + \tau]\phi}{2c} - \left(\frac{1}{2} + c\right)\sum_{i=1}^{n}\left\{\frac{p - [(\hat{p}_2)_i(\gamma_i) + \tau]\phi}{2c}\right\}^2$$

$$- \sum_{i=1}^{n}\frac{\gamma_i}{2}\left\{\frac{(\hat{p}_2)_i(\gamma_i)}{\left[\gamma_i - \dfrac{1 - F(\gamma_i)}{f(\gamma_i)}\right](1 - s)}\right\}^2 - \sum_{i=1}^{n}(\hat{p}_2)_i(\gamma_i)$$

$$\left\{\phi q_i - \frac{(\hat{p}_2)_i(\gamma_i)}{\left[\gamma_i - \dfrac{1 - F(\gamma_i)}{f(\gamma_i)}\right](1 - s)} - \bar{l}_i\right\} - dk\sum_{i=1}^{n}\left\{\phi q_i - \frac{(\hat{p}_2)_i(\gamma_i)}{\left[\gamma_i - \dfrac{1 - F(\gamma_i)}{f(\gamma_i)}\right](1 - s)}\right\}$$

$$\tag{6-55}$$

为了分析减排补贴对保留价设计的影响，根据式（6-55），我们将基准参数设为 $\phi = 2$，$p = 2$，$c = \dfrac{1}{2}$，$d = 2$，$k = \dfrac{1}{2}$，$\tau = 5$，$n = 2$，$\gamma_1 = 1$，$\gamma_2 = 1.1$，$\tau = 4$，$\bar{l}_i = 0.4$，$s \in (0.2, 0.7)$，$L_0 = 2$。设分布函数为 $F(\gamma_i) = \gamma_i$，密度函数为 $f(\gamma_i) = 1$，末端治理减排技术下减排补贴变动对最优保留价的影响，如表6-2所示。

表6-2　　　末端治理减排技术下减排补贴变动对最优保留价的影响

减排补贴（s）	最优保留价（R）
s = 0.1	175.64
s = 0.2	188.90
s = 0.3	219.14
s = 0.4	308.36
s = 0.5	434.53

资料来源：笔者根据本书数据计算整理而得。

由表6-2可以得到：

命题6-6　在末端治理减排技术下，随着减排补贴不断增大，最优保留价不断上升。

减排补贴提高对保留价有两方面影响，一方面，减排补贴提高直接降低排污企业的减排边际成本，减排边际成本下降使得排污企业对排污权估值下降，排污企业获取的收益下降，参与合谋的积极性下降，最优保留价下降，这是正面效应；另一方面，减排补贴水平提高，使得企业能够在相同的减排量下生产更多产品，加大污染排放量，提高减排边际成本，企业对排污权估值上升，排污企业获取利润上升，参与合谋积极性上升，最优保留价上升，这是负面效应。从表6-2来看，减排补贴增大的负效应大于正效应，即随着减排补贴不断增大，最优保留价不断上升。

为分析排污税变动对最优保留价格的影响，我们将基准参数设为 $\phi = 2, p = 2, c = \frac{1}{2}, d = 2, k = \frac{1}{2}, n = 2, s = 0.5, \gamma_1 = 1, \gamma_2 = 1.1, \bar{l}_i = 0.4, s = 0.7, \tau \in (1,5), L_0 = 2$。设分布函数为 $F(\gamma_i) = \gamma_i$，密度函数为 $f(\gamma_i) = 1$，末端治理减排技术时排污税变动对最优保留价的影响，如表6-3所示。

表6-3　　　　末端治理减排技术时排污税变动对最优保留价的影响

排污税（τ）	最优保留价（R）
$\tau = 1$	0.68
$\tau = 2$	62.36
$\tau = 3$	255.37
$\tau = 4$	434.53
$\tau = 5$	1305.67

资料来源：笔者根据本书数据计算整理而得。

由表6-3可以得到：

命题6-7　在末端治理减排技术下，随着排污税不断加大，最优保留价不断上升。

排污税加大使得排污企业减排压力增大，边际减排成本增大，对排污权估值增大，合谋动机增大，最优保留价格不断上升。

（2）在清洁工艺减排技术下，减排补贴及排污税政策对保留价格设计的影响分析结合附录4，存在排污税政策及减排补贴政策时，最优统一价格和交易量由式（6-56）和式（6-57）给定：

$$\frac{[1-W_i(\gamma_i)](1-s)}{f(\gamma_i)}\left\{\phi-\frac{2c[\bar{1}_i+2\hat{t}_i(\gamma_i)]}{p-(R+\tau)\left[\phi-\frac{R}{\left(\gamma_i-\frac{1-F(\gamma_i)}{f(\gamma_i)}\right)(1-s)}\right]}\right\}+v=0$$

(6-56)

$$\sum_{i=1}^{n}t_i(\gamma_i)=L_0 \qquad\qquad (6-57)$$

最优保留价由式（6-58）给定：

$$W^*=\sum_{i=1}^{n}\frac{p-[(\hat{p}_2)_i(\gamma_i)+\tau]\left\{\phi-\frac{(\hat{p}_2)_i(\gamma_i)}{(1-s)\left[\gamma_i-\frac{1-F(\gamma_i)}{f(\gamma_i)}\right]}\right\}}{2c}$$

$$-\frac{1}{2}\sum_{i=1}^{n}\frac{\left\{p-[(\hat{p}_2)_i(\gamma_i)+\tau]\left\{\phi-\frac{(\hat{p}_2)_i(\gamma_i)}{\left[\gamma_i-\frac{1-F(\gamma_i)}{f(\gamma_i)}\right](1-s)}\right\}\right\}^2}{2c}$$

$$-\sum_{i=1}^{n}\frac{\gamma_i}{2}\left\{\frac{(\hat{p}_2)_i(\gamma_i)}{(1-s)\left[\gamma_i-\frac{1-F(\gamma_i)}{f(\gamma_i)}\right]}\right\}^2-\sum_{i=1}^{n}(\hat{p}_2)_i(\gamma_i)\hat{t}_i(\gamma_i)$$

$$-dk\sum_{i=1}^{n}\frac{p\left\{\phi-\frac{(\hat{p}_2)_i(\gamma_i)}{\left[\gamma_i-\frac{1-F(\gamma_i)}{f(\gamma_i)}\right](1-s)}\right\}-[(\hat{p}_2)_i(\gamma_i)+\tau]\left\{\phi-\frac{(\hat{p}_2)_i(\gamma_i)}{\left[\gamma_i-\frac{1-F(\gamma_i)}{f(\gamma_i)}\right](1-s)}\right\}}{2c}$$

(6-58)

基准参数同末端治理减排技术情形，根据式（6-56）、式（6-57）及式（6-58），分析减排补贴及排污税对保留价格设计的影响，清洁工艺减排技术下减排补贴变动对最优保留价的影响，见表6-4。清洁工艺减排技术下排污税变动对最优保留价的影响，如表6-5所示。

表6-4   清洁工艺减排技术下减排补贴变动对最优保留价的影响

减排补贴（s）	最优保留价（R）
s=0.1	3.66

续表

减排补贴（s）	最优保留价（R）
s = 0.2	2.80
s = 0.3	2.07
s = 0.4	2.66
s = 0.5	3.57

资料来源：笔者根据本书数据计算整理而得。

表6-5　　　　　清洁工艺减排技术下排污税变动对最优保留价的影响

排污税（τ）	最优保留价（R）
τ = 1	0.45
τ = 2	0.99
τ = 3	1.65
τ = 4	1.69
τ = 5	2.66

资料来源：笔者根据本书数据计算整理而得。

由表6-4、表6-5可以得到以下内容。

命题6-8　在清洁工艺减排技术下，随着减排补贴不断增大，最优保留价呈先下降、后上升趋势。随着排污税不断加大，最优保留价不断增大。

与末端减排相同，减排补贴提高对保留价也有两方面影响。但清洁工艺减排技术下，减排投入增加除了直接降低利润，还能够促进产量增加，从而带来更多收益。当减排补贴较小时，排污企业利用减排补贴水平提高产量的动机减弱，减排补贴提高的负效应不断减小；当减排补贴较高时，排污企业利用减排补贴水平提高产量的动机增强，减排补贴提高的负面效应不断增大。而末端减排技术下，减排补贴增大将会降低企业利润，排污企业利用减排补贴水平提高产量的动机增强，减排补贴增大的负面效应不断增大。此外，排污税加大，使得排污企业减排压力增大，导致边际减排成本增大，对排污权估值增大，合谋动机增大，因此，最优保留价格不断增大，这个结论与末端减排下相同。

结合命题6-7和命题6-8可以看出，在不同减排技术下，随着减排补贴增大，最优保留价的变化存在差异；无论采用哪类减排技术，随着排污税增大，最优保留价变化无差异。

6.4　本章小结

本章考察了政府与排污企业之间、排污企业之间减排成本与合谋双重信息非对称时的排污权交易机制设计。第一，讨论减排成本与合谋双重信息非对称时的排污权一级交易市场拍卖机制设计；第二，研究排污企业采用不同减排技术时，减排成本与合谋双重信息非对称的排污权二级交易市场单边拍卖机制设计；第三，分析环境政策对排污权二级交易市场最优防合谋机制设计的影响。有以下五点创新性结论。

①合谋与减排成本信息非对称下，排污权一级交易市场最优合谋拍卖机制为统一价格拍卖。在末端治理减排技术下，歧视价格拍卖下排污企业的竞标收益大于统一价格拍卖下排污企业的竞标收益，排污权二级交易市场最优合谋拍卖机制为歧视价格拍卖；在清洁工艺减排技术下，排污权二级交易市场最优合谋拍卖机制为统一价格拍卖。

②为防止排污企业合谋，政府应设置最优保留价，该保留价应使得合谋情形下与无合谋情形下的社会福利水平无差异。

③在排污权一级交易市场中，新进入排污企业是无私人信息的，竞标收益为零，因此新进入排污企业无合谋行为，最优保留价只与现有排污企业有关。

④在排污权二级交易市场中，不同减排技术下，减排补贴对最优保留价设计的影响存在差异。在末端治理减排技术下，减排补贴投入增大将降低企业利润，减排补贴提高带来的负面效应大于正面效应；在清洁工艺减排技术下，减排投入增大，一方面，直接降低企业利润；另一方面，可以提高企业产量，当减排补贴较小时，减排补贴提高带来的正面效应大于负面效应，排污企业合谋动机弱化，最优保留价下降；当减排补贴较大时，减排补贴提高带来的正面效应小于负面效应，排污企业合谋动机增大，最优保留价上升。

⑤在排污权二级交易市场中，在不同减排技术下，减排补贴对最优保留价设计的影响无差异。排污税加大使得排污企业减排压力增大，边际减排成本上升，导致排污企业对排污权估值增大，排污企业合谋的可能性加强。因此，无论在哪种减排技术下，为防止企业合谋，随着排污税不断增大，最优保留价应不断上升。

第 7 章
结论与展望

通过考察中国现阶段排污权交易试点实践情况，本书总结出当前试点地区排污权交易中存在的问题，概括来说，排污权一级交易市场定价方式、分配标准不统一；排污权二级交易市场政府干预严重，成交量稀少，配套政策不完善。基于现实背景考察，本书归纳了所要研究的问题，即如何合理地设计中国排污权交易机制，实现污染物总量控制目标。进一步地，通过对前人文献进行回顾，本书发现，既有研究存在四方面不足：一是排污权一级交易市场初始排污权定价以及排污权二级交易市场指导价的制定均未考虑非对称减排成本信息，并且，大都基于局部均衡的新古典经济学分析框架，缺乏一般均衡分析和机制设计视角分析；二是排污谎报研究只是基于外生排污权交易机制，未考虑内生排污权交易机制及减排成本信息非对称情形；三是既有文献仅利用博弈分析框架研究信息非对称下的拍卖机制设计，仅考虑排污企业间的信息非对称；四是既有研究分析了第一价格拍卖下及第二价格拍卖下排污企业的合谋行为，并给出了政府对排污企业合谋行为的最优反应策略，忽略政府与排污企业之间的信息非对称，仅把排污权当成一种商品，而未将企业污染排放、企业污染削减、企业生产投入及政府部门纳入拍卖模型中，并且，没有讨论环境政策对最优防合谋机制设计的影响。

基于上述理论研究不足，本书结合中国排污权交易实际情况，根据排污权交易参与主体（政府与排污企业）之间信息非对称的类型，分别探讨了四种情况下的排污权交易机制设计问题。即，政府与排污企业之间减排成本信息非对称时排污权交易机制设计；政府与排污企业之间减排成本与排污双重信息非对称时的排污权交易机制设计；政府与排污企业之间、排污企业之间减排成本信息非对称时的排污权交易机制设计；政府与排污企业之间、排污企业之间减排成本与合谋双重信息非对称时的排污权交易机制设计。本章将对本书的主要工作和结论、主要创新点进行总结，给出相关政策建议，最后，指出本书存在的局限性和进一步的研究方向。

7.1　主要工作和结论

（1）第 3 章构建政府与排污企业之间减排成本信息非对称时的排污权交易机制设计模型，分别从对称信息和非对称信息两个角度对模型进行求解。根据模型求解结果，得出减排成本信息对称情形下与非对称情形下的最优排污权交易机制；探讨如何利用减排补贴政策消除信息非对称的影响；给出污染物总量控制政策、排污税政策及产品市场变动对排污权交易市场的影响。结论为以下三点。

①当减排成本信息非对称时，为防止低成本企业谎报减排成本类型，最优排污权一级交易市场定价方式为有偿使用，初始排污权应根据总量控制目标进行分配，分配标准为企业治污成本占总治污成本的比重乘以污染物总量控制目标；②在强制减排情形下，排污权二级交易市场最优交易机制为政府统一指导价格下的出清交易机制，随着污染物总量控制目标变小，排污权二级交易市场交易价格不断上升，随着排污税及产品市场价格水平的提高，排污权二级交易市场的交易价格不断下降；③当减排成本信息非对称时，由企业进行减排投资，社会福利水平存在较大损失，而政府选择合适的减排补贴进行政企联合减排投资，能够消除减排成本信息非对称影响，取得经济和环境协调发展；④高减排成本系数企业获得的初始排污权较多，低减排成本系数企业获得的初始排污权较少。排污企业为排污权二级交易市场卖方时，减排成本系数越大的排污

企业交易量越小；减排成本系数越小的排污企业交易量越大。排污企业为排污权二级交易市场排污权买方时，减排成本系数越大的排污企业交易量越大；减排成本系数越小的排污企业交易量越小。

（2）第4章在第3章的基础上引入排污信息，构建政府与排污企业之间减排成本与排污双重信息非对称时的排污权交易机制设计模型，根据模型的求解结果，讨论排污企业存在谎报行为时的最优排污权交易机制设计；分析消除减排成本信息非对称的减排补贴政策设计以及污染物总量控制目标、排污税政策、单位监管成本变动、单位惩罚成本变动对最优排污权交易机制和监管机制设计的影响。结论有以下三点。

①排污企业能否自愿守法排污，取决于惩罚成本和排污成本之间的差异。当排污权二级交易市场交易价格与排污税之和小于等于排污企业谎报的惩罚成本时，排污企业自愿守法排污时的机制设计结果是最优的。当排污权二级交易市场交易价格与排污税之和大于排污企业谎报惩罚成本时，政府迫使排污企业守法时的机制设计结果是最优的。排污企业选择违法排污时，仅依赖政府监管并不能让企业守法排污，政府需选择合适的违法排污惩罚力度与监管相结合。②为消除信息非对称的影响，政府必须设置合理的减排补贴政策，最优减排补贴政策受相关政策因素影响。排污企业被迫守法排污时，当污染物总量控制目标较小时，排污企业违法动机较大，随着污染物总量控制目标增大，减排补贴水平应不断增大；当污染物总量控制目标较大时，排污企业违法动机较小，随着污染物总量控制目标增大，政府应降低减排补贴水平。随着排污税不断加大，企业谎报动机增大，此时，应提高减排补贴水平。单位监管成本增大，监管水平下降，减排量下降，政府应提高减排补贴水平。③最优的惩罚力度、监管水平及排污权二级交易市场交易价格受到相关政策因素的影响。排污企业被迫守法排污时，随着污染物总量控制目标变小，最优惩罚力度、监管水平及排污权二级交易市场交易价格不断上升；随着排污税不断加大，惩罚力度不断上升，监管水平不断下降，排污权二级交易市场交易价格不断上升；随着单位监管成本增大，惩罚力度不断上升，监管水平不断下降，排污权二级交易市场交易价格不断上升；随着单位惩罚成本增大，惩罚力度不断上升，监管水平不断下降，排污权二

级交易市场交易价格不断下降。

（3）第 5 章在第 3 章基础上，引入排污企业之间减排成本信息非对称，构建政府与排污企业之间、排污企业之间减排成本信息非对称时的排污权交易拍卖机制设计模型。首先，构建排污权一级交易市场最优拍卖机制模型，研究排污权一级交易市场拍卖机制选择；其次，构建排污权二级交易市场单边拍卖机制设计模型，研究排污企业采用末端治理减排技术和清洁工艺减排技术时，最优拍卖机制选择及其差异，并进一步比较了多物品拍卖机制和现有单物品拍卖机制的效率差异；最后，允许买卖双方同时报价，将排污权二级交易市场单边拍卖机制设计拓展到排污权二级交易市场双边排污权拍卖机制设计，并进一步比较双边拍卖机制和政府指导价交易的效率差异。结论有以下五点。

①统一价格拍卖和歧视价格拍卖都能实现最优拍卖机制，但在实际应用中，为保证初始分配公平性，排污权一级交易市场应采用统一价格拍卖。②当存在一个买方及一个卖方时，排污权二级交易市场双边拍卖机制可由一个协议出让交易机制实现，在协议出让交易模式下，买方报价大于出清价、卖方报价小于出清价时，交易成交；否则，不成交。③当排污权二级交易市场存在一个卖方和多个买方时，末端治理减排技术下歧视价格拍卖是政府的最优选择，清洁工艺减排技术下统一价格拍卖是政府的最优选择。④当存在多个买卖方时，排污权二级交易市场双边拍卖机制可由一个高低匹配的交易机制实现。⑤相比单物品拍卖机制，排污权交易中使用多物品拍卖机制更有效率，买卖双方"一对一"竞价交易时，应采用协议出让机制，让排污企业自由询价，而不是选择政府指导价进行交易。

（4）第 6 章在第 3 章的基础上，引入减排成本与合谋信息非对称，构建政府与排污企业之间、排污企业之间减排成本与合谋双重信息非对称时的排污权交易机制设计模型。首先，讨论了合谋与减排成本双重信息非对称的排污权一级交易市场拍卖机制及防合谋机制设计；其次，研究排污企业采用不同减排技术时，合谋与减排成本双重信息非对称时的排污权二级交易市场拍卖机制及防合谋机制设计；最后，引入排污税及减排补贴政策，分析环境政策对最优防合谋机制设计的影响。得出以下五个结论。

①合谋与减排成本信息非对称下，排污权一级交易市场最优合谋拍卖机制为统一价格拍卖。在末端治理减排技术下，排污权二级交易市场最优合谋拍卖机制为歧视价格拍卖；在清洁工艺减排技术下，排污权二级交易市场最优合谋拍卖机制为统一价格拍卖。②为防止排污企业合谋，政府应设置最优保留价，使得合谋情形下与无合谋情形下的社会福利水平无差异。③在排污权一级交易市场中，新进入排污企业无合谋行为，最优保留价只与现有排污企业有关。④在排污权二级交易市场中，不同减排技术下，减排补贴变动对最优保留价设计的影响存在差异。排污企业采用末端治理减排技术时，减排补贴投入增大，企业利润降低，减排补贴提高带来的负面效应大于正面效应，排污企业合谋动机下降，最优保留价下降；在排污企业采用清洁工艺减排技术时，减排投入增大，一方面，直接降低企业利润；另一方面，可以提高企业产量。当减排补贴较小时，减排补贴提高带来的正面效应大于负面效应，排污企业合谋动机降低，保留价下降；当减排补贴较大时，减排补贴提高带来的正面效应小于负面效应，排污企业的合谋动机提升，最优保留价上升。⑤在排污权二级交易市场中，不同减排技术下，排污税变动对最优保留价设计的影响无差异。排污税加大使得排污企业的减排压力增大，导致边际减排成本上升，排污企业对排污权估值增大，合谋动机增大。因此，无论在哪种减排技术下，随着排污税不断加大，为防止企业合谋，最优保留价应不断上升。

7.2　创新点

本书利用机制设计理论、拍卖理论，结合中国排污权交易情境，研究非对称信息下的总量控制排污权交易机制设计问题。主要创新点有以下四点。

（1）基于政府与排污企业减排成本信息非对称视角，建立污染物总量控制下的排污权交易机制设计基本分析框架。

通过文献梳理发现，既有研究存在四方面不足，一是排污权一级交易市场排污权由政府直接定价以及排污权二级交易市场指导价制定，没有考虑减排成本信息非对称的影响；二是当前，关于排污权初始分配的研究，主要基于无偿使用情形，没有分析有偿使用下如何进行初始分配，并且，没有将污染物总量控制目标设置与排污权交易过程相联系；三是既有研究主要基于局部均衡的新古典经济学分析框架，缺乏一般均衡及机制设计视角下的分析；四是既有文献未探讨排污权交易与其他环境政策的协调问题，没有分析排污权交易市场与产品交易市场之间的关系。

基于以上不足，本书在海塔·C. 局部均衡模型基础上，考虑政府与减排企业之间减排成本信息非对称及排污企业产品生产、排污和减排等过程，并引入污染物总量控制、排污税及减排补贴等多类环境政策变量，构建政府与排污企业之间减排成本信息非对称的排污权交易机制设计模型，分析减排成本信息非对称情形与信息对称情形下排污权交易机制设计的差异，给出消除信息非对称影响的最优减排补贴政策，给出污染物总量控制目标、排污税及产品市场价格对排污权二级交易市场交易价格的影响。研究结论表明，在减排成本信息非对称时，为实现总量控制目标，排污权一级交易市场最优定价机制为有偿使用，排污权依据成本—效率方法进行分配；在强制减排情形下，排污权二级交易市场最优交易机制为统一指导价下的出清交易机制。在减排成本信息非对称时，社会福利水平存在损失，政府应选择最优减排补贴水平，使得经济和环境双赢。随着污染物总量控制目标降低，排污权二级交易市场交易价格应不断上升。随着排污税及产品市场价格水平提高，排污权二级交易市场交易价格应不断下降。[①]

本章建立了非对称信息下排污权交易机制设计的基本分析框架，为研究排污权交易机制设计提供了新的研究视角；为排污权一级交易市场政府定价、分配方式选择，排污权二级交易市场指导价制定，减排补贴和排污税政策设计提供了理论依据。

（2）在基本分析框架基础上，引入排污信息非对称，发现不同监管

---

① Haita C. Endogenous market power in an emissions trading scheme with auctioning [J]. Resource & Energy Economics，2014，37（3）：253–278.

水平下排污权一级交易市场、排污权二级交易市场最优交易机制设计结果存在差异。

既有研究，如斯特拉隆德·J和查韦斯·C，基于排污权交易机制外生假定，考察最优减排补贴及监管政策设计，政府监管政策无法影响交易机制，并且，只有在单一信息非对称下的研究，缺乏在多重信息非对称视角下的排污权交易机制设计。[①] 针对上述不足，本书借鉴斯特拉隆德·J和查韦斯·C（2000）关于排污谎报的研究，结合中国情境，在政府与排污企业之间减排成本信息非对称模型基础上，进一步引入非对称排污信息，构建排污信息与减排成本信息非对称的排污权交易机制设计模型，给出双重信息非对称时的最优排污权交易机制，揭示污染物总量控制目标、排污税政策、单位监管成本及单位惩罚成本变动对最优排污权交易机制和监管机制的影响。研究结论表明，当排污权二级交易市场交易价格与排污税之和小于等于排污企业谎报惩罚成本时，排污企业自愿守法排污时的机制设计结果是最优的。当排污权二级交易市场交易价格与排污税之和大于排污企业谎报惩罚成本时，政府迫使排污企业守法排污时的机制设计结果是最优的。为迫使排污企业守法排污，政府需选择最优的违法排污惩罚力度与监管力度相结合，最优违法排污惩罚力度受污染物总量控制目标、排污税、惩罚成本及监管力度等因素影响。随着污染物总量控制目标变小，最优惩罚力度、监管水平排污权及二级交易市场交易价格不断上升；随着排污税不断提高，惩罚力度不断上升，监管水平不断下降，排污权二级交易市场交易价格不断上升；随着单位监管成本增大，惩罚力度不断上升，监管水平不断下降，排污权二级交易市场交易价格不断上升；随着单位惩罚成本增大，惩罚力度不断上升，监管水平不断下降，排污权二级交易市场交易价格不断下降。此外，政府可采取措施降低单位监管成本，迫使排污企业守法。

本章将基于隐匿行为的信息非对称引入排污权交易机制设计框架，探讨了多重信息非对称下的排污权交易机制设计，弥补了单一信息非对

---

① Stranlund J., Chavez C. Effective enforcement of a transferable emissions permit system with a self-reporting requirement [J]. Journal of Regulatory Economics, 2000, 18: 113-131.

称研究的不足；为排污企业存在谎报排污行为时排污权一级交易市场交易、排污权二级交易市场交易，政府排污监管、惩罚政策设计提供了理论依据。

（3）在基本分析框架基础上，引入排污企业之间减排成本信息非对称，发现新进入排污企业应采用统一价格拍卖方式分配排污权，排污权二级交易市场最优多物品拍卖机制选择受排污企业所采用的减排技术影响。

相关排污权拍卖既有研究基于博弈论分析框架，仅考虑排污企业之间的信息非对称，忽略政府与排污企业之间的信息非对称，以收入最大化为目标，并且，未将排污企业污染排放、污染削减、生产等环节纳入拍卖模型。针对上述不足，本书借鉴迈尔森·R.[①] 单物品最优拍卖机制设计研究，结合中国情境，在政府与排污企业之间减排成本信息非对称模型的基础上，引入排污企业之间的减排成本信息非对称，讨论排污权一级交易市场、排污权二级交易市场最优拍卖机制设计。引入新进入排污企业，构建排污权一级交易市场最优拍卖机制设计模型，研究排污权一级交易市场最优拍卖机制；将排污企业分为末端治理减排技术与清洁工艺减排技术两类，探讨排污企业采用不同减排技术类型时，排污权二级交易市场最优单边拍卖机制选择及其差异，并进一步比较了多物品拍卖和现有单物品拍卖的交易效率差异；允许买卖双方同时报价，构建排污权双边拍卖机制设计模型，探讨最优双边拍卖机制设计及其实现过程，并比较了双边拍卖机制和政府指导价出清机制的交易效率差异。研究结论表明，为保证新进入企业能够参与排污权一级交易市场分配，政府应将直接定价出售和拍卖机制结合使用，最优拍卖机制为统一价格拍卖；当社会平均减排成本系数较大时，分配结果更有利于新进入排污企业。当存在一个卖方和一个买方时，排污权二级交易市场的交易使用协议出让机制的交易效率，高于政府指导价下的"一对一"匹配出清机制；当存在一个卖方和多个买方时，排污权二级交易市场交易使用多物品拍卖机制比使用单物品拍卖机制更有效率，最优多物品拍卖机制的选择，受

排污企业所采用的减排技术影响；当存在多个买方、卖方时，最优双边拍卖机制可由一个高低匹配交易机制实现。

本章将基于博弈框架的排污权拍卖机制设计拓展到基于机制设计理论的双边、多单位物品排污权拍卖机制设计，完善了排污权拍卖机制既有研究；为新进入排污企业初始排污权分配方式选择及"一对一"、"一对多"、"多对多"参与人情形下排污权二级交易市场拍卖机制选择提供了理论依据。

（4）在基本分析框架基础上，引入排污企业之间减排成本及合谋信息非对称，结果发现，排污权一级交易市场最优保留价设计只与现有排污企业有关，排污权二级交易市场排污企业采用不同减排技术时的减排补贴政策对保留价设计的影响存在差异。

国内学者，陈德湖研究了第一价格拍卖及第二价格拍卖下的合谋行为，给出了环境管理部门对排污企业合谋行为的最优反应策略，但没有考虑政府与排污企业之间的信息非对称，未将排污企业的污染排放、污染削减、生产等环节纳入拍卖中，并且，未讨论环境政策对最优防合谋机制设计的影响。[①] 基于上述不足，本书借鉴巴甫洛夫·G（2008）单物品防合谋机制设计研究，结合中国情境，在政府与排污企业之间减排成本信息非对称模型的基础上，引入排污企业之间减排成本和合谋信息非对称，讨论排污权一级交易市场、排污权二级交易市场最优防合谋机制设计及其影响因素。首先，讨论排污权一级交易市场合谋拍卖机制和防合谋机制设计；其次，将排污企业分为末端治理减排技术与清洁工艺减排技术两类，研究排污企业采用不同减排技术时，排污权二级交易市场最优合谋拍卖机制及防合谋机制设计；最后，引入排污税及减排补贴政策，分析环境政策对最优防合谋机制设计的影响。结论表明，合谋与减排成本信息非对称时，排污权一级交易市场最优合谋拍卖机制为统一价格拍卖。当排污企业采用末端治理减排技术时，排污权二级交易市场最优合谋拍卖机制为歧视价格拍卖；当排污企业采用清洁工艺减排技术时，排污权二级交易市场最优合谋拍卖机制为统一价格拍卖。为防止排污企业合

---

① 陈德湖. 总量控制下排污权拍卖理论与政策研究［M］. 大连：大连理工大学，2014.

谋，政府应设置最优保留价，使得合谋情形下与无合谋情形下的社会福利
水平无差异。在排污权一级交易市场中，新进入排污企业无合谋行为，最
优保留价只与现有排污企业有关。在排污权二级交易市场中，不同减排技
术下，减排补贴变动对最优保留价设计的影响存在差异，排污变动对最优
保留价设计的影响无差异。当排污企业采用末端减排技术时，随着减排补
贴不断增大，最优保留价不断上升；当排污企业采用清洁工艺减排技术
时，随着减排补贴不断增大，最优保留价呈先下降、后上升趋势。无论
排污企业采用哪种减排技术，随着排污税不断加大，最优保留价将不断
上升。本书为合谋情形下的排污权交易拍卖机制设计提供了理论依据。

　　本章将基于博弈框架排污权拍卖合谋机制的研究，拓展到基于机制
设计理论的防合谋拍卖机制设计，完善了现有排污权拍卖机制研究，为
合谋情境下排污权交易拍卖机制设计提供了理论依据。

7.3　政策建议

　　根据理论模型得到的结论，本书有以下三点政策建议。

　　（1）排污权一级交易市场定价与分配

　　在排污权一级交易市场上，新进入排污企业的减排成本及历史排污
量信息无法获得，它们无法通过直接定价出售方式获得排污权，只能通
过排污权二级交易市场交易获取排污权。考虑到新进入排污企业的排污
权分配问题，排污权一级交易市场应采用政府直接定价出售机制与拍卖
机制相结合的定价方式。采用直接定价出售时，初始排污权的分配应与
污染物总量控制目标挂钩，分配标准为排污企业治污成本占总治污成本
的比重乘以污染物总量控制目标。在这种分配方法下，具有较高污染治
理成本的排污企业得到较多配额，而具有较低污染治理成本的企业得到
较少配额。排污权一级交易市场拍卖，应使用带有保留价的统一价格拍
卖机制，从而保证分配公平性。

　　（2）排污权二级交易市场交易

　　根据排污权买卖双方参与人数的多少，排污权二级交易市场上排污

企业之间的交易方式可以分为三类，当交易中存在一个卖方和一个买方时，排污权二级交易市场交易应使用协议出让机制，协议出让时买卖双方采用自由询价方式交易。目前，中国大多数省（区、市）排污权交易价格实行政府指导价，市场无法发挥应有的作用，排污企业参与交易的积极性下降。因此，政府要想活跃排污权一级交易市场、排污权二级交易市场，促进环境资源优化配置，使社会总体效益水平最优，必须放开定价，让交易双方在双边信息非对称情况下，通过博弈做出各自的最优决策。当交易中存在一个卖方和多个买方时，排污权二级交易市场交易使用多物品拍卖机制，现阶段，排污权二级交易市场应选择带有保留价的歧视价格拍卖机制，调动市场积极性，而随着减排技术的不断更新，政府应选择带有保留价的统一价格拍卖机制。当交易中存在多个买方和多个卖方时，排污权二级交易市场交易使用高低匹配交易机制。

除了排污企业之间的交易，为了调节市场需求，政府在排污权二级交易市场上也会出售排污权，政府与排污企业之间的交易应使用政府指导价。此外，政府指导价也可作为排污权二级交易市场交易的参考价。例如，在排污权单边拍卖机制时，政府指导价可以作为起拍价；在排污权协议出让机制时，双方出让价不得低于政府指导价。

（3）配套环境政策

第一，排污企业为了降低减排成本，往往存在污染物偷排行为，对政府而言，如果要引导企业减排投资，需要进一步扩大排污企业减排成本差异，此时，可以考虑对企业的减排投资活动进行适当的差异化减排补贴。通过实施差异化的减排补贴政策，能够促使部分企业积极地采用最新减排技术，降低减排成本，活跃排污权二级交易市场交易，为形成全国性的排污权交易体系奠定市场基础。

第二，针对污染源管理的环境政策很多，如排污收费、总量控制等，将排污权交易政策纳入环境政策体系，需要厘清其他环境政策与该政策的关系。一方面，政府应协调排污权交易和排污税政策的使用，对两者进行宏观调控，引导和推进环境、经济与社会的协调发展；另一方面，随着污染物总量控制目标的调整，排污权交易机制也应做出相应调整。

第三，应将监管政策与惩罚政策相结合。一方面，为降低监管成本，政府应使用现代化的电子监测手段，实现实时在线的污染物监控，制定统一的监测标准和监测模式，对监测数据定期抽检并公开，保证数据的真实性；另一方面，对排污权交易过程中谎报等违法行为，要坚决予以严惩。对违反相关法律的行为，还需要负法律责任。在实际操作中，政府可使用的处罚手段有多种，包括行政手段、经济手段和法律手段（朱皓云，2014）。如根据情节严重程度，采取扣减排污指标、罚款、影响环境信用评级、浮动排污权价格、吊销污染物排放许可证、收回环境使用权等方式。

政策建议，见表7-1。

表7-1		政策建议	
排污权一级交易市场定价与分配		排污权二级交易市场交易	配套政策
定价方式：政府定价出售和带有保留价的统一价格拍卖相结合	政府与排污企业之间的交易	政府指导价	
分配方式：成本—效率分配法，与污染物总量控制目标挂钩	排污企业之间的交易	一个买方和一个卖方：协议出让机制，采用自由询价方式交易 一个卖方和多个买方：带有保留价的歧视价格拍卖（末端治理减排技术）；带有保留价的统一价格拍卖（清洁工艺减排技术） 多个买方和多个卖方：高低匹配机制	补贴、排污税、监管政策和惩罚政策

资料来源：笔者根据相关资料总结而得。

7.4 研究的不足之处及进一步研究方向

本书结合中国排污权交易的实际情况，利用机制设计理论、拍卖理论，研究污染物总量控制背景下的排污权交易机制设计问题，突破传统分析思路，取得了一些研究成果，但仍存在一定局限，未来将从以下四个方面进行深入拓展和完善。

①本书主要借助数理模型和模拟仿真方法，对排污权交易机制设计进行研究，缺乏经验研究。在现实中，排污权市场总体交易较少、交易

数据很难搜集，导致本书无法进行经验研究，只能通过理论建模方法和数值模拟方法进行分析。随着排污权市场日渐成熟及交易日益频繁，今后，可采用经验研究对排污权交易机制设计展开分析。

②本书只考虑单期排污权交易情况，缺乏跨期排污权交易情形下的研究。排污权交易是一个长期、动态的过程，因此，跨期排污权交易机制设计具有重大的理论意义和实践意义，可以作为进一步的一个研究方向。

③本书假设排污权交易市场是完全竞争的，缺乏不完全竞争情形下的分析。今后，可构建不完全竞争情形下的排污权交易机制设计模型，分析不同市场势力对排污权交易机制设计的影响。

④第6章只考虑了合谋信息，忽略了其他类型的信息非对称。事实上，排污企业之间除了合谋信息之外，还存在其他多类信息非对称，如排污企业之间的预算约束信息非对称，网上交易时排污企业进入、退出交易平台的信息非对称等。上述信息非对称对排污权交易机制设计也有重要影响。今后，可进一步引入其他类型的信息非对称，研究更复杂情形下的排污权交易机制设计问题。

附　录

附录1　第3章命题证明

（1）命题 3-2 证明

证明： 令所有排污企业参与约束为紧，建立拉格朗日函数，λ_i、ν 为拉格朗日乘数：

$$\tilde{L}(p_2, w_i, l_i, \gamma_i) = \frac{n[p - (p_2 + \tau)\phi]}{2c} - \left(\frac{n}{2} + cn\right)\left[\frac{p - (p_2 + \tau)\phi}{2c}\right]^2$$

$$+ \sum_{i=1}^{n}\left(-\frac{\gamma_i w_i^2}{2}\right) - p_2 \sum_{i=1}^{n}\left[\frac{p\phi - (p_2 + \tau)\phi^2}{2c} - w_i - l_i\right]$$

$$- dk \sum_{i=1}^{n}\left[\frac{p\phi - (p_2 + \tau)\phi^2}{2c} - w_i\right]$$

$$+ \sum_{i=1}^{n}\lambda_i\left\{\frac{[p - (p_2 + \tau)\phi]^2}{4c} - \frac{\gamma_i(1 - s)w_i^2}{2} + (p_2 - p_1)l_i + (p_2 + \tau)w_i - \overline{\pi}\right\}$$

$$+ \nu\left\{\sum_{i=1}^{n}\left[\frac{p\phi - (p_2 + \tau)\phi^2}{2c} - w_i\right] - \overline{E}\right\}$$

一阶最优条件为：

$$\frac{\partial \tilde{L}}{\partial l_i} = \lambda_i(p_2 - p_1) + p_2 = 0 \qquad\qquad (1)$$

$$\frac{\partial \tilde{L}}{\partial p_1} = \lambda_i l_i = 0 \tag{2}$$

$$\frac{\partial \tilde{L}}{\partial p_2} = \frac{dkn\phi^2 - n\phi}{2c} + n(1+2c)\left[\frac{p\phi - (p_2 + \tau)\phi^2}{4c^2}\right]$$

$$- \sum_{i=1}^{n}\left[\frac{p\phi - (p_2 + \tau)\phi^2}{2c} - w_i - l_i\right] + \frac{n\phi^2}{2c}p_2 \tag{3}$$

$$+ \sum_{i=1}^{n}\lambda_i\left\{-\frac{[p\phi - (p_2 + \tau)\phi^2]}{2c} + (l_i + w_i)\right\} - \frac{vn\phi^2}{2c} = 0$$

$$\frac{\partial \tilde{L}}{\partial w_i} = -\gamma_i w_i + dk + p_2 + \lambda_i[-\gamma_i(1-s)w_i + p_2 + \tau] - v = 0 \tag{4}$$

$$\frac{\partial \tilde{L}}{\partial \lambda_i} = \frac{[p - (p_2 + \tau)\phi]^2}{4c} - \frac{\gamma_i(1-s)w_i^2}{2} + (p_2 - p_1)l_i + (p_2 + \tau)w_i = \overline{\pi} \tag{5}$$

$$\frac{\partial \tilde{L}}{\partial v} = \sum_{i=1}^{n}\left[\frac{p\phi - (p_2 + \tau)\phi^2}{2c} - w_i\right] - \overline{E} = 0 \tag{6}$$

在式 (2) 中，$\lambda_i \neq 0$，$l_i = 0$，排污企业可获得的排污权数量为零，不符合假设条件，因此，最优排污权一级交易市场分配价格水平 p_1 为 0，表示排污企业可以无偿使用排污权。将 $p_1 = 0$ 代入式 (1)、式 (3)、式 (4) 中，并结合式 (6) 可得：

$$w_i^{**} = \frac{dk - \tau - v}{\gamma_i s} \tag{7}$$

$$p_2^{**} = \frac{(p - \tau\phi)(1 + 2c) - 2c(v\phi - dk\phi + 1)}{\phi} \tag{8}$$

其中，

$$v = \frac{\overline{E} + \dfrac{dk - \tau}{\displaystyle\sum_{i=1}^{n} s\gamma_i} + \dfrac{n\phi}{2c}[(p - \phi\tau)(1 + 2c) + 2c(dk\phi - 1)] - \dfrac{n\phi(p - \tau\phi)}{2c}}{\displaystyle\sum_{i=1}^{n}\left[\dfrac{1}{s\gamma_i} + \phi^2\right]} 。$$

结合式 (5) 可知，排污企业 i 的排污权一级交易市场的排污权分配量为：

$$l_i = \dfrac{-\dfrac{[p - (p_2 + \tau)\ \phi]^2}{4c} + \dfrac{\gamma_i\ (1 - s)\ w_i^2}{2} - (p_2 + \tau)\ w_i + \overline{\pi}}{p_2} \tag{9}$$

结合式（9）和排污权一级交易市场分配条件 $\sum\limits_{i=1}^{n} l_i = L = \overline{E}$，可得：

$$\sum_{i=1}^{n} \dfrac{-\dfrac{[p - (p_2 + \tau)\phi]^2}{4c} + \dfrac{\gamma_i(1 - s)(w_i)^2}{2} - (p_2 + \tau)w_i + \overline{\pi}}{p_2} = \overline{E}$$

$$\tag{10}$$

将式（10）代入式（9）中，可得排污企业 i 在排污权一级交易市场上最优的排污权分配量 l_i 为：

$$l_i^{**}(\gamma_i) = \dfrac{\overline{E}\{-\dfrac{[p - (p_2^{**} + \tau)\phi]^2}{4c} + \dfrac{\gamma_i(1 - s)(w_i^{**})^2}{2} - (p_2^{**} + \tau)w_i^{**} + \overline{\pi}\}}{\sum\limits_{i=1}^{n}\{-\dfrac{[p - (p_2^{**} + \tau)\phi]^2}{4c} + \dfrac{\gamma_i(1 - s)(w_i^{**})^2}{2} - (p_2^{**} + \tau)w_i^{**} + \overline{\pi}\}}$$

$$\tag{11}$$

排污权二级交易市场的排污权交易量 $t_i(\gamma_i)$ 为：

$$t_i(\gamma_i)^{**} = \phi q_i^{**} - w_i^{**} - l_i^{**}(\gamma_i) \tag{12}$$

由式（5）可知，$\pi^{**} = \overline{\pi}$，代入福利函数中可得：$W^{**} = Q - \dfrac{1}{2}\sum\limits_{i=1}^{n}$

$(q_i^{**})^2 + \overline{\pi} - pQ - kd\sum\limits_{i=1}^{n}(e_i^a)^{**}$ 。

（2）命题 3 – 3 证明

证明：激励约束条件表明，利润函数在 $\gamma_i' = \gamma_i$ 时取得最大值。因此，可以等价于以下条件：

$$\dfrac{\partial \pi_i}{\partial \gamma_i'}\bigg|_{\gamma_i' = \gamma_i} = [-\gamma_i(1 - s)w_i(\gamma_i) + p_2 + \tau]w_i'(\gamma_i)$$

$$+ [p_2(\gamma_i) - p_1(\gamma_i)]l_i'(\gamma_i)$$

$$+ p_2'(\gamma_i)\left[-\dfrac{p\phi - (p_2 + \tau)\phi^2}{2c} + l_i(\gamma_i) + w_i(\gamma_i)\right] - p_1'(\gamma_i)l_i(\gamma_i) = 0$$

$$\tag{1}$$

$$\frac{\partial^2 \pi_i}{\partial \gamma_i^{'2}}\bigg|_{\gamma_i'=\gamma_i} = [-\gamma_i(1-s)w_i(\gamma_i) + p_2(\gamma_i) + \tau]w_i''(\gamma_i) + [p_2(\gamma_i) - p_1(\gamma_i)]$$

$$l_i''(\gamma_i) - \gamma_i(1-s)[w_i'(\gamma_i)]^2 + p_2''(\gamma_i)[-\frac{p\phi - (p_2 + \tau)\phi^2}{2c} + l_i(\gamma_i)$$

$$+ w_i(\gamma_i)] - p_1''(\gamma_i)l_i(\gamma_i) + \frac{(p_2'(\gamma_i))^2\phi^2}{2c}$$

$$+ 2[p_2'(\gamma_i) - p_1'(\gamma_i)]l_i'(\gamma_i) + w_i'(\gamma_i)p_2'(\gamma_i) \leqslant 0 \tag{2}$$

式（1）两边对 γ_i 求偏导得：

$$\frac{\partial^2 \pi_i}{\partial \gamma_i^2} = [-\gamma_i(1-s)w_i(\gamma_i) + p_2(\gamma_i) + \tau]w_i''(\gamma_i)$$

$$+ [p_2(\gamma_i) - p_1(\gamma_i)]l_i''(\gamma_i) - \gamma_i(1-s)[w_i'(\gamma_i)]2$$

$$+ p_2''(\gamma_i)[-\frac{p\phi - (p_2 + \tau)\phi^2}{2c} + l_i(\gamma_i) + w_i(\gamma_i)]$$

$$- p_1''(\gamma_i)l_i(\gamma_i) + \frac{(p_2'(\gamma_i))^2\phi^2}{2c}$$

$$+ 2[p_2'(\gamma_i) - p_1'(\gamma_i)]l_i'(\gamma_i) +$$

$$w_i'(\gamma_i)p_2'(\gamma_i) - (1-s)w_i'(\gamma_i)w_i(\gamma_i) = 0 \tag{3}$$

对比式（2）和式（3）可知，$-(1-s)w_i'(\gamma_i)w_i(\gamma_i) \geqslant 0$。$1-s \geqslant 0$，有以下单调性约束条件成立：

$$w_i'(\gamma_i) \leqslant 0 \tag{4}$$

（3）命题 3-4 证明

证明： 利润函数两边对 γ_i 求偏导得：

$$\pi_i'(\gamma_i) = [-\gamma_i(1-s)w_i(\gamma_i) + p_2 + \tau]w_i'(\gamma_i)$$

$$+ (p_2(\gamma_i) - p_1(\gamma_i))l_i'(\gamma_i)$$

$$+ p_2'(\gamma_i)[-\frac{p\phi - (p_2 + \tau)\phi^2}{2c} + l_i(\gamma_i) + w_i(\gamma_i)] \tag{1}$$

$$- p_1'(\gamma_i)l_i(\gamma_i) - \frac{(1-s)}{2}w_i^2(\gamma_i) = 0$$

将式 $\frac{\partial \pi_i}{\partial \gamma_i'}\bigg|_{\gamma_i'=\gamma_i} = 0$ 代入式（1）中得：

$$\pi_i'(\gamma_i) = -\frac{(1-s)}{2}w_i^2(\gamma_i) \tag{2}$$

$\pi_i{}'(\gamma_i) = -\dfrac{(1-s)}{2}w_i^2(\gamma_i) \leqslant 0$，为了保证参与约束成立，在 $\gamma_i = b_i$ 处有：

$$\frac{[p-(p_2(b_i)+\tau)\phi]^2}{4c} - \frac{\gamma_i(1-s)w_i(b_i)^2}{2}$$
$$+ (p_2(b_i)-p_1(b_i))l_i(b_i)$$
$$+ (p_2(b_i)+\tau)w_i(b_i) = 0 \tag{3}$$

（4）命题 3 - 5 证明

证明： 令 $\mu(\gamma_i) = w'(\gamma_i)$，$\mu(\gamma_i)$、$p_2(\gamma_i)$ 为控制变量、$w_i(\gamma_i)$ 为状态变量，$\lambda(\gamma_i)$ 为协状态变量，ν 为拉格朗日乘数，哈密尔顿函数为：

$$H[p_2(\gamma_i),\lambda(\gamma_i),\mu(\gamma_i),w_i(\gamma_i)]$$
$$= \left\{ \frac{n(1-p)[p-(p_2+\tau)\phi]}{2c} + \overline{E}p_2(\gamma_i) \right.$$
$$- \frac{n(1-2c)[p-(p_2+\tau)\phi]^2}{8c^2}$$
$$- \sum_{i=1}^{n}\frac{\gamma_i w_i^2}{2} + \sum_{i=1}^{n}(p_2+\tau)w_i + (\tau-dk)$$
$$\sum_{i=1}^{n}\left[\frac{p\phi-(p_2+\tau)\phi^2}{2c} - w_i\right]\right\}f(\gamma) + \lambda(\gamma_i)\mu(\gamma_i)$$
$$+ \nu\left\{\sum_{i=1}^{n}\left[\frac{p\phi-(p_2+\tau)\phi^2}{2c} - w_i\right] - \overline{E}\right\}$$

利用最大值原理求解，可得一阶最优条件为：

$$\frac{\partial H}{\partial p_2(\gamma_i)} = \frac{(dk-\tau)\phi^2 n - n(1-p)\phi}{2c} + \overline{E}$$
$$+ \frac{\phi n(1-2c)[p-(p_2+\tau)\phi]}{4c^2} + \sum_{i=1}^{n}w_i - \frac{\nu n\phi^2}{2c} = 0 \tag{1}$$

$$\lambda'(\gamma_i) = -\frac{\partial H}{\partial w_i(\gamma_i)} = -(-\gamma_i w_i + p_2 + dk)f(\gamma) + \nu \tag{2}$$

$$\frac{\partial H}{\partial \mu(\gamma_i)} = \lambda(\gamma_i) \geqslant 0, \mu(\gamma_i) \leqslant 0, \lambda(\gamma_i)\mu(\gamma_i) = 0 \tag{3}$$

$$\frac{\partial H}{\partial \nu} = \sum_{i=1}^{n}\left[\frac{p\phi-(p_2+\tau)\phi^2}{2c} - w_i\right] - \overline{E} = 0 \tag{4}$$

对式（2）的两边求积分：

$$\lambda(\gamma_i) = \lambda(a_i) - \int_{a_i}^{\gamma_i} [(-\gamma_i w_i + p_2 + dk)f(\gamma) - \nu]d\gamma_i \tag{5}$$

由式（3）、式（5）可知：

$$w_i'(\gamma_i)\{\lambda(a_i) - \int_{a_i}^{\gamma_i} [(-\gamma_i w_i + p_2 + dk)f(\gamma) - \nu]d\gamma_i\} = 0 \tag{6}$$

从式（6）可以看出，非对称信息下减排量存在两个均衡解。当 $\lambda(\gamma_i) \neq 0$ 时，$w_i'(\gamma_i) = 0$，均衡减排量为一个固定值，政府对不同排污企业实行统一的减排标准，与实际情况不符。当 $\lambda(\gamma_i) = 0$ 时，结合横截条件，均衡减排量满足 $\int_{a_i}^{\gamma_i} [(-\gamma_i w_i + p_2 + dk)f(\gamma) - \nu]d\gamma_i = 0$，整理得：

$$w_i(\gamma_i) = \frac{p_2 + dk - \dfrac{\nu}{f(\gamma)}}{\gamma_i} \tag{7}$$

为方便分析，令 $F(\gamma_i) = \gamma_i$，$f(\gamma_i) = 1$。结合式（1）、式（4）及式（7）可得：

$$p_2^{***}(\gamma_i) = \frac{\dfrac{n\phi(p - \tau\phi)}{2c} - \overline{E} + \sum_{i=1}^{n} \dfrac{\dfrac{p - \tau\phi}{2c\phi} - \dfrac{1-p}{\phi} - \tau}{\gamma_i}}{\left(1 + \dfrac{1}{2c}\right)\sum_{i=1}^{n} \dfrac{1}{\gamma_i} + \dfrac{\phi^2 n}{2c}} \tag{8}$$

最优减排量为：

$$w_i^{***}(\gamma_i) = \frac{p_2^{***} - \dfrac{[p - (\tau + p_2^{***})\phi]}{2c\phi} + \dfrac{1-p}{\phi} + \tau}{\gamma_i} \tag{9}$$

由式（3-37）可知，最优的排污权一级交易市场的分配价格为：

$$p_1^{***}(\gamma_i) = p_2(\gamma_i) - \sum_{i=1}^{n}$$

$$\frac{-\dfrac{[p - (p_2 + \tau)\phi]^2}{4c} + \dfrac{\gamma_i(1-s)w_i^2}{2} - (p_2 + \tau)w_i + \int_{\gamma_i}^{b_i} \dfrac{(1-s)}{2}w_i^2(x)dx + \overline{\pi}}{\overline{E}}$$

$$\tag{10}$$

结合式（3-35）和式（3-36）可得，排污权一级交易市场上的排污权分配量 l_i 为：

$$l_i^{***}(\gamma_i) = \frac{\bar{E}\{-\dfrac{[p-(p_2+\tau)\phi]^2}{4c} + \dfrac{\gamma_i(1-s)w_i^2}{2} - (p_2+\tau)w_i + \displaystyle\int_{\gamma_i}^{b_i}\dfrac{(1-s)}{2}w_i^2(x)dx + \bar{\pi}\}}{\displaystyle\sum_{i=1}^{n}\{-\dfrac{[p-(p_2+\tau)\phi]^2}{4c} + \dfrac{\gamma_i(1-s)w_i^2}{2} - (p_2+\tau)w_i + \displaystyle\int_{\gamma_i}^{b_i}\dfrac{(1-s)}{2}w_i^2(x)dx + \bar{\pi}\}}$$

$$(11)$$

排污权二级交易市场的交易量 $t_i(\gamma_i)$ 为：

$$t_i(\gamma_i)^{***} = \phi q_i^{***} - w_i^{***} - l_i^{***}(\gamma_i) \tag{12}$$

结合式（3-34）可知，$\pi_i(\gamma_i) = \displaystyle\int_{\gamma_i}^{b_i}\dfrac{(1-s)}{2}[w_i^{***}(x)]^2 dx + \bar{\pi}$，代入福利函数中，可得式（3-45）。

附录2　第4章命题证明

（1）命题4-5证明

证明：令 $\mu(\gamma_i) = w'(\gamma_i)$，$\mu(\gamma_i)$、$p_2(\gamma_i)$ 为控制变量、$w_i(\gamma_i)$ 为状态变量，$\lambda(\gamma_i)$ 为协状态变量，ν 为拉格朗日乘数，哈密尔顿函数为：

$$\begin{aligned}
H[p_2(\gamma_i), \lambda(\gamma_i), \mu(\gamma_i), w_i(\gamma_i)] &= \{\frac{n(1-p)[p-(p_2+\tau)\phi]}{2c} \\
&+ \bar{E}p_2(\gamma_i) - \frac{n(1-2c)[p-(p_2+\tau)\phi]^2}{8c^2} - \sum_{i=1}^{n}\frac{\gamma_i w_i^2}{2} \\
&+ \sum_{i=1}^{n}[(p_2+\tau)w_i] + (\tau-dk)\sum_{i=1}^{n}\left[\frac{p\phi-(p_2+\tau)\phi^2}{2c} - w_i\right] \\
&- \frac{\eta n(p_2+\tau)}{\mu}\}f(\gamma) + \lambda(\gamma_i)\mu(\gamma_i) \\
&+ \nu\left\{\sum_{i=1}^{n}\left[\frac{p\phi-(p_2+\tau)\phi^2}{2c} - w_i\right] - \bar{E}\right\}
\end{aligned}$$

利用最大值原理求解，可得一阶最优条件为：

$$\frac{\partial H}{\partial p_2(\gamma_i)} = \frac{(dk - \tau)\phi^2 n - n(1 - p)\phi}{2c} + \overline{E}$$

$$+ \frac{\phi n(1 - 2c)[p - (p_2 + \tau)\phi]}{4c^2} + \sum_{i=1}^{n} w_i - \frac{\nu n \phi^2}{2c} - \frac{\eta n}{\mu} = 0 \quad (1)$$

$$\lambda'(\gamma_i) = -\frac{\partial H}{\partial w_i(\gamma_i)} = -(-\gamma_i w_i + p_2 + dk)f(\gamma) + \nu \quad (2)$$

$$\frac{\partial H}{\partial \mu(\gamma_i)} = \lambda(\gamma_i) \geqslant 0, \mu(\gamma_i) \leqslant 0, \lambda(\gamma_i)\mu(\gamma_i) = 0 \quad (3)$$

$$\frac{\partial \tilde{L}}{\partial \nu} = \sum_{i=1}^{n} \left[\frac{p\phi - (p_2 + \tau)\phi^2}{2c} - w_i \right] - \overline{E} = 0 \quad (4)$$

对式（2）两边求积分：

$$\lambda(\gamma_i) = \lambda(a_i) - \int_{a_i}^{\gamma_i} [(-\gamma_i w_i + p_2 + dk)f(\gamma) - \nu] d\gamma_i \quad (5)$$

由式（3）、式（5）可知：

$$w_i'(\gamma_i)\left\{ \lambda(a_i) - \int_{a_i}^{\gamma_i} [(-\gamma_i w_i + p_2 + dk)f(\gamma) - \nu] d\gamma_i \right\} = 0 \quad (6)$$

从式（6）可以看出，当 $\lambda(\gamma_i) = 0$ 时，结合横截条件，均衡减排量满足 $\int_{a_i}^{\gamma_i} [(-\gamma_i w_i + p_2 + dk)f(\gamma) - \nu] d\gamma_i = 0$ ，整理得：

$$w_i(\gamma_i) = \frac{p_2 + dk - \dfrac{\nu}{f(\gamma)}}{\gamma_i} \quad (7)$$

为方便分析，令 $F(\gamma_i) = \gamma_i$，$f(\gamma_i) = 1$。结合式（1）、式（4）及式（7）可得：

$$p_2^*(\gamma_i) = \frac{\dfrac{n\phi(p - \tau\phi)}{2c} - \overline{E} + \sum_{i=1}^{n} \dfrac{\dfrac{(p - \tau\phi)}{2c\phi} - \dfrac{(1 - p)}{\phi} - \tau - \dfrac{2c\eta}{\mu\phi^2}}{\gamma_i}}{\left(1 + \dfrac{1}{2c}\right) \sum_{i=1}^{n} \dfrac{1}{\gamma_i} + \dfrac{\phi^2 n}{2c}} \quad (8)$$

结合式（8）可得最优减排量为：

$$w_i^*(\gamma_i) = \frac{p_2^* - \dfrac{[p - (\tau + p_2^*)\phi]}{2c\phi} + \dfrac{1 - p}{\phi} + \dfrac{2c\eta}{\mu\phi^2} + \tau}{\gamma_i} \quad (9)$$

最优监管水平为：

$$\beta_i^*(\gamma_i) = \frac{p_2^* + \tau}{\mu} \tag{10}$$

由式（4-20）可知，最优的排污权一级交易市场的分配价格为：

$$p_1^*(\gamma_i) = p_2(\gamma_i) - \sum_{i=1}^{n}$$

$$\frac{-\dfrac{[p-(p_2+\tau)\phi]^2}{4c} + \dfrac{\gamma_i(1-s)w_i^2}{2} - (p_2+\tau)w_i + \displaystyle\int_{\gamma_i}^{b_i}\dfrac{(1-s)}{2}w_i^2(x)\mathrm{d}x + \overline{\pi}}{\overline{E}}$$

$$\tag{11}$$

结合式（4-19）和式（4-18）可得，排污企业 i 在排污权一级交易市场上的排污权分配量 l_i 为：

$$l_i^*(\gamma_i) = \frac{\overline{E}\{-\dfrac{[p-(p_2+\tau)\phi]^2}{4c} + \dfrac{\gamma_i(1-s)w_i^2}{2} - (p_2+\tau)w_i + \displaystyle\int_{\gamma_i}^{b_i}\dfrac{(1-s)}{2}w_i^2(x)\mathrm{d}x + \overline{\pi}\}}{\displaystyle\sum_{i=1}^{n}\{-\dfrac{[p-(p_2+\tau)\phi]^2}{4c} + \dfrac{\gamma_i(1-s)w_i^2}{2} - (p_2+\tau)w_i + \displaystyle\int_{\gamma_i}^{b_i}\dfrac{(1-s)}{2}w_i^2(x)\mathrm{d}x + \overline{\pi}\}} \tag{12}$$

排污权二级交易市场的交易量 $t_i(\gamma_i)$ 为：

$$t_i^*(\gamma_i) = \phi q_i^* - w_i^* - l_i^*(\gamma_i) \tag{13}$$

结合式（4-17）可知，$\pi_i(\gamma_i) = \displaystyle\int_{\gamma_i}^{b_i}\dfrac{(1-s)}{2}[w_i^*(x)]^2\mathrm{d}x + \overline{\pi}$，代入福利函数中，可得式（4-29）。

（2）命题 4-8 证明

证明：令 $\mu(\gamma_i) = w'(\gamma_i)$，$\mu(\gamma_i)$、$\beta_i(\gamma_i)$ 为控制变量、$w_i(\gamma_i)$ 为状态变量，$\lambda(\gamma_i)$ 为协状态变量，v 为拉格朗日乘数，哈密尔顿函数为：

$$H[p_2(\gamma_i), \lambda(\gamma_i), \mu(\gamma_i), w_i(\gamma_i)] = \left\{ \sum_{i=1}^{n}\frac{(1-p)[p-\mu\beta_i\phi]}{2c} + \overline{E}[\mu\beta_i - \tau] \right.$$

$$\left. - \sum_{i=1}^{n}\frac{(1-2c)(p-\mu\beta_i\phi)^2}{8c^2} - \sum_{i=1}^{n}\frac{\gamma_i w_i^2}{2} + \sum_{i=1}^{n}[\mu\beta_i(w_i + v_i)] \right.$$

$$+ (\tau - dk) \sum_{i=1}^{n} \left[\frac{p\phi - \mu\beta_i\phi^2}{2c} - w_i \right] - \left[\eta \sum_{i=1}^{n} \beta_i + \psi \sum_{i=1}^{n} \mu\beta_i v_i \right] \Big\} f(\gamma)$$

$$+ \lambda(\gamma_i)\mu(\gamma_i) + \nu \Big\{ \sum_{i=1}^{n} \left[\frac{p\phi - \mu\beta_i\phi^2}{2c} - w_i - v_i \right] - \overline{E} \Big\}$$

利用最大值原理求解，可得一阶最优条件为：

$$\frac{\partial H}{\partial \beta_i(\gamma_i)} = \frac{\mu[(dk - \tau)\phi^2 - (1 - p)\phi]}{2c} + \mu\overline{E} + \frac{\mu\phi(1 - 2c)[p - \mu\beta_i\phi]}{4c^2}$$

$$+ \mu(w_i + v_i) - [\eta + \psi\mu v_i] - \frac{\mu\nu\phi^2}{2c} = 0 \tag{1}$$

$$\frac{\partial H}{\partial v_i(\gamma_i)} = \mu\beta_i - \psi\mu\beta_i - v = 0 \tag{2}$$

$$\lambda'(\gamma_i) = -\frac{\partial H}{\partial w_i(\gamma_i)} = -[(-\gamma_i w_i + \mu\beta_i + dk - \tau)f(\gamma) - \nu] \tag{3}$$

$$\frac{\partial H}{\partial \mu(\gamma_i)} = \lambda(\gamma_i) \geqslant 0, \mu(\gamma_i) \leqslant 0, \lambda(\gamma_i)\mu(\gamma_i) = 0 \tag{4}$$

$$\frac{\partial \tilde{L}}{\partial \nu} = \sum_{i=1}^{n} \left[\frac{p\phi - \mu\beta_i\phi^2}{2c} - w_i \right] - \overline{E} = 0 \tag{5}$$

对式（3）两边求积分：

$$\lambda(\gamma_i) = \lambda(a_i) - \int_{a_i}^{\gamma_i} [(-\gamma_i w_i + \mu\beta_i + dk - \tau)f(\gamma) - \nu] d\gamma_i \tag{6}$$

由式（4）、式（6）可知：

$$w_i'(\gamma_i)\Big\{ \lambda(a_i) - \int_{a_i}^{\gamma_i} [(-\gamma_i w_i + \mu\beta_i + dk - \tau)f(\gamma) - \nu] d\gamma_i \Big\} = 0 \tag{7}$$

从式（7）可以看出，当 $\lambda(\gamma_i) = 0$ 时，结合横截条件，均衡减排量满足：

$$\int_{a_i}^{\gamma_i} [(-\gamma_i w_i + \mu\beta_i + dk - \tau)f(\gamma) - \nu] d\gamma_i = 0 \text{，整理得：}$$

$$w_i(\gamma_i) = \frac{\mu\beta_i + dk - \tau - \dfrac{\nu}{f(\gamma)}}{\gamma_i} \tag{8}$$

为方便分析，令 $F(\gamma_i) = \gamma_i$，$f(\gamma_i) = 1$。假设存在一个统一的监管水平，结合式（2）、式（5）及式（8）可得：

$$\beta_i^{**}(\gamma_i) = \frac{\dfrac{n\phi p}{2c} - \sum_{i=1}^{n} \dfrac{dk - \tau}{\gamma_i} - \overline{E}}{\dfrac{\phi^2 n\mu}{2c} + \sum_{i=1}^{n} \dfrac{\mu\psi}{\gamma_i}} \tag{9}$$

由式（1）可得，最优违法排污量为：

$$v_i^{**}(\gamma_i) =$$

$$\frac{-2c\mu[(dk-\tau)\phi^2-(1-p)\phi]-4c^2\overline{\mu E}-\mu\phi(1-2c)[p-\mu\beta_i\phi]+4c^2\eta+2c\mu v\phi^2-4c^2\mu w_i}{4c^2\mu(1-\psi)}$$

$$(10)$$

由式（2）、式（9）可得，最优减排量为：

$$w_i^{**}(\gamma_i) = \frac{\mu\psi\beta_i^{**}+dk-\tau}{\gamma_i} \qquad (11)$$

由式（9）可得，最优交易价格水平为：

$$p_2^{**}(\gamma_i) = \frac{\dfrac{n\phi p}{2c}-\sum_{i=1}^{n}\dfrac{dk-\tau}{\gamma_i}-\overline{E}}{\dfrac{\phi^2 n}{2c}+\sum_{i=1}^{n}\dfrac{\psi}{\gamma_i}}-\tau \qquad (12)$$

由式（4-44）可知，最优排污权一级交易市场分配价格为：

$$p_1^{**}(\gamma_i) = p_2(\gamma_i)-\sum_{i=1}^{n}$$

$$\frac{-\dfrac{[p-(p_2+\tau)\phi]^2}{4c}+\dfrac{\gamma_i(1-s)w_i^2}{2}-(p_2+\tau)w_i+\int_{\gamma_i}^{b_i}\dfrac{(1-s)}{2}w_i^2(x)dx+\overline{\pi}+v_i(p_2+\tau)}{\overline{E}}$$

$$(13)$$

结合式（4-42）和式（4-43）可得，排污企业 i 在排污权一级交易市场上的排污权分配量 l_i 为：

$$l_i^{**}(\gamma_i) =$$

$$\frac{\overline{E}\{-\dfrac{[p-(p_2+\tau)\phi]^2}{4c}+\dfrac{\gamma_i(1-s)w_i^2}{2}-(p_2+\tau)w_i}{\sum\limits_{i=1}^{n}\{-\dfrac{[p-(p_2+\tau)\phi]^2}{4c}+\dfrac{\gamma_i(1-s)w_i^2}{2}-(p_2+\tau)w_i}$$

$$\frac{+\int_{\gamma_i}^{b_i}\dfrac{(1-s)}{2}w_i^2(x)dx+\overline{\pi}+v_i(p_2+\tau)\}}{+\int_{\gamma_i}^{b_i}\dfrac{(1-s)}{2}w_i^2(x)dx+\overline{\pi}+v_i(p_2+\tau)\}}$$

$$(14)$$

在二级交易市场的交易量 $t_i(\gamma_i)$ 为：

$$t_i(\gamma_i)^{**} = \phi q_i^{**} - w_i^{**} - l_i^{**}(\gamma_i) \tag{15}$$

结合式（4-41）可知，$\pi_i(\gamma_i) = \int_{\gamma_i}^{b_i} \frac{(1-s)}{2}[w_i^{**}(x)]^2 dx + \overline{\pi}$，代入

福利函数中可得式（4-54）。

附录 3 第 5 章命题证明

（1）命题 5-1 证明

证明： 私人信息排污企业的激励相容条件可进一步写成：

$$\max_{\gamma_i' \in \Theta_i} E_{\Theta_{-i}} \{\gamma_i[\phi q_i - l_i(\gamma_i', \gamma_{-i})] l_i(\gamma_i', \gamma_{-i}) - (p_1)_i(\gamma_i', \gamma_{-i}) l_i(\gamma_i', \gamma_{-i})\} \tag{1}$$

由包络定理可得：

$$U_i[(p_1)_i, l_i, \gamma_i] = U_i[(p_1)_i, l_i, a_i] + E_{\Theta_{-i}} \int_{a_i}^{\gamma_i} [\phi q_i - l_i(x, \gamma_{-i})] l_i(x, \gamma_{-i}) dx \tag{2}$$

此外，由激励相容约束条件可知：

$$U_i[(p_1), l_i, \gamma_i] \geq E_{\Theta_{-i}} \{\gamma_i w(\gamma_i', \gamma_{-i}) l_i(\gamma_i', \gamma_{-i}) - (p_1)_i(\gamma_i', \gamma_{-i}) l_i(\gamma_i', \gamma_{-i})$$
$$+ \gamma_i' w(\gamma_i', \gamma_{-i}) l_i(\gamma_i', \gamma_{-i}) - \gamma_i' w(\gamma_i', \gamma_{-i}) l_i(\gamma_i', \gamma_{-i})\}$$
$$= U_i[(p_1)_i, l_i, \gamma_i'] + E_{\Theta_{-i}}(\gamma_i - \gamma_i')[\phi q_i(\gamma_i) - l_i(\gamma_i)] l_i(\gamma_i) \tag{3}$$

再次使用式（3）调换 γ_i 和 γ_i' 的顺序可得：

$$E_{\Theta_{-i}}(\gamma_i - \gamma_i')[\phi q_i(\gamma_i) - l_i(\gamma_i)] l_i(\gamma_i) \geq U_i[(p_1)_i, l_i, \gamma_i] - U_i[(p_1)_i, l_i, \gamma_i']$$
$$\geq E_{\Theta_{-i}}(\gamma_i - \gamma_i')[\phi q_i(\gamma_i', \gamma_{-i}) - l_i(\gamma_i', \gamma_{-i})] l_i(\gamma_i', \gamma_{-i}) \tag{4}$$

化简得：

$$[\phi q_i(\gamma_i) - l_i(\gamma_i)] l_i(\gamma_i) \geq [\phi q_i(\gamma_i', \gamma_{-i}) - l_i(\gamma_i', \gamma_{-i})] l_i(\gamma_i', \gamma_{-i}) \tag{5}$$

结合式（2）可知，$\dfrac{\partial U_i[(p_1)_i, l_i, \gamma_i]}{\partial \gamma_i} \geq 0$，因此，有 $U_i[(p_1)_i, l_i, a_i] = 0$。

（2）命题 5-3 证明

证明： 随机性的存在使得政府最优化问题求解较为复杂，且没有常规的解析解。我们按照本·M. 和法尔·S（Bennouri M. and Falconieri S., 2008）的处理方法，考虑放松情形，即抛去问题的随机性，求解最优定价机制和最优分配机制，使得社会福利水平最大。[①] 政府最优化问题的非随机形式为：

$$\max W = \sum_{i=1}^{n} q_i + q_R - \left(\frac{1}{2} + c\right)\sum_{i=1}^{n} q_i^2 - \left(\frac{1}{2} + c\right)q_R^2$$

$$- \sum_{i=1}^{n} \frac{\gamma_i}{2}\left[\frac{(p_1)_i(\gamma_i)}{\gamma_i - \dfrac{1 - F(\gamma_i)}{f(\gamma_i)}}\right]^2 - \frac{\bar{\gamma}}{2}(w_R)^2$$

$$- dk\left\{\sum_{i=1}^{n}\left[\frac{p\phi - (p_1)_i(\gamma_i)\phi^2}{2c} - \frac{(p_1)_i(\gamma_i)}{\gamma_i - \dfrac{1 - F(\gamma_i)}{f(\gamma_i)}}\right] + \frac{p\phi - (p_1)_R\phi^2}{2c} - w_R\right\}$$

s. t. $\quad U_R \geq 0, \sum_{i=1}^{n} l_i + l_R = L$

令新进入排污企业参与约束是紧的，即 $U_R = E_{\Theta_i}\left[\bar{\gamma}(\phi q_R - l_R)l_R - (p_1)_R l_R\right] = 0$，可得 $w_R = \dfrac{(p_1)_R}{\bar{\gamma}}$，将其代入目标函数中，建立拉格朗日函数，拉格朗日乘数为 $\lambda(\gamma_i)$：

$$\tilde{L} = \sum_{i=1}^{n} q_i + q_R - \left(\frac{1}{2} + c\right)\sum_{i=1}^{n} q_i^2 - \left(\frac{1}{2} + c\right)q_R^2 - \sum_{i=1}^{n}\frac{\gamma_i}{2}\left[\frac{(p_1)_i(\gamma_i)}{\gamma_i - \dfrac{1 - F(\gamma_i)}{f(\gamma_i)}}\right]^2$$

$$- \frac{\bar{\gamma}}{2}\left[\frac{(P_1)_R}{\bar{\gamma}}\right]^2 - dk\left\{\sum_{i=1}^{n}\left[\frac{p\phi - (p_1)_i(\gamma_i)\phi^2}{2c} - \frac{(p_1)_i(\gamma_i)}{\gamma_i - \dfrac{1 - F(\gamma_i)}{f(\gamma_i)}}\right]\right.$$

$$\left. + \frac{p\phi - (p_1)_R\phi^2}{2c} - \frac{(p_1)_R}{\bar{\gamma}}\right\} + \lambda(\gamma_i)\left\{L - \left[\phi q_R - \frac{(p_1)_R}{\bar{\gamma}}\right]\right.$$

---

① Bennouri M., Falconieri S. The optimality of uniform pricing in IPOs: An optimal auction approach [J]. Review of Finance, 2008, 12 (4): 673 – 700.

$$- \sum_{i=1}^{n} \left[\phi q_i - \frac{(p_1)_i(\gamma_i)}{\gamma_i - \frac{1 - F(\gamma_i)}{f(\gamma_i)}} \right] \Bigg\}$$

①当 $(p_1)_i(\gamma_i) = (p_1)_R$ 时，

由 $\left[\phi q_R - \frac{(p_1)_R}{\bar{\gamma}} \right] + \sum_{i=1}^{n} \left[\phi q_i - \frac{(p_1)_i(\gamma_i)}{\gamma_i - \frac{1 - F(\gamma_i)}{f(\gamma_i)}} \right] = L$ 可得，最优定价

机制为：

$$p_1^*(\gamma_i) = \frac{\dfrac{\phi p(n + 1)}{2c} - L}{\sum_{i=1}^{n} \dfrac{1}{\left[\gamma_i - \dfrac{1 - F(\gamma_i)}{f(\gamma_i)} \right]} + \dfrac{1}{\bar{\gamma}} + \dfrac{(n + 1)\phi^2}{2c}} \tag{1}$$

分配机制由定价机制给定。

②当 $(p_1)_i(\gamma_i) = (p_1)_j(\gamma_j) \neq (p_1)_R$ 时，

$$\frac{-\phi n}{2c} + \frac{(1 + 2c)n\phi[p - p_1(\gamma_i)\phi]}{4c^2} - p_1(\gamma_i) \sum_{i=1}^{n} \frac{\gamma_i}{\left[\gamma_i - \dfrac{1 - F(\gamma_i)}{f(\gamma_i)} \right]^2}$$

$$+ \left[dk + \lambda(\gamma_i) \right] \left[\frac{n\phi^2}{2c} + \sum_{i=1}^{n} \frac{1}{\gamma_i - \dfrac{1 - F(\gamma_i)}{f(\gamma_i)}} \right] = 0$$

$$\tag{2}$$

$$\frac{-\phi}{2c} + \frac{(1 + 2c)\phi[p - p_R(\gamma_i)\phi]}{4c^2} - \frac{(p_1)_R}{\bar{\gamma}} + \left[dk + \lambda(\gamma_i) \right] \left(\frac{\phi^2}{2c} + \frac{1}{\bar{\gamma}} \right) = 0$$

$$\tag{3}$$

$$\sum_{i=1}^{n} l_i + l_R = L \tag{4}$$

联立式（2）、式（3）、式（4）可得最优定价机制，分配机制由定价机制给定。

③当 $(p_1)_i(\gamma_i) \neq (p_1)_j(\gamma_j) \neq (p_1)_R$ 时，

一阶最优条件为：

$$\frac{-\phi}{2c} + \frac{(1+2c)\phi[p-(p_1)_i(\gamma_i)\phi]}{4c^2} - \frac{(p_1)_i(\gamma_i)\gamma_i}{\left[\gamma_i - \dfrac{1-F(\gamma_i)}{f(\gamma_i)}\right]^2}$$

$$+ \left[dk + \lambda(\gamma_i)\right]\left[\frac{\phi^2}{2c} + \frac{1}{\gamma_i - \dfrac{1-F(\gamma_i)}{f(\gamma_i)}}\right] = 0 \tag{5}$$

$$\frac{-\phi}{2c} + \frac{(1+2c)\phi[p-p_R(\gamma_i)\phi]}{4c^2} - \frac{(p_1)_R}{\bar{\gamma}} + \left[dk+\lambda(\gamma_i)\right]\left(\frac{\phi^2}{2c} + \frac{1}{\bar{\gamma}}\right) = 0$$

$$\tag{6}$$

$$\sum_{i=1}^{n} l_i + l_R = L \tag{7}$$

联立式（5）、式（6）、式（7）可得最优定价机制，分配机制由定价机制给定。

（3）命题 5－6 证明

证明： 建立拉格朗日函数，拉格朗日乘数为 $\lambda(\gamma_i)$：

$$\bar{L} = \sum_{i=1}^{n} \frac{p - p_2(\gamma_i)\phi}{2c} - \left(\frac{1}{2} + c\right)\sum_{i=1}^{n}\left[\frac{p - p_2(\gamma_i)\phi}{2c}\right]^2$$

$$- \sum_{i=1}^{n} \frac{\gamma_i}{2}\left[\frac{p_2(\gamma_i)}{\gamma_i - \dfrac{1-F(\gamma_i)}{f(\gamma_i)}}\right]^2 - \sum_{i=1}^{n} p_2(\gamma_i)\left[\phi q_i - \frac{p_2(\gamma_i)}{\gamma_i - \dfrac{1-F(\gamma_i)}{f(\gamma_i)}} - \bar{l}_i\right]$$

$$- dk\sum_{i=1}^{n}\left[\phi q_i - \frac{(p_2)_i(\gamma_i)}{\gamma_i - \dfrac{1-F(\gamma_i)}{f(\gamma_i)}}\right] + \lambda(\gamma_i)\left[L_0 - \sum_{i=1}^{n} t_i(\gamma_i)\right]$$

$$\tag{1}$$

①当 $(p_1)_i(\gamma_i) = (p_1)_R$ 时，

由 $\displaystyle\sum_{i=1}^{n}\left[\phi q_i - \frac{(p_2)_i(\gamma_i)}{\gamma_i - \dfrac{1-F(\gamma_i)}{f(\gamma_i)}}\right] = L_0$ 可得，最优定价机制为：

$$p_2^*(\gamma_i) = \frac{\dfrac{\phi pn}{2c} - L_0}{\displaystyle\sum_{i=1}^{n} \frac{1}{\left[\gamma_i - \dfrac{1-F(\gamma_i)}{f(\gamma_i)}\right]} + \dfrac{n\phi^2}{2c}} \tag{2}$$

分配机制由定价机制给定。

②当$(p_1)_i$ (γ_i) $\neq (p_1)_R$ 时，

一阶最优条件为：

$$\frac{-\phi}{2c} + \frac{(1+2c)\left[p\phi - (p_2)_i(\gamma_i)\phi^2\right]}{4c^2} - \frac{\gamma_i\,(p_2)_i(\gamma_i)}{\left[\gamma_i - \dfrac{1-F(\gamma_i)}{f(\gamma_i)}\right]^2}$$

$$-\left[\frac{p\phi - (p_2)_i(\gamma_i)\phi^2}{2c} - \frac{(p_2)_i(\gamma_i)}{\gamma_i - \dfrac{1-F(\gamma_i)}{f(\gamma_i)}} - \bar{l}_i\right]$$

$$(3)$$

$$-\left[p_2(\gamma_i) + \lambda(\gamma_i)\right]\left[\frac{-\phi^2}{2c} - \frac{1}{\gamma_i - \dfrac{1-F(\gamma_i)}{f(\gamma_i)}}\right]$$

$$-dk\left[\frac{-\phi^2}{2c} - \frac{1}{\gamma_i - \dfrac{1-F(\gamma_i)}{f(\gamma_i)}}\right] = 0$$

$$\sum_{i=1}^{n} t_i(\gamma_i) - L_0 = 0 \tag{4}$$

联立式（3）、式（4）可得最优定价机制，分配机制由定价机制给定。

（4）命题 5 - 7 证明

证明： 建立拉格朗日函数，拉格朗日乘数为 $\lambda(\gamma_i)$：

$$\tilde{L} = \sum_{i=1}^{n} \frac{p - (p_2)_i(\gamma_i)\left(\phi - \dfrac{(p_2)_i(\gamma_i)}{\left(\gamma_i - \dfrac{1-F(\gamma_i)}{f(\gamma_i)}\right)}\right)}{2c}$$

$$-\frac{1}{2}\sum_{i=1}^{n}\left\{\frac{p - (p_2)_i(\gamma_i)\left[\phi - \dfrac{(p_2)_i(\gamma_i)}{\gamma_i - \dfrac{1-F(\gamma_i)}{f(\gamma_i)}}\right]}{2c}\right\}^2$$

$$-\sum_{i=1}^{n}\frac{\gamma_i}{2}\left[\frac{(p_2)_i(\gamma_i)}{\gamma_i - \dfrac{1-F(\gamma_i)}{f(\gamma_i)}}\right]^2 - \sum_{i=1}^{n}(p_2)_i(\gamma_i)$$

$$\left\{ \frac{p\left[\phi - \dfrac{(p_2)_i(\gamma_i)}{\gamma_i - \dfrac{1-F(\gamma_i)}{f(\gamma_i)}}\right] - (p_2)_i(\gamma_i)\left[\phi - \dfrac{(p_2)_i(\gamma_i)}{\gamma_i - \dfrac{1-F(\gamma_i)}{f(\gamma_i)}}\right]^2}{2c} - \bar{l}_i \right\}$$

$$- dk\sum_{i=1}^{n} \frac{p\left[\phi - \dfrac{(p_2)_i(\gamma_i)}{\gamma_i - \dfrac{1-F(\gamma_i)}{f(\gamma_i)}}\right] - (p_2)_i(\gamma_i)\left[\phi - \dfrac{(p_2)_i(\gamma_i)}{\gamma_i - \dfrac{1-F(\gamma_i)}{f(\gamma_i)}}\right]^2}{2c}$$

$$+ \lambda(\gamma_i)\left[L_0 - \sum_{i=1}^{n} t_i(\gamma_i)\right] \tag{1}$$

① 当 $(p_1)_i(\gamma_i) = (p_1)_R$ 时，

最优定价机制由 $\displaystyle\sum_{i=1}^{n}\left[\phi q_i - \frac{(p_2)_i(\gamma_i)}{\gamma_i - \dfrac{1-F(\gamma_i)}{f(\gamma_i)}}\right] = L_0$ 给定，分配机制由

定价机制给定。

② 当 $(p_1)_i(\gamma_i) \neq (p_1)_R$ 时，

一阶最优条件为：

$$\frac{-\phi + \dfrac{2(p_2)_i(\gamma_i)}{\left(\gamma_i - \dfrac{1-F(\gamma_i)}{f(\gamma_i)}\right)}}{2c} + \frac{\left\{p - (p_2)_i(\gamma_i)\left[\phi - \dfrac{(p_2)_i(\gamma_i)}{\gamma_i - \dfrac{1-F(\gamma_i)}{f(\gamma_i)}}\right]\right\}\left[\phi - \dfrac{2(p_2)_i(\gamma_i)}{\gamma_i - \dfrac{1-F(\gamma_i)}{f(\gamma_i)}}\right]}{4c^2}$$

$$-\frac{\gamma_i(p_2)_i(\gamma_i)}{\left[\gamma_i - \dfrac{1-F(\gamma_i)}{f(\gamma_i)}\right]^2} + \bar{l}_i - \frac{p\left[\phi - \dfrac{(p_2)_i(\gamma_i)}{\left(\gamma_i - \dfrac{1-F(\gamma_i)}{f(\gamma_i)}\right)}\right] - (p_2)_i(\gamma_i)\left[\phi - \dfrac{(p_2)_i(\gamma_i)}{\gamma_i - \dfrac{1-F(\gamma_i)}{f(\gamma_i)}}\right]^2}{2c}$$

$$-[(p_2)_i(\gamma_i) + dk]\frac{\begin{aligned}&-\dfrac{p}{\left(\gamma_i - \dfrac{1-F(\gamma_i)}{f(\gamma_i)}\right)} - \left[\phi - \dfrac{(p_2)_i(\gamma_i)}{\gamma_i - \dfrac{1-F(\gamma_i)}{f(\gamma_i)}}\right]^2\\&+\dfrac{2(p_2)_i(\gamma_i)}{\gamma_i - \dfrac{1-F(\gamma_i)}{f(\gamma_i)}}\left\{\phi - \dfrac{(p_2)_i(\gamma_i)}{\left[\gamma_i - \dfrac{1-F(\gamma_i)}{f(\gamma_i)}\right]}\right\}\end{aligned}}{2c} = 0$$

$$\tag{2}$$

$$\sum_{i=1}^{n} t_i(\gamma_i) - L_0 = 0 \tag{3}$$

联立式（2）、式（3）可得最优定价机制，分配机制由定价机制给定。

（5）命题 5 - 9 证明

证明： 建立拉格朗日函数，拉格朗日乘数为 $\lambda(\gamma_i)$：

$$\tilde{L} = \frac{n(p - p_2\phi) + m(p - p_2\phi)}{2c} - \left(\frac{1}{2} + c\right)\sum_{i=1}^{n}\left(\frac{p - p_2\phi}{2c}\right)^2$$

$$- \left(\frac{1}{2} + c\right)\sum_{i=1}^{m}\left(\frac{p - p_2\phi}{2c}\right)^2 - \sum_{i=1}^{n}\frac{\gamma_i}{2}\left[\frac{p_2}{\gamma_i - \dfrac{1 - F(\gamma_i)}{f(\gamma_i)}}\right]^2$$

$$- \sum_{j=1}^{m}\frac{\gamma_j}{2}\left[\frac{p_2}{\gamma_j + \dfrac{G(\gamma_j)}{g(\gamma_j)}}\right]^2 - dk\left\{\sum_{i=1}^{n}\left[\phi q_i^b - \frac{p_2}{\gamma_i - \dfrac{1 - F(\gamma_i)}{f(\gamma_i)}}\right]\right.$$

$$\left. + \sum_{j=1}^{m}\left[\phi q_j^s - \frac{p_2}{\gamma_j + \dfrac{G(\gamma_j)}{g(\gamma_j)}}\right]\right\} + \lambda_i\left[\sum_{j=1}^{m}t_j^s + \sum_{i=1}^{n}t_i^b\right] = 0$$

一阶最优条件为：

$$\frac{-(n + m)\phi}{2c} + (1 + 2c)\sum_{i=1}^{n}\frac{p\phi - p_2(\gamma_i,\gamma_j)\phi^2}{4c^2} + (1 + 2c)\sum_{j=1}^{m}\frac{p\phi - p_2(\gamma_i,\gamma_j)\phi^2}{4c^2}$$

$$- \sum_{i=1}^{n}\frac{\gamma_i p_2(\gamma_i,\gamma_j)}{\left[\gamma_i - \dfrac{1 - F(\gamma_i)}{f(\gamma_i)}\right]^2} - \sum_{j=1}^{m}\frac{\gamma_j p_2(\gamma_i,\gamma_j)}{\left[\gamma_j + \dfrac{G(\gamma_j)}{g(\gamma_j)}\right]^2}$$

$$- dk\left\{\sum_{i=1}^{n}\left[\frac{-\phi^2}{2c} - \frac{1}{\gamma_i - \dfrac{1 - F(\gamma_i)}{f(\gamma_i)}}\right] + \sum_{j=1}^{m}\left[\frac{-\phi^2}{2c} - \frac{1}{\left(\gamma_j + \dfrac{G(\gamma_j)}{g(\gamma_j)}\right)}\right]\right\}$$

$$+ \lambda_i\left[-\frac{(n + m)\phi^2}{2c} - \sum_{i=1}^{n}\frac{1}{\gamma_i - \dfrac{1 - F(\gamma_i)}{f(\gamma_i)}} - \sum_{j=1}^{m}\frac{1}{\left(\gamma_j + \dfrac{G(\gamma_j)}{g(\gamma_j)}\right)}\right]$$

$$\sum_{j=1}^{m}t_j^s + \sum_{i=1}^{n}t_i^b = 0$$

整理一阶最优条件，得式（5 - 54），由式（5 - 54）可得式（5 - 55）、式（5 - 56）。

附录4 第6章命题证明

（1）超平面分离定理和 Riesz 表示定理

由超平面分离定理可知：Ψ 为 Y 的一个凸子集，假设 Z 的正锥包含一个内点，以 ϕ 表示 Ψ 上的实值凹函数，以 G 表示从 Ψ 到 Z 的凹映射，使得：

$$\mu_0 = \sup\phi(y)，其中，y \in \Psi, G(y) \geq 0$$

如果 μ_0 有界，那么，在 Z 中存在 $z_0^* \geq 0$ 以及常数 $\chi \geq 0$，使得（χ，z_0^*）为非空，并且，有：

$$\mu_0 = \sup_{y \in \Psi} \{\chi\phi(y) + (G(y), z_0^*)\}$$

根据卡特尔组织最优化问题，我们有：

$$\mu_0 = \max \sum_{i=1}^{n} \{E_{\hat{\Theta}_{-i}} \int_{\hat{a}_i}^{\gamma_i} [\phi q_i - \hat{l}_i(x, \gamma_{-i})] \hat{l}_i(x, \gamma_{-i}) dx + U_i(\hat{p}_1, \hat{l}_i, \hat{a}_i)\} d\omega_i(\gamma_i)$$

$$G = \hat{U}_i(\gamma_i) - U_i(\gamma_i)$$

Y 为最优机制集合，以 Z 表示 n 个连续函数 $U_i : [\hat{a}_i, \hat{b}_i] \to R$ 的空间。对于任何 $(U_1, U_2, \ldots, U_n) \in Z$，范被定义为 $\|(U_1, U_2, \ldots, U_n)\| = \max |\hat{U}_i(\gamma_i)|$，Z 是一个赋范线性向量空间。将 Z 中的正锥定义为 1 个非负函数的空间。很显然，可以证明 Z 中的正锥有一个非空的内点（Luenberger D.，1968）。Ψ 为满足个人理性、参与约束及预算约束的均衡解集合。U_i 关于拍品数量 $\hat{l}_i$ 是凹的，U_i 关于拍品价格 p_1 是线性的。此外，很容易证明 Ψ 是凸的。因此，超平面分离定理的所有条件都得到满足。

由卡盟·A. 和佛模·S.（Kolmogorov A. and Fomill S.，1970）给出的 Riesz 表示定理可知，存在 n 个有界的非减右连续函数 $\Lambda_1, \ldots, \Lambda_n$，使得：

$$G = \{E_{\hat{\Theta}_{-i}} \int_{\hat{a}_i}^{\gamma_i} [\phi q_i - \hat{l}_i(x, \gamma_{-i})] \hat{l}_i(x, \gamma_{-i}) dx + \hat{U}_i(\hat{p}_1, \hat{l}_i, \hat{a}_i)\} d\Lambda_i(\gamma_i) - U_i(\gamma_i)$$

定义新的权重为 $W_i(\gamma_i) = \chi\omega_i + \Lambda_i$，并使用前面超平面分离定理的结论，得到：

$$\mu_0 = \max \sum_{i=1}^{n} \left\{ E_{\hat{\Theta}_{-i}} \int_{a_i}^{\gamma_i} [\phi q_i - \hat{l}_i(x,\gamma_{-i})] \hat{l}_i(x,\gamma_{-i}) dx \right.$$
$$\left. + \hat{U}_i(\hat{p}_1,\hat{l}_i,\hat{a}_i) \right\} dW_i(\gamma_i) - U_i(\gamma_i)$$

μ_0 最后一项为常数，我们在进行最优化时实际上可以不考虑该项。显然，为了实现目标函数最优并确保卡特尔事中效率，拍卖机制应该对高估价的卡特尔组织成员赋予更大权重。设 $\gamma_1 \geqslant \gamma_2 \geqslant, \ldots, \geqslant \gamma_n$，不失一般性，我们以递增的顺序将福利权重表示为：

$$\int_{a_i}^{\hat{b}_i} dW_1(\gamma_1) \geqslant \int_{a_i}^{\hat{b}_i} dW_2(\gamma_2) \geqslant, \ldots, \geqslant \int_{a_i}^{\hat{b}_i} dW_n(\gamma_n)$$

进一步，可将权重标准化为 $\int_{a_i}^{\hat{b}_i} dW_i(\gamma_i) = 1$，$W_i(\hat{b}_i) = 1$。

（2）命题 6-2 证明

证明： 建立拉格朗日函数，λ_i、ν 为拉格朗日乘数：

$$\tilde{L} = \sum_{i=1}^{n} \frac{[1 - W_i(\gamma_i)]}{f(\gamma_i)} \left[\frac{p\phi - (\hat{p}_2)_i(\gamma_i)\phi^2}{2} - \bar{l}_i - \hat{t}_i(\gamma_i) \right] \hat{t}_i(\gamma_i)$$
$$+ \lambda_i \left[\sum_{i=1}^{n} (\hat{p}_2)_i(\gamma_i)\hat{t}_i(\gamma_i) - R \sum_{i=1}^{n} \hat{t}_i(\gamma_i) \right] + \nu \left[\sum_{i=1}^{n} \hat{t}_i(\gamma_i) - L_0 \right]$$

①考虑歧视价格拍卖，一阶最优条件为：

$$\frac{\partial \tilde{L}}{\partial \hat{t}_i(\gamma_i)} = \frac{[1 - W_i(\gamma_i)]}{f(\gamma_i)} \left[\frac{p\phi - (\hat{p}_2)_i(\gamma_i)\phi^2}{2} - \bar{l}_i - 2\hat{t}_i(\gamma_i) \right]$$
$$+ \lambda_i [(\hat{p}_2)_i(\gamma_i) - R] + \nu = 0 \tag{1}$$

$$\frac{\partial \tilde{L}}{\partial (\hat{p}_2)_i(\gamma_i)} = -\frac{\phi^2 \hat{t}_i(\gamma_i)[1 - W_i(\gamma_i)]}{2f(\gamma_i)} + \lambda_i \hat{t}_i(\gamma_i) = 0 \tag{2}$$

$$\sum_{i=1}^{n} \hat{t}_i(\gamma_i) - L_0 = 0 \tag{3}$$

整理得最优的交易量为 $\hat{t}_i(\gamma_i) = \dfrac{\dfrac{p\phi - R\phi^2}{2} - \bar{l}_i + \dfrac{f(\gamma_i)}{1 - W_i(\gamma_i)}\nu}{2}$，$\nu =$

$\dfrac{3L_0 - \dfrac{np\phi - nR\phi^2}{2}}{\displaystyle\sum_{i=1}^{n}\dfrac{f(\gamma_i)}{1 - W_i(\gamma_i)}}$。最优的交易价格为 $(\hat{p}_2)_i(\gamma_i) = \dfrac{\dfrac{p\phi n}{2c} - \bar{l}_i - \hat{t}_i(\gamma_i)}{\dfrac{\phi^2 n}{2c} + \dfrac{1}{\gamma_i - \dfrac{1 - F(\gamma_i)}{f(\gamma_i)}}}$。

②考虑统一价格拍卖，一阶最优条件为：

$$\frac{\partial \tilde{L}}{\partial \hat{t}_i(\gamma_i)} = \frac{[1 - W_i(\gamma_i)]}{f(\gamma_i)}\left[\frac{p\phi - R\phi^2}{2} - \bar{l}_i - 2\hat{t}_i(\gamma_i)\right] + \nu = 0 \tag{4}$$

$$\sum_{i=1}^{n}\hat{t}_i(\gamma_i) - L_0 = 0 \tag{5}$$

整理得最优的交易量为 $\hat{t}_i(\gamma_i) = \dfrac{\dfrac{p\phi - R\phi^2}{2} - \bar{l}_i + \dfrac{f(\gamma_i)}{[1 - W_i(\gamma_i)]}\nu}{2}$，

$\nu = \dfrac{3L_0 - \dfrac{np\phi - Rn\phi^2}{2}}{\displaystyle\sum_{i=1}^{n}\dfrac{f(\gamma_i)}{1 - W_i(\gamma_i)}}$。

（3）命题 6-3 证明

证明： 建立拉格朗日函数，λ_i、ν 为拉格朗日乘数：

$$\tilde{L} = \sum_{i=1}^{n}\left\{\frac{[1 - W_i(\gamma_i)]}{f(\gamma_i)}\left[\phi - \frac{2c[\bar{l}_i + \hat{t}_i(\gamma_i)]}{p - (\hat{p}_2)_i(\gamma_i)\left[\phi - \frac{(\hat{p}_2)_i(\gamma_i)}{\left(\gamma_i - \frac{1 - F(\hat{\gamma}_i)}{f(\hat{\gamma}_i)}\right)}\right]}\right]\hat{t}_i(\gamma_i)\right.$$

$$+ \lambda_i\left[\sum_{i=1}^{n}(\hat{p}_2)_i(\gamma_i)\hat{t}_i(\gamma_i)\right.$$

$$\left.\left. - R\sum_{i=1}^{n}\hat{t}_i(\gamma_i)\right]\right\} + \nu\left[\sum_{i=1}^{n}\hat{t}_i(\gamma_i) - L_0\right]$$

①考虑歧视价格拍卖，一阶最优条件为：

$$\frac{\partial \tilde{L}}{\partial \hat{t}_i(\gamma_i)} = \frac{[1 - W_i(\gamma_i)]}{f(\gamma_i)} \left[\phi - \frac{2c[\bar{l}_i + 2\hat{t}_i(\gamma_i)]}{p - (\hat{p}_2)_i(\gamma_i)\left[\phi - \frac{(\hat{p}_2)_i(\gamma_i)}{(\gamma_i - \frac{1 - F(\gamma_i)}{f(\gamma_i)})}\right]} \right]$$

$$+ \lambda_i[(\hat{p}_2)_i(\gamma_i) - R] + \nu = 0 \tag{1}$$

$$\frac{\partial \tilde{L}}{\partial (\hat{p}_2)_i(\gamma_i)} = \frac{2c[\bar{l}_i + \hat{t}_i(\gamma_i)]\hat{t}_i(\gamma_i)\left[-\phi + \frac{2(\hat{p}_2)_i(\gamma_i)}{(\gamma_i - \frac{1 - F(\gamma_i)}{f(\gamma_i)})}\right]\frac{[1 - W_i(\gamma_i)]}{f(\gamma_i)}}{\left\{ p - (\hat{p}_2)_i(\gamma_i)\left[\phi - \frac{(\hat{p}_2)_i(\gamma_i)}{\gamma_i - \frac{1 - F(\gamma_i)}{f(\gamma_i)}}\right]\right\}^2}$$

$$+ \lambda_i \hat{t}_i(\gamma_i) = 0 \tag{2}$$

$$\sum_{i=1}^{n} \hat{t}_i(\gamma_i) - L_0 = 0 \tag{3}$$

最优的歧视价格和成交量,由式(1)、式(2)及式(3)给定。

②考虑统一价格拍卖,一阶最优条件为:

$$\frac{\partial \tilde{L}}{\partial \hat{t}_i(\gamma_i)} = \frac{[1 - W_i(\gamma_i)]}{f(\gamma_i)} \left\{ \phi - \frac{2c[\bar{l}_i + 2\hat{t}_i(\gamma_i)]}{p - R\left[\phi - \frac{R}{\left(\gamma_i - \frac{1 - F(\gamma_i)}{f(\gamma_i)}\right)}\right]} \right\} + \nu = 0 \tag{4}$$

$$\sum_{i=1}^{n} \hat{t}_i(\gamma_i) - L_0 = 0 \tag{5}$$

最优的统一价格和成交量由式(4)及式(5)给定。

参考文献

［1］毕军，周国梅，张炳，葛俊杰．排污权有偿使用的初始分配价格研究［J］．环境保护，2007（7）：51–54．

［2］卜国琴．排污权交易市场机制设计的实验研究［J］．中国工业经济，2010（3）：118–128．

［3］陈德湖，李寿德，蒋馥．排污权交易市场中的厂商行为与政府管制［J］．系统工程，2004，22（3）：44–46．

［4］陈德湖．基于一级密封拍卖的排污权交易博弈模型［J］．工业工程，2006，9（3）：49–51．

［5］陈德湖．总量控制下排污权拍卖理论与政策研究［M］．大连：大连理工大学，2014．

［6］陈磊，张世秋．排污权交易中企业行为的微观博弈分析［J］．北京大学学报（自然科学版），2005，41（6）：926–934．

［7］陈庭强，肖斌卿，王冀宁，等．风险投资中激励契约设计与学习机制研究［J］．系统工程理论与实践，2017，37（5）：1123–1135．

［8］陈忠全，徐雨森，杨海峰．基于 Shapley 分配的排污权交易联盟博弈［J］．系统工程，2016（1）：34–40．

［9］陈忠全，赵新良，徐雨森．基于 Rahman 模型排污权分配的控制路径研究［J］．运筹与管理，2016，25（4）：221–226．

［10］仇蕾，王瑜梁，陈曦．基于 Multi-agent 的排污权交易系统建模与仿真［J］．科技管理研究，2016，36（6）：226–232．

［11］杜少甫，董骏峰，梁樑，张靖江．考虑排放许可与交易的生产

优化 [J]. 中国管理科学，2009，17（3）：81 - 86.

［12］方秦华，张珞平，王佩儿，赵清，洪华生. 象山港海域环境容量的二步分配法 [J]. 厦门大学学报（自然版），2004，43：217 - 220.

［13］高广鑫，樊治平. 考虑投标者后悔的一级密封拍卖的最优投标策略 [J]. 管理科学，2016，29（1）：1 - 14.

［14］葛敏，吴凤平，尤敏. 基于奖优罚劣的省（区、市）初始水权优化配置 [J]. 长江流域资源与环境，2017，26（1）：1 - 6.

［15］宫汝凯，孙宁，王大中. 基于双边交易环境的中间商拍卖机制设计 [J]. 经济研究，2015（11）：120 - 132.

［16］顾孟迪，李寿德，汪帆. 排污权私人价值拍卖机制中风险规避型竞拍者的出价策略 [J]. 系统管理学报，2009，18（2）：203 - 205.

［17］顾孟迪，张敬一，李寿德. 基于佣金约束的排污权拍卖机制 [J]. 系统管理学报，2008，17（2）：173 - 176.

［18］郭希利，李文岐. 总量控制方法类型及分配原则 [J]. 中国环境管理，1997（5）：47 - 48.

［19］何大义，陈小玲，许加强. 限额交易减排政策对企业生产策略的影响 [J]. 系统管理学报，2016，25（2）：302 - 307.

［20］何小松. 基于机制设计理论的供应链协同机制研究 [D]. 重庆：重庆大学，2009.

［21］胡国庆. 网上互补异质多物品最优拍卖机制设计 [J]. 市场论坛，2011，（3）：75 - 76.

［22］胡民. 基于交易成本理论的排污权交易市场运行机制分析 [J]. 理论探讨，2006，（5）：83 - 85.

［23］胡庆年，陈海棠，王浩. 化学需氧量、二氧化硫排污权价格测算 [J]. 水资源保护，2011，27（4）：79 - 82.

［24］黄桐城，武邦涛. 基于治理成本和排污收益的排污权交易定价模型 [J]. 上海管理科学，2004（6）：34 - 36.

［25］贾璇，杨海真，王峰. 基于机制设计理论的环境政策初探 [J]. 四川环境，2009，28（2）：78 - 81.

［26］蒋洪强，王金南. 关于排污权的一级市场和二级市场问题 [C].

排污交易国际研讨会，2008.

［27］金帅，盛昭瀚，杜建国．排污权交易系统中政府监管策略分析［J］．中国管理科学，2011，19（4）：174－183.

［28］李创．我国排污权初始价格问题研究［J］．价格理论与实践，2013，（10）：44－45.

［29］李冬冬，杨晶玉．基于减排框架的最优技术政策选择研究［J］．运筹与管理，2017，26（2）：9－16.

［30］李冬冬，杨晶玉．基于排污权交易的最优减排研发补贴研究［J］．科学学研究，2015，33（10）：1504－1510.

［31］李冬冬，杨晶玉．基于跨期排污权交易的最优环境监管策略［J］．系统管理学报，2017，26（7）：1－8.

［32］李寿德，黄桐城．初始排污权的免费分配对市场结构的影响［J］．系统工程理论方法应用，2005，14（4）：294－298.

［33］李寿德，黄桐城．初始排污权分配的一个多目标决策模型［J］．中国管理科学，2003，11（6）：40－44.

［34］李寿德，刘敏．排污权交易市场的管制机制研究［J］．云南师范大学学报（自然科学版），2006，26（2）：14－16.

［35］李巍，毛渭锋，丁中华．大同市二氧化硫初始排污权分配研究［J］．环境科学与技术，2005，28（4）：58－60.

［36］李烨楠．重庆市废水化学需氧量和氨氮排放权交易定价机制研究［J］．重庆：重庆大学，2014.

［37］李长杰，王先甲，范文涛．水权交易机制及博弈模型研究［J］．系统工程理论与实践，2007，27（5）：90－94.

［38］梁海音．机制设计理论中的执行问题研究［D］．长春：吉林大学，2010.

［39］林巍，傅国伟．基于公理体系的排污总量公平分配模型［J］．环境科学，1996（3）：35－37.

［40］林云华．排污权初始分配方式的比较研究［J］．石家庄经济学院学报，2008，31（6）：42－45.

［41］刘海英，谢建政．排污权交易与清洁技术研发补贴能提高清洁

技术创新水平吗——来自工业 SO_2 排放权交易试点省份的经验证据 [J].
上海财经大学学报，2016，18（5）：79 – 90.

[42] 刘升学，易永锡，李寿德. 排污权交易条件下的跨界污染控制
微分博弈分析 [J]. 系统管理学报，2017，26（2）：319 – 325.

[43] 卢允照，刘树林. 信息不对称下可分公共物品的拍卖研究 [J].
中国管理科学，2016，24（3）：141 – 148.

[44] 罗国宏，谢永珍. 基于做市商制度的排污权市场交易研究 [J].
山东大学学报（哲学社会科学版），2014（4）：62 – 73.

[45] 马中，Dan Dudek. 论总量控制与排污权交易 [J]. 中国环境
学，2002，22（1）：89 – 92.

[46] 梅林海，戴金满. IPO 定价机制在排污权初始分配中应用的研
究 [J]. 价格月刊，2009（9）：33 – 36.

[47] 饶从军，王成，段鹏. 基于贝叶斯博弈的排污权交易模型 [J].
统计与决策，2008（15）：48 – 49.

[48] 饶从军. 基于统一价格拍卖的初始排污权分配方法 [J]. 数学
的实践与认识，2011，41（3）：48 – 55.

[49] 任玉珑，罗晓燕，孙睿. 基于高低匹配的排污权交易市场机制
设计 [J]. 统计与决策，2011（5）：60 – 61.

[50] 沈满洪，杨永亮. 排污权交易制度的污染减排效果——基于浙
江省重点排污企业数据的检验 [J]. 浙江社会科学，2017（7）：33 – 42.

[51] 沈满洪，赵丽秋. 排污权价格决定的理论探讨 [J]. 浙江社会
科学，2005（2）：26 – 30.

[52] 施问超，张汉杰，张红梅. 中国总量控制实践与发展态势 [J].
污染防治技术，2010（2）：38 – 47.

[53] 孙宇宁. 海外碳金融市场运行机制分析与启示 [D]. 吉林：吉
林大学，2012.

[54] 唐邵玲，阳晓华. 我国排放交易拍卖机制设计与实验研究 [J].
华南师范大学学报（社会科学版），2010（5）：129 – 134.

[55] 田国强. 高级微观经济学 [M]. 北京：中国人民大学出版
社，2016.

［56］田国强．一个关于转型经济中最优所有权安排的理论［J］．经济学（季刊），2001（1）：45 – 70.

［57］王翠琴，薛惠元．城镇职工基本养老保险缴费激励机制的设计、评估与选择［J］．江西财经大学学报，2017（1）：69 – 80.

［58］王道臻，李寿德．排污权市场中厂商势力对产品市场结构的影响［J］．系统管理学报，2011，20（4）：510 – 512.

［59］王洪涛．三级价格歧视与政府排污权配额初始定价问题研究［J］．广西财经学院学报，2012（3）：53 – 56.

［60］王家祺，李寿德，刘伦升．跨期间排污权交易中的市场势力与排污权价格变化的路径分析［J］．武汉理工大学学报，2011，35（1）：209 – 212.

［61］王金南，董战峰，杨金田，李云生，严刚．排污权交易制度的最新实践和展望［J］．环境经济，2008（10）：31 – 45.

［62］王亮，张宏伟，岳琳．水污染物总量行业优化分配模型研究［J］．天津大学学报（社会科学版），2006，8（1）：59 – 63.

［63］王勤耕，李宗恺，陈志鹏，程炜．总量控制区域排污权的初始分配方法［J］．中国环境科学，2000，20（1）：68 – 72.

［64］王素凤，杨善林．考虑保留价影响报价策略的碳排放权拍卖模型［J］．管理工程学报，2016，30（2）：181 – 187.

［65］王先甲，黄彬彬，胡振鹏，等．排污权交易市场中具有激励相容性的双边拍卖机制［J］．中国环境科学，2010，30（6）：845 – 851.

［66］王宪恩，王庚哲．排污权交易制度下最优监管机制的建立［J］．东北师大学报（自然科学），2016，48（2）：148 – 154.

［67］王雅娟，王先甲．一种激励相容的发电权交易双边拍卖机制［J］．电力系统自动化，2009，33（22）：25 – 28.

［68］王雅娟，殷志平．排污权交易的网上双边拍卖机制设计［J］．武汉科技大学学报，2015，38（2）：152 – 156.

［69］王雅娟．基于在线拍卖的风险投资退出股权交易［J］．数学的实践与认识，2015（20）：66 – 75.

［70］王月伟，刘军．基于成本分析的排污权交易机制的一种理论模

型［J］. 经济纵横，2011（8）：55 - 58.

［71］王卓甫，丁继勇，周建春，张怡. 基于机制设计理论的建设工程招标最优机制设计［J］. 重庆大学学报（社会科学版），2013，19（5）：73 - 78.

［72］吴凤平，尤敏，于倩雯. 多情景下基于财富效用的排污权定价模型研究［J］. 软科学，2017，31（7）：8 - 11.

［73］夏军，胡宝清. 灰色聚类方法及其在环境影响评价中的应用［J］. 武汉大学学报（工学版），1996（3）：1 - 6.

［74］肖江文，罗云峰，赵勇，岳超源. 初始排污权拍卖的博弈分析［J］. 华中科技大学学报（自然科学版），2001，29（9）：37 - 39.

［75］谢青洋. 基于经济机制设计理论的电力市场竞争机制设计［J］. 中国电机工程学报，2014（10）：1709 - 1716.

［76］徐自力. 排污权定价策略分析［J］. 武汉理工大学学报（信息与管理工程版），2003，25（5）：126 - 128.

［77］严培胜. 城市再生水 BOT 项目的最优拍卖机制设计［J］. 长江大学学报，2014（19）：1 - 4.

［78］颜伟，唐德善. 污染控制成本监督机制研究［J］. 科技管理研究，2007，27（5）：166 - 167.

［79］杨伟娜，刘西林. 排污权交易制度下企业环境技术采纳时间研究［J］. 科学学研究，2011，29（2）：230 - 237.

［80］易爱军，杨佃春，张金保. 排污权有偿使用和交易定价问题研究——以连云港海域化学需氧量排放为例［J］. 价格理论与实践，2016（12）：64 - 67.

［81］易永锡，李寿德，邓荣荣. 排污权价格不确定性对厂商污染治理投资决策影响的实物期权分析［J］. 系统管理学报，2017（1）：78 - 84.

［82］殷红. 几类特性物品的拍卖机制设计理论及方法研究［D］. 武汉：武汉大学，2005.

［83］于洪涛，韩立炜，张慧远. 非对称信息双边拍卖的跨流域调水水价机制研究［J］. 华北水利水电大学学报（自然科学版），2012，33（4）：5 - 8.

［84］于羽. 具有免费初始排污权的寡头博弈分析［J］. 统计与决策, 2016（12）: 34 - 37.

［85］张东旭. 考虑生产平稳性的排污权初始分配非参数方法及其应用［D］. 合肥: 合肥工业大学, 2017.

［86］张丽娜, 吴凤平, 王丹. 基于纳污能力控制的省（区、市）初始排污权 ITSP 配置模型［J］. 中国人口·资源与环境, 2016, 26（8）: 88 - 96.

［87］张茜, 于鲁冀, 王燕鹏, 张培. 水污染物初始排污权定价策略研究——以河南省为例［J］. 南水北调与水利科技, 2012（1）: 165 - 171.

［88］张倩, 曲世友. 环境规制下政府与企业环境行为的动态博弈与最优策略研究［J］. 预测, 2013（4）: 35 - 40.

［89］张钦红, 骆建文. 基于双边拍卖模型的易变质品供应链协作研究［J］. 工业工程与管理, 2009, 14（3）: 33 - 37.

［90］张胜军, 徐鹏炜, 卢瑛莹, 郦颖. 浙江省排污权初始分配与有偿使用定价方法初探［J］. 环境污染与防治, 2010, 32（7）: 96 - 99.

［91］赵海霞. 试析交易成本下的排污权交易的最优化设计［J］. 环境科学与技术, 2006, 29（5）: 45 - 47.

［92］赵文会, 高岩, 戴天晟. 初始排污权分配的优化模型［J］. 系统工程, 2007, 25（6）: 57 - 61.

［93］赵新刚, 王晓永. 基于双边拍卖的可再生能源配额制的绿色证书交易机制设计［J］. 可再生能源, 2015, 33（2）: 275 - 282.

［94］赵旭峰, 李瑞娥. 排污权交易的层级市场理论与价格研究［J］. 经济问题, 2008（9）: 20 - 23.

［95］郑君君, 王向民, 朱德胜, 等. 考虑学习速度的小世界网络上排污权拍卖策略演化［J］. 中国管理科学, 2017（3）: 76 - 84.

［96］郑君君, 钟红波, 许明媛. 基于风险投资退出的统一价格拍卖最优机制设计［J］. 系统工程理论与实践, 2012, 32（7）: 1429 - 1436.

［97］周华, 郑雪姣, 崔秋勇. 基于中小企业技术创新激励的环境工具设计［J］. 科研管理, 2012, 33（5）: 8 - 18.

［98］周朝民, 李寿德. 佣金约束条件下排污权双边叫价拍卖机制设计［J］. 上海管理科学, 2012, 34（3）: 104 - 106.

［99］朱皓云. 考虑排污权交易的制造企业运营策略研究［D］. 成都：成都电子科技大学，2014.

［100］祝飞，赵勇. 不对称控制成本信息下的环境管理机制设计［J］. 华中科技大学学报（自然科学版），2000，28（8）：21－23.

［101］Ahman M. Free allocation in the 3rd EU ETS period：assessing two manufacturing sectors［J］. Climate Policy，2016，16（2）：125－144.

［102］Alvarez F. ，André F. J. Auctioning emission permits with market power［J］. Journal of Economic Analysis & Policy，2016，16.

［103］Angela T. ，Lourdes Moreno M. ，María A. Davia. Drivers of different types of eco-innovation in European SMEs［J］. Ecological Economics，2013，92：25－33.

［104］Angela Triguero，Lourdes Moreno-Mondéjar，María A. Eco-innovation by small and medium-sized firms in Europe：from end-of-pipe to cleaner technologies［J］. Innovation：Management，Policy & Practice，2015，17（1）：24－40.

［105］Apesteguia J. ，Ballester M. The Computational complexity of rationalizing behavior［J］. Journal of Mathematical Economics，2010，46（3）：356－363.

［106］Arrow K. Social choice and individual values［M］. New York：Cowles Foundation and Wiley，1951.

［107］Athey S，Segal I. Designing efficient mechanisms for dynamic bilateral trading Games［J］. American Economic Review，2007，97（2）：131－136.

［108］Ausubel L. ，Baranov O. Market design and the evolution of the combinatorial clock auction［J］. American Economic Review，2014，104（5）：446－451.

［109］Back K. ，Zender J. Auctions of divisible goods with endogenous supply［J］. Economics Letters，2001，73（1）：29－34.

［110］Back K. ，Zender J. Auctions of divisible goods：on the rationale for the treasury experiment［J］. Review of Financial Studies，1993，6（4）：733－764.

[111] Balseiro S. R. , Besbes O. , Weintraub G. Y. Dynamic mechanism design with budget constrained buyers under limited commitment [C]. // ACM Conference on Economics and Computation. ACM, 2016: 815 – 815.

[112] Barbera S. , Jackson N. Strategy-proof exchange [J]. Econometrica, 1993, 63 (1): 51 – 87.

[113] Bennouri M. , Falconieri S. The optimality of uniform pricing in IPOs: an optimal auction approach [J]. Review of Finance, 2008, 12 (4): 673 – 700.

[114] Benz S. Modeling the price dynamics of CO_2 emission allowances [J]. Energy Economics, 2009, (31): 4 – 15.

[115] Bergemann D. , Morris S. Robust mechanism design: an introduction [R]. Cowles Foundation Discussion Papers, 2011, 8 (3): 1771 – 1813.

[116] Bergemann D. , Said M. Dynamic auctions: a survey [J]. Ssrn Electronic Journal, 2010 (2): 1 – 16.

[117] Bergemann D. Robust mechanism design [J]. Econometrica, 2005, 73 (6): 1771 – 1813.

[118] Bierbrauer F. , Ockenfels A. , Pollak A. , et al. Robust mechanism design and social preferences [J]. Journal of Public Economics, 2017, 149: 59 – 80.

[119] Bode S. Multi-Period Emissions trading in the Eelectricity Sector-Winners and Losers [J]. Energy Policy, 2006, 34 (6): 680 – 691.

[120] Boemare C. , Quirion P. Implementing greenhouse gas trading in Europe: lessons from economic literature and international experiences [J]. Post-Print, 2002, 43 (2 - 3): 213 – 230.

[121] Börgers T. , Postl P. Efficient compromising [J]. Journal of Economic Theory, 2009, 144 (5): 2057 – 2076.

[122] Brenner M. , Galai D. , Sade O. Sovereign debt auctions: uniform or discriminatory? [J]. Journal of Monetary Economics, 2009, 56 (2): 267 – 274.

[123] Burtraw D. , Palmer K. Compensation rules for climate policy in the electricity sector [J]. Journal of Policy Analysis Management, 2008, 27

(4): 819 – 847.

[124] Carolyn F. Emissions pricing, spillovers and public investment in Environmentally friendly technologies [J]. Energy Economics, 2008, 30: 487 – 502.

[125] Cason T. , Gangadharan L. Transactions costs in tradable permit markets: anexperimental study of pollution market designs [J]. Journal of Regulatory Economics, 2003, 23 (2): 145 – 65.

[126] Chari V. , Weber R. How the U. S. treasury should auction its debt [J]. Quarterly Review, 1992 (2): 3 – 12.

[127] Chatterjee K. , Samuelson W. Bargaining under imcomplete information [J]. Operation Research, 1983, 31: 835 – 851.

[128] Che Y. , Kim J. Robustly collusion-proof implementation [J]. Econometrica, 2006, 74 (4): 1063 – 1107.

[129] Chu L. , Shen Z. Agent competition double-auction mechanism [J]. Management Science, 2006, 52 (8): 1215 – 1222.

[130] Clarke E. Multipart pricing of public goods [J]. Public Choice, 1971, 11 (1): 17 – 33.

[131] Clémence Christin, Jean-Philippe Nicolai, Jerome Pouyet. The role of abatement technologies for allocating free allowances [J]. DICE discuss paper NO. 34, 2011, 1 – 32.

[132] Colinibaldeschi R. , Keijzer B. D. , Leonardi S. , et al. Approximately Efficient Double Auctions with Strong Budget Balance [J]. 2016: 1424 – 1443.

[133] Colinibaldeschi R. , Keijzer B. , Leonardi S. , Turchetta S. Approximately efficient double auctions with strong budget balance [C]//. ACM Symposon on Discrete Algorithms, 2016.

[134] Cramton P. , Kerr S. Tradeable carbon permit auctions: How and why to auction not grandfather [J]. Energy Policy, 2002, 30 (4): 333 – 345.

[135] Dales J. Pollution, property, prices [M]. University of Toronto Press, 1968.

[136] Damianov D. The uniform price auction with endogenous supply

[J]. Economics Letters, 2005, 88 (2): 152 – 158.

[137] Dasgupta P., Hammond P., Maskin E. The implementation of social choice rules: some general results on incentive compatibility [J]. Review of EconomicStudies, Review of Economic Studies, 1979, 46 (2): 185 – 216.

[138] Dasguptaa A., Sinhab B. A new general interpretation of the Stein estimate and how it adapts: Applications [J]. Journal of Statistical Planning&Inference, 1999, 75 (2): 247 – 268.

[139] Demailly D., Quirion P. European emission trading scheme and competitiveness: a case study on the iron and steel industry [J]. Energy Economics, 2008, 30 (4): 2009 – 2027.

[140] Dobos I. The effects of emission trading on production and inventories in the Arrow – Karlin model [J]. International Journal of Production Economics, 2005, (1): 301 – 308.

[141] Donald H., Brabara J. Comparison of optimization formulations for wasteload allocations [J]. Journal of Environmental Engineering, 1992, 118 (4): 597 – 612.

[142] Dong W., Rallapalli S., Qiu L., et al. Double auctions for dynamic spectrum allocation [J]. IEEE/ACM Transactions on Networking, 2016, 24 (4): 2485 – 2497.

[143] Fadel R., Segal I. The communication cost of selfishness [J]. Journal of Economic Theory, 2009, 144 (5): 1895 – 1920.

[144] Fehr M., Hinz J. A quantitative approach to carbon price risk modeling [R]. Working paper, Institute for operations research, 2006.

[145] Franciosi R., Isaac R., Pingry D. An experimental investigation of the hall-nell revenue neutral auction for emissions trading [J]. Journal of Environmental Economics and Management, 1993, (24): 1 – 24.

[146] Frondel M., Horbach J., Rennings K. End-of-Pipe or cleaner production? An empirical comparison of environmental innovation decisions [J]. Business Strategy and the Environment, 2007, 16: 571 – 584.

[147] Fudenberg D., Tirole J. Game theory [M]. USA: MIT

Press, 1991.

[148] Fujiwara O. , Gnanendran S, Ohgaki S. River quality management under stochastic stream flow [J]. Journal of Environmental Engineering, 1986, 12 (2): 185 – 198.

[149] Gandgadharan L. Transaction costs in pollution markets: an empirical study [J]. Land Economics, 2000, 76 (4): 601 – 614.

[150] Genc T. Discriminatory versus uniform-price electricity auctions with supply function equilibrium [J]. Journal of Optimization Theory and Applications, 2009, 140 (1): 9 – 31.

[151] Gibbard A. Manipulation of voting schemes: a general result [J]. Econometrica, 1973, 41 (4): 587 – 602.

[152] Gilboa I. , Zemel E. Nash and correlated equilibria: Some complexity considerations [J]. Games & Economic Behavior, 1989, 1 (1): 80 – 93.

[153] Goswami G. , Noe T. , Rebello M. Collusion in uniform-price auctions: experimental evidence and implications for treasury auctions [J]. Social Science Electronic Publishing, 1996, 9 (3): 757 – 785.

[154] Green J. , Laffont J. Incentives in public decision making [J]. Economic Journal, 1980, 90 (358): 3 – 18.

[155] Groves T. , Ledyard J. Operational allocation of public goods: A solution to the free rider' Dilemma [J]. Econometrica, 1977, 45 (4): 783 – 811.

[156] Groves T. Incentives in teams [J] . Econometrica, 1973, 41 (4): 617 – 631.

[157] Gunasekera D. , Cornwell A. Economic issues in emission trading [J]. European Journal of Pharmaceutics & Biopharmac, 1998, 2: 1 – 13.

[158] Hagerty K. , Rogerson W. Robust trading mechanisms [J]. Journal of Economic Theory, 1987, 42 (1): 94 – 107.

[159] Hahn R. , Noll R. Barriers to implementing tradable air pollution permits: problems of regulatory interactions [J]. Yale Journal on Regulation, 1983, (1): 63 – 91.

［160］ Haita C. Endogenous market power in an emissions trading scheme with auctioning ［J］. Resource & Energy Economics, 2014, 37 (3): 253 –278.

［161］ Haita-Falah C. Uncertainty and speculators in an auction for emissions permits ［J］. Journal of Regulatory Economics, 2016, 49 (3): 1 –29.

［162］ Hanoteau J. The political economy of tradable emissions permits allocation ［J］. Political Economy of Environment Policy, 2003, 24 (3): 1 –20.

［163］ Harford J. Firm behavior under imperfectly enforceable pollution standards and taxes ［J］. Journal of Environmental Economics and Management, 1978 (5) 26 –43.

［164］ Harford J. Self-reporting of pollution and the firm's behavior under imperfectly enforceable regulations ［J］. Journal of Environmental Economics and Management, 1987 (14): 293 –303.

［165］ Harris M. , Townsend R. Resource allocation under asymmetric information ［J］. Econometrica, 1981, 49 (49): 33 –64

［166］ Harstad B. , Gunnar S. Trading for the future: signaling in permit markets ［J］. Journal of Public Economics, 2010, 94: 749 –760.

［167］ Hurwicz L. On informationally decentralized systems ［M］. Decision and Organization. Amsterdam: North-Holland, 1972.

［168］ Hurwicz L. Optimality and informational efficiency in resource allocation processes ［M］. Stanford: Stanford University Press, 1960.

［169］ Jackson M. , Palfrey S. Undominated Nash implementation in bounded mechanisms ［J］. Games and Economic Behavior, 1994 (6): 474 –501.

［170］ Jeon D. , Menicucci D. Optimal second-degree price discrimination and arbitrage: on the role of asymmetric informationamong buyers ［J］. Rand Journal of Economics, 2015, 36 (2): 337 –360.

［171］ Kolmogorov A. , Fomill S. Introductory real analysis ［M］. Englewood Cliffs: Prentice-Hall, 1970.

［172］ Konishi H. Intergovernmental versus intersource emissions trading when firms are noncompliant ［J］. Journal of Environmental Economics and Management, 2005, 49 (2): 235 –261.

［173］ Krishna V. , Perry M. Efficient mechanism design ［J］. Ssrn Electronic Journal, 1998 （2）: 1 – 19.

［174］ Laffont J. , Martimort D. Collusion under asymmetric information ［J］. Econometrica, 1997, 65 （4）: 875 – 911.

［175］ Laffont J. Mechanism design with collusion and correlation ［J］. Econometrica, 2000, 68 （2）: 309 – 342.

［176］ Lappi P. Emissions trading, non-compliance and bankable permits ［J］. International Tax & Public Finance, 2017: 1 – 19.

［177］ Larry Q. On the dynamic efficiency of bertrand and cournot equilibria ［J］. Journal of Economic Theory, 1997, 75 （1）: 213 – 229.

［178］ Ledyard J. Designing organizations for trading pollution rights ［J］. Journal of Economic Behavior and Organization, 1994, 25: 167 – 196.

［179］ Lengwiler Y. The multiple unit auction with variable supply ［J］. Economic Theory, 1999, 14 （2）: 373 – 392.

［180］ Letmathe P. , Balakrishnan N. Environmental considerations on the optimal product mix ［J］. European Journal of Operational Research, 2005, 167 （2）: 398 – 412.

［181］ Li F. , Schwarz L. , Haasis H. D. A framework and risk analysis for supply chain emission trading ［J］. Logistics Research, 2016, 9 （1）: 10.

［182］ Liu H. , Lin B. Cost-based modelling of optimal emission quota allocation ［J］. Journal of Cleaner Production, 2017, 149: 472 – 484.

［183］ Luenberger D. Optimization by vector space methods ［M］. New York: Wiley, 1968.

［184］ Lyon R. Auctions and alternative procedure for allocating pollution rights ［J］. Land Economics, 1982, 58: 16 – 32.

［185］ Mackenzie I. , Ohndorf M. Marcelo C. , Carlos A. The cost-effective choice of policy instruments to cap aggregate emissions with costly enforcement ［J］. Environment Resource Economic, 2011, 50: 531 – 557.

［186］ Mackenzie M. Optimal monitoring of credit-based emissions trading under asymmetric information ［J］. Journal of Regulatory Economics, 2012,

42（2）：180 – 203.

[187] Marfansanchez M. Mechanism design without transfers. [J]. Bibliogr, 2016.

[188] Maskin E. , Qian Y. , Xu C. Incentives, information, and organizational form [J]. Review of Economic Studies, 2000, 67（2）：359 – 378.

[189] Maskin E. , Riley J. , Hahn F. Optimal multi-unit Auctions [M]. New York：Oxford University Press, 1989.

[190] Maskin E.. Nash equilibrium and welfare optimality [J]. Review of Economic Studies, 1999, 66（1）：23 – 38.

[191] Maskin E. Voting for public alternatives：some notes on majority [J]. National Tax Journal, 1979, 32（2）：23 – 38.

[192] McAdams D. Adjustable supply in uniform price auctions：Non-commitment as a strategic tool [J]. Economics Letters, 2007, 95（1）：48 – 53.

[193] Mcafee R. , Mcmillan J. Auctions and bidding [J]. Journal of Economic Literature, 1987, 25（2）：699 – 738.

[194] McAfee R. A dominate strategy double auction [J]. Journal of Economic Theory, 1992, 56：434 – 450.

[195] Mcdonald S. , Poyago-Theotoky J. Green technology and optimal emissions taxation [J]. Journal of Public Economic Theory, 2016.

[196] Mcdonald S. , Poyago-Theotoky J. Research joint ventures and optimal emissions Taxation [J]. Journal of Cosmetic Dentistry, 2012（3）：1 – 28.

[197] Menezes F. M. , Pereira J. Emissions abatement R&D：Dynamic competition in supply schedules [J]. Journal of Public Economic Theory, 2015（6）.

[198] Mierendorff K. Optimal dynamic mechanism design with deadlines [J]. Journal of Economic Theory, 2016, 161：190 – 222.

[199] Milgrom P. Auctions and bidding：a primer [J]. Journal of Economic Perspectives, 1989, 3（3）：3 – 22.

[200] Milgrom P. Putting auction theory to work [M]. Cambridge：Cam-

bridge University Press, 2004.

[201] Miralles A. Cardinal bayesian allocation mechanisms without transfers [J]. Journal of Economic Theory, 2012, 147 (1): 179 – 206.

[202] Misiolek M. , Elder H. Exclusionary manipulation of market for pollution rights [J]. Journal of Environmental Economics and Management, 1989, 16: 156 – 166.

[203] Montero J. Marketable pollution permits with uncertainty and transaction cost [J]. Resource and Energy Economics, 1998, 20: 27 – 50.

[204] Mookherjee D. , Reichelstein S. Dominant strategy implementation of Bayesian incentive compatible allocation rules [J]. Journal of Economic Theory, 1992, 56 (2): 378 – 399.

[205] Moore J. , Repullo R. Subgame perfect implementation [J]. Econometrica, 1988, 56 (5): 1191 – 1220.

[206] Mussa M. , Rosen S. Monopoly and product quality [J]. Journal of Economic Theory, 1978, 18 (2): 301 – 317.

[207] Myerson R. Multistage games with communication [J]. Econometrica, 1986, 54 (2): 323 – 358.

[208] Myerson R. Optimal auction design [J]. Mathematics of Operations Research, 1983, 6 (1): 58 – 73.

[209] Myerson R. Optimal coordination mechanisms in generalized principal-agent problems [J]. Journal of Mathematical Economics, 1982, 10 (1): 67 – 81.

[210] Myerson R. Incentive compatibility and the bargaining problem [J]. Econometrica, 1979, 47 (1): 61 – 73.

[211] Nisan N. , Segal I. The communication requirements of efficient allocationsand supporting prices [J]. Journal of Economic Theory, 2006, 129 (1): 192 – 224.

[212] Pavlov. Auction design in the presence of collusion [J]. Theoretical Economics, 2008 (3): 383 – 429.

[213] Qian Y. A theory of shortage in socialist economies based on the

soft budget constraint [J]. The American Economic Review, 1994, 84 (1): 145 – 156.

[214] Requate T. , Unold W. Environmental policy incentives to adopt advanced abatement technology: Will the true ranking please standup? [J]. European Economic Review, 2003, 47 (1): 125 – 146.

[215] Riley J. , Samuelson W. Optimal auctions [J]. American Economic Review, 1981, 71 (3): 381 – 92.

[216] Rong. CO_2 emissions trading planning in combined heat and power production via multi-period stochastic optimization [J]. European Journal of Operational Research, 2007, 176 (3): 1874 – 1895.

[217] Samuelson A. The pure theory of public expenditure [J]. Review of Economics & Statistics, 1954, 36 (36): 1 – 29.

[218] Satterthwait M. Strategy-proofness and Arrow's conditions: existence and correspondence theorems for voting procedures and welfare functions [J]. Journal of Economic Theory, 1974, 10 (2): 187 – 217.

[219] Satterthwaite M. , Williams S. The bayesian auction [M]. In the double auction market: institutions, edited by Daniel Friedman and John Rust, New York: Addision-Wesley, 1993.

[220] Segal-Halevi E. , Hassidim A. , Aumann Y. Envy free cake-cutting in two dimensions [C]//. In Proceedings of the 29th AAAI Conference on Artificial Intelligence (AAAI-15), 2015.

[221] Seger Son K. , Tietenberg T. The structure of penalties in environmental enforcement an economic analysis [J]. Journal of Environmental Economics and Management, 1992, 23: 179 – 200.

[222] Sijm J, Bakker S. CO_2 price dynamics: the implications of EU emissions trading for electricity prices & operations [C]//. Power Engineering Society General Meeting, 2006.

[223] Stavins R. A meaningful US cap-and-trade system to address climate change [J]. Ssrn Electronic Journal, 2008, 32: 293 – 371.

[224] Stavins R. Transactions costs and tradable permits [J]. Journal of

Environmental Economics and Management, 1995, 29: 133 – 148.

［225］ Stranlund J. , Chavez C. Effective Enforcement of a Transferable E-missions Permit System with a Self-Reporting Requirement ［J］. Journal of Regulatory Economics, 2000, 18: 113 – 131.

［226］ Stranlund J. The regulatory choice of noncompliance in emissions trading programs ［J］. Environment Resource Economic, 2007, 38（7）: 99 – 117.

［227］ Strausz R. Mechanism Design with Partially Verifiable Information ［J］. Social Science Electronic Publishing, 2017.

［228］ Tietenberg T. Economic instruments for environmental regulation ［J］. Oxford Review of Economic Policy, 1991（6）: 125 – 178.

［229］ Till Requate. Dynamic incentives by environmental policy instruments-a survey ［J］. Ecological Economics, 2005, 54: 175 – 195.

［230］ Tting P. , Roughgarden T. , Talgam-Cohen I. Modularity and greed in double auctions ［C］//. Fifteenth Acm Conference on Economics & Computation, 2014.

［231］ Van H. , Weber M. Marketable permits, market power and cheating ［J］. Journal of Environmental Economics and Management, 1996（30）: 161 – 173.

［232］ Vickrey W. Counter speculation, auctions, and competitive sealed tenders ［J］. Journal of Finance, 1961, 16（1）: 8 – 37.

［233］ Victoria M. Mechanism design and the ＜M, N＞ trade problem ［D］. The University of Melbourne, 2013.

［234］ Wang S. TODA: Truthful online double auction for spectrum allocation in Wireless Networks ［C］//. IEEE, 2010.

［235］ Wang X. , Chin K. , Yin H. Design of optimal double auction mechanism with multi-objectives ［J］. Expert Systems with Application, 2011, 38（11）: 49 – 56.

［236］ Wang Y. J. , Wang X. J. Interdependent Value Multi-unit Auctions for Initial Allocation of Emission Permits ［J］. Procedia Environmental Sciences,

2016, 31: 812 - 816.

[237] Wilson R. Auctions of share [J]. The Quarterly Journal of Economics, 1979, 93 (4): 675 - 689.

[238] Wu H. , Zhang D. , Chen B. , et al. Allocation of emission permits based on DEA and production stability [J]. Infor Information Systems & Operational Research, 2017: 1 - 10.

[239] Yamashita T. , Lizzeri A. Strategic and structural uncertainty in robust implementation [J]. Journal of Economic Theory, 2015, 159: 267 - 279.

[240] Youssef B. , Zaccour G. Absorptive capacity, R&D spillovers, emissions taxes and R&D subsidies [R]. Mpra Paper, 2009.

[241] Zohar A. , Rosenschein J. Mechanisms for information elicitation [J]. Artificial Intelligence, 2008, 172: 1917 - 1939.